"十三五"职业教育国家规划教材

U0643297

无人机飞行控制技术

（第 2 版）

于明清　司维钊　编著

西北工业大学出版社

西　安

【内容简介】 本书共分为九个单元,系统地介绍了无人机(固定翼、旋翼)飞行控制技术的相关知识,内容全面,深入浅出。第一单元为无人机飞行控制概述,第二单元介绍了飞机的基本知识,第三单元介绍了测量与传感器,第四单元介绍了舵机与舵回路,第五单元为固定翼无人机典型飞行控制系统分析,第六单元介绍了多旋翼无人机及其控制,第七单元介绍了无人机动力装置,第八单元介绍了无人机导航系统,第九单元介绍了无人机测控系统。

本书可作为高职高专无人机应用技术专业课程教材,也可作为广大无人机爱好者、制造者、运营和驾驶员的学习参考用书。

图书在版编目(CIP)数据

无人机飞行控制技术 / 于明清,司维钊编著. — 2
版. — 西安:西北工业大学出版社,2024.5(2025.7重印)
ISBN 978 - 7 - 5612 - 9260 - 0

Ⅰ.①无… Ⅱ.①于… ②司… Ⅲ.①无人驾驶飞机
-飞行控制-高等职业教育-教材 Ⅳ.①V279

中国国家版本馆 CIP 数据核字(2024)第 074115 号

WURENJI FEIXING KONGZHI JISHU

无 人 机 飞 行 控 制 技 术
于明清 司维钊 编著

责任编辑:孙 倩 策划编辑:杨 军
责任校对:朱辰浩 装帧设计:董晓伟
出版发行:西北工业大学出版社
通信地址:西安市友谊西路 127 号 邮编:710072
电 话:(029)88491757,88493844
网 址:www.nwpup.com
印 刷 者:西安五星印刷有限公司
开 本:787 mm×1 092 mm 1/16
印 张:12.875
字 数:321 千字
版 次:2018 年 8 月第 1 版 2024 年 5 月第 2 版 2025 年 7 月第 3 次印刷
书 号:ISBN 978 - 7 - 5612 - 9260 - 0
定 价:49.00 元

第 2 版前言

《无人机飞行控制技术》(第 1 版)自出版以来,经过五年的使用,受到了广大读者的欢迎,成为了全国高职无人机应用技术专业的首选教材,并被教育部列为"十三五"职业教育国家规划教材。

该教材自 2018 年出版以来,经过五年的使用和实践,发现存在一些不足,需要更新和修改。为了适应现代职业教育要求,我们根据该教材在使用过程中出现的不足和读者的反馈意见,在《无人机飞行控制技术》(第 1 版)的基础上,对内容进行了修改和增减,加强了理实一体化教学模式的内容。此外,为了便于读者对内容的学习和理解,还对教材内容的编排和格式进行了完善。比如:将原来的无人机动力装置作为独立章节编排;为了满足培养合格人才的需要,增加了"思政小课堂"模块。同时将每部分内容的重点、教学要求和目的及内容结构在每单元前面给出了提示。

本教材配有相应的教学课件,可登录"工大书苑"(http://gdsy.nwpu.edu.cn/#home)下载。

未来,随着科学技术的发展,特别是无人机技术的发展以及对于人才的需求,我们还会对教材进行修订和完善。

本教材由长沙航空职业技术学院于明清和司维钊编写。第一单元至第七单元由于明清编写,第八、九单元由司维钊编写,全书插图由司维钊绘制。全书由于明清负责统稿和定稿。

由于水平有限,本教材难免会存在不足和疏漏之处,恳请广大读者给予批评指正,以便再版时进行修订和完善,在此深表感谢。

编　者

2023 年 8 月

第 1 版前言

无人驾驶飞机(Unmanned Aerial Vehicle)简称"无人机",英文缩写为"UAV",是利用遥控设备和自备的程序控制装置操纵的不载人飞行器,主要包括无人固定翼飞机、无人直升机和无人多旋翼飞行器等。

无人机的首要特点是机上没有驾驶员,所以与有人驾驶飞机相比,无人机往往更适合那些太"愚钝、肮脏或危险"的任务。无人机的分类方式有很多,仅按应用领域,可分为军用与民用。军用方面,无人机分为侦察机和靶机;民用方面,"无人机+行业应用"是无人机真正的刚需,目前已在航拍、农业、植保、微型自拍、快递运输、灾难救援、观察野生动物、监控传染病、测绘、新闻报道、电力巡检、救灾、影视拍摄等领域广泛应用。从技术角度定义,可以分为无人固定翼飞机、无人垂直起降飞机、无人飞艇、无人直升机、无人多旋翼飞行器、无人伞翼机等,而其中无人固定翼飞机和无人多旋翼飞行器在各个领域受到了相当的重视和应用,现在一般提及的无人机大部分都是指这两类。

无人机的发展是随着军用,特别是战争的需要发展起来的。海湾战争以后,各国充分认识到了无人机的重要性和在战争中的作用,竞相把高新技术应用到无人机的研制与发展上:新翼型和轻型材料大大增加了无人机的续航时间;采用先进的信号处理与通信技术提高了无人机的图像传递速度和数字化传输速度;先进的自动驾驶仪使无人机不再需要陆基电视屏幕领航,而是按程序飞往目的地,改变高度和飞往下一个目标。

近年来,多旋翼无人机作为航空产品领域的一枝新秀,以新颖的结构布局、独特的飞行方式和广泛的用途引起了人们越来越多的关注和重视,风行全球航空业界,迅速成为国际上新的研究热点。多旋翼无人机的第一大特点是具有多个旋翼,它采用旋翼旋转变速或桨叶变总距(无周期变距)的方式改变旋翼升力的大小,因而取消了传统单旋翼直升机操纵系统中必不可少的自动倾斜器。多旋翼无人机通常都有 4 个或更多个旋翼,如 4 旋翼式、6 旋翼式、8 旋翼式、16 旋翼式、32 旋翼式等。多旋翼无人机的第二大特点是起飞着陆方式简单,不需要专门的跑道或其他辅助方式,是真正的垂直起降,不受地点限制。事实上,与固定翼无人机一样,多旋翼无人机并不是真正离开了人的驾驶,虽然它是无驾驶人员操纵,但却离不开身在地面上的操纵人员对它进行操纵控制(即使是完全自主飞行也是如此)。

从本质上来说,无人机属于一种自动化和智能化控制的高科技产品,涉及的知识和技术面很广,技术含量相当高,现在各国已改原来只注重军用无人机研究的局面,已把相当的注意力(人力、物力和财力)转移到民用无人机的研究、开发和应用方面。为适应社会发展的需求,我国自 2013 年起在高职高专学校设立了无人机应用技术专业,说明了我国对无人机特别是民用无人机发展的重视。

本教材第一作者于明清有着 30 多年相关专业的教学和科研经验,主要从事自动控制、飞行控制等专业的教学和科研工作,近几年在长沙航空职业技术学院担任无人机应用技术专业的专任教师,他根据近几年的授课经历和教学需求,编写了本教材。本教材第二作者司维钊为长沙航空职业技术学院专任教师,主要从事相关专业的实践教学。在本书编著过程中得到了许多专家的大力支持和帮助,同时也参照和引用了部分著作及文献资料,在此表示深深的感谢。

在本教材的编写过程中,虽然编者尽了最大的努力,但由于学识水平有限,书中难免会有不足的地方,恳请读者和专家批评指正。衷心希望能为无人机发展尽自己的微薄之力。

编 者

2017 年 6 月

目　录

第一单元　无人机飞行控制概述

内容提示

无人机越来越多地应用于社会生活之中,无人机的控制方式是怎样的,也就越来越引起人们的好奇。通过本单元的学习可以初步了解无人机飞行控制的基本概念。

教学要求

(1)掌握飞行控制的基本概念;

(2)熟悉无人机的基本知识;

(3)了解飞机导航系统的基本知识;

(4)让学生具有耐心细致、精益求精的工作态度,养成科学务实的工作作风;

(5)培养学生对无人机技术工作的热情和工作规范意识,养成良好的职业行为习惯。

内容框架

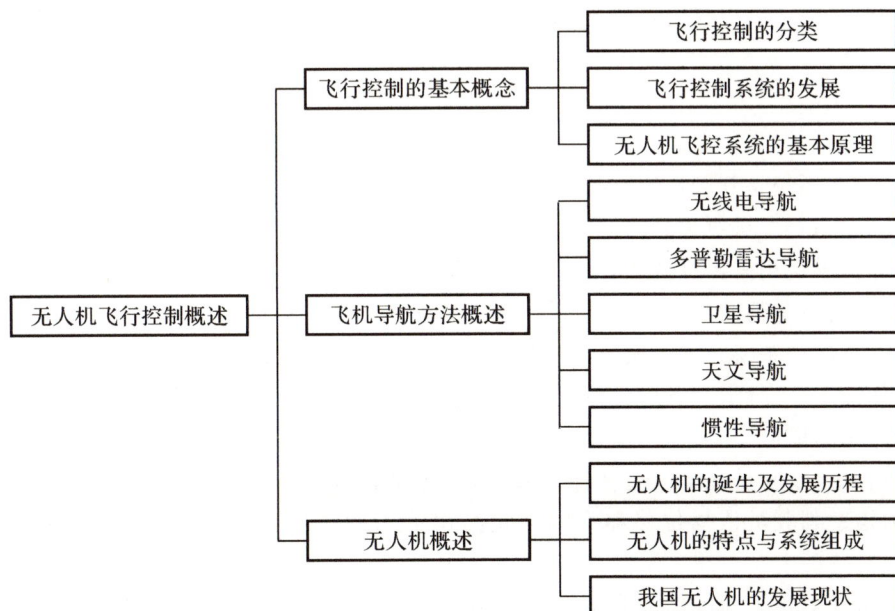

1.1 飞行控制的基本概念

1.1.1 飞行控制的分类

飞行控制的形式各式各样,根据其是否有人为参与的特点一般分为人工飞行控制系统和自动飞行控制系统两类。

从飞机诞生之初,人们就有了实现自动飞行的设想。当时由于人们对空气动力学和飞行力学知识知道的很少,自动控制理论也处于萌芽阶段,所以自动飞行的梦想很难实现。再加上当时飞行器的用途并不是十分广泛,飞行任务也比较简单,采用自动控制的必要性不大,且飞行效益也不明显,因此当时多数飞行器都是采用人工控制的。

随着飞行任务的不断复杂化,不仅飞行距离远、高度大,而且要求飞机具有良好的机动性,能将驾驶员从复杂的操纵中解放出来,集中精力执行战斗任务。特别是第二次世界大战后期,由于导弹的出现,飞行的自动控制成为不可回避的问题。

1.人工飞行控制系统(MFCS)

人工飞行自动控制系统包含驾驶员(位移)输入信号,即有驾驶员参与操作,包括以下两种类型的系统:一是带有阻尼、增稳的人工飞行控制系统(如歼-7D、歼-8、轰-6等);二是电传操纵系统(如歼-10、F-16等三代机以及无人机)。

2.飞行自动控制系统(AFCS)

自动飞行是指用一套控制系统在无人直接参与的情况下,自动控制飞机的飞行,早期的飞行控制系统被称为自动驾驶仪。飞行自动控制系统除了实现飞机的自动飞行功能外,还能在特定情况下改善飞机的性能,提高飞行品质。无人机的飞行无需人的直接参与,它是完全按照预定的指令来完成各项飞行任务的,即飞机是由驾驶仪来操纵的,无人机的操纵就属于此类。

1.1.2 飞行控制系统的发展

飞行控制系统是驾驶员用来操纵飞机上各个操纵面(例如升降舵和副翼等)实现机动飞行的系统,它包括主操纵系统和辅助操纵系统。主操纵系统用来操纵升降舵、副翼和方向舵;辅助操纵系统用来操纵调整片、水平稳定面以及起落架、襟翼和减速板等。主操纵系统的一个明显特点是驾驶员操纵舵面时,会感到有位移和力。

在 20 世纪初莱特兄弟首次试飞成功后的 30 年里,飞机的操纵系统均为简单的机械操纵系统,如图 1-1 所示。飞行员移动驾驶杆或脚蹬,经传动机构(包括传送连杆、摇臂、钢索和滑轮等)操纵舵面。

在飞行中,驾驶员在操纵驾驶杆或脚蹬时,必须对驾驶杆或脚蹬施加杆力,以克服舵面的铰链力矩。驾驶员依据位移和力的感觉给出适当的舵偏角,通过飞机主操纵系统操纵飞机。

当飞机在对称平面内作机动飞行时,操纵力矩必须大于稳定力矩。带有升降舵的水平尾翼,在亚声速飞行时偏转升降舵能够产生足够的操纵力矩,但是在超声速飞行时则不能。

这是因为当飞机以超声速飞行时,一方面由于飞机焦点后移,稳定力矩增加;另一方面由于升降舵效率下降,操纵力矩减小,所以升降舵不再适应超声速飞机。为使飞机产生足够的操纵力矩,通常采用全动平尾。随着舵面尺寸与飞行速度的增加,铰链力矩急剧增加,这将使杆力大大增加,如果杆力的增加超过驾驶员的体力限度,将无法驾驶飞机。此外,随着飞机飞行速度和高度的增加,也会使杆力梯度、杆位移梯度发生改变,甚至出现反操纵现象,严重影响飞行员操纵飞机。为解决这些问题,在机械操纵系统中增设液压助力器,构成助力飞行控制系统,如图1-2所示。

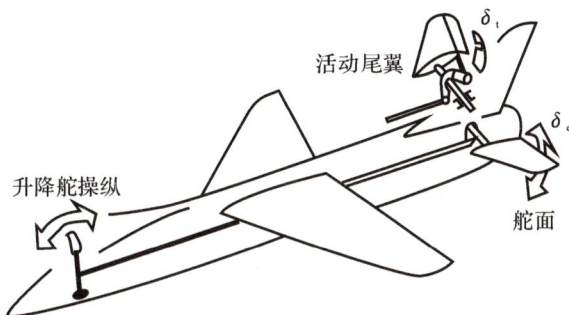

图 1-1　机械操纵系统

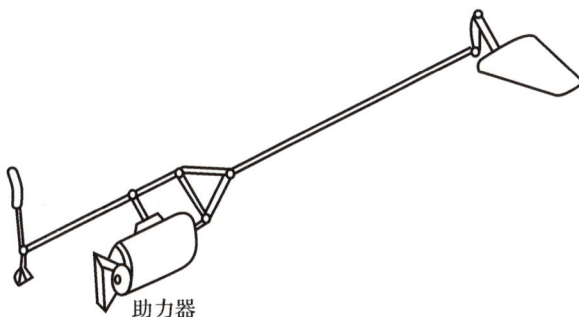

图 1-2　助力操纵系统

随着飞机有关技术的进一步发展,不仅飞行速度得到了提高,飞机的机动性也大大增强。为了进一步减轻飞行员的操纵疲劳,在助力操纵系统的基础上发展为全助力操纵系统,如图1-3所示。

在 20 世纪 50 年代中期到 60 年代,随着飞机向高空高速方向发展,歼击机的外形具有大后掠角、薄翼、机身细长等特点,飞机自身稳定性不足,如纵向出现高频不衰减的"低头"现象。为提高飞机稳定性,发展了阻尼和增稳系统(Stably Augmentation Systems,SAS)。这是第一次将人工操纵与自动控制结合起来,从而形成了增稳控制系统(见图1-4)。

随着增稳系统的采用,在提高飞机稳定性的同时,降低了飞机的操纵效率。为有效解决稳定性与操纵性的矛盾,在增稳系统的基础上,发展成了控制增稳系统(Control

Augmentation Systems，CAS)。该系统是在增稳系统的基础上增加一个杆力传感器和一个指令模型构成的,由机械通道、电气通道和增稳回路组成。电气与机械两通道并联,驾驶员操纵信号,一方面通过机械链使舵面偏转某角度,另一方面又通过杆力传感器输出指令信号,经指令模型与反馈信号综合后控制舵面偏转某个角度,总的舵面偏角为上述两舵面偏角之和。这就是控制增稳系统,如图1-5所示。

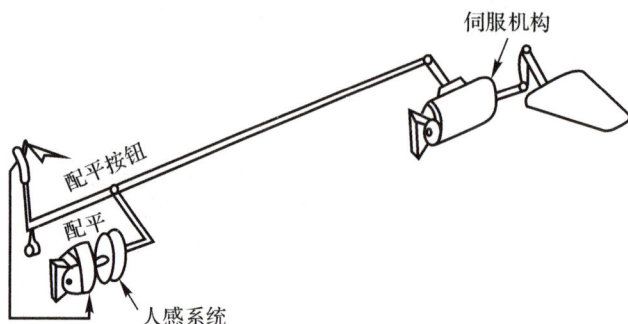

图1-3　全助力操纵系统

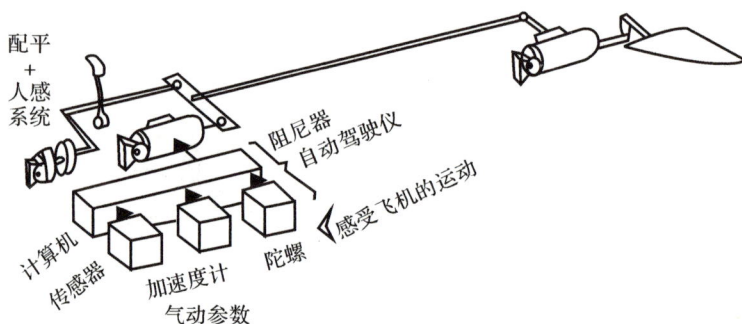

图1-4　具有增稳功能的全助力操纵系统

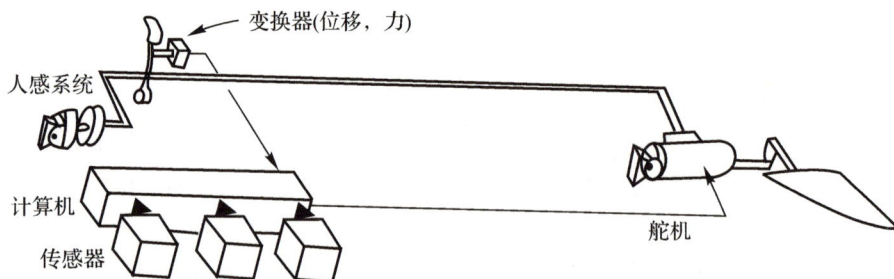

图1-5　控制增稳系统

引入控制增稳系统后,较好地克服了增稳操纵的主要缺点,驾驶员如同驾驶一架满足规范要求的等效飞机,有效地解决了高空高速飞机由气动布局引起的飞行品质变坏的问题。同时,机械操纵与电气控制通道构成余度,提高了操纵系统的生存可靠性。虽然控制增稳系统能兼顾飞机稳定性和操纵性的要求,但是电气通道的操纵权限不是全权限的,也没有可靠的安全措施,本质上仍属于机械式操纵,其中驾驶杆到助力器之间的复杂机械杆系仍存在很多弱点,如体积大、质量大及战伤生存能力低。

在 20 世纪 70 年代之前,飞机的操纵系统基本上是围绕机械操纵系统来改进的,虽然历经多次改进,但始终没有脱离机械连杆式操纵系统这一基本主题。随着飞机性能的不断提高,机械操纵系统的缺陷越来越明显,主要表现在以下方面:

(1)在大型飞机上机械操纵系统越来越笨重,尺寸也越来越大;

(2)系统内不可避免地存在一些非线性,如摩擦力和传动间隙等,其所产生的机械迟滞现象是造成系统自振的重要因素;

(3)机械操纵系统直接固定在机体上,容易传递飞机的弹性振动,引起驾驶杆偏移,甚至造成人机诱发振荡;

(4)无法彻底解决高性能飞机操纵与稳定中的许多问题。

20 世纪 60 年代后期,出现了随控布局飞机(Control Consgured Vehicle)及其飞行控制系统,它是电传飞行控制系统与新的气动技术相结合的产物。随控布局飞机,可以直观地理解为随控制技术布局的飞机,也就是飞机的布局决定于控制系统,并由于控制系统的作用而获得所希望的气动特性和响应特性。在随控布局设计中,飞行控制系统与气动力、飞机结构、发动机三大要素处于同等地位。而在现代飞机控制系统中,电传操纵系统(FBW)又是其核心系统。

电传操纵系统是将驾驶员操纵装置(驾驶杆、脚蹬)发生的信号,经过变换器变成电信号,通过电缆直接传输到舵机的一种操纵系统,如图 1-6 所示。

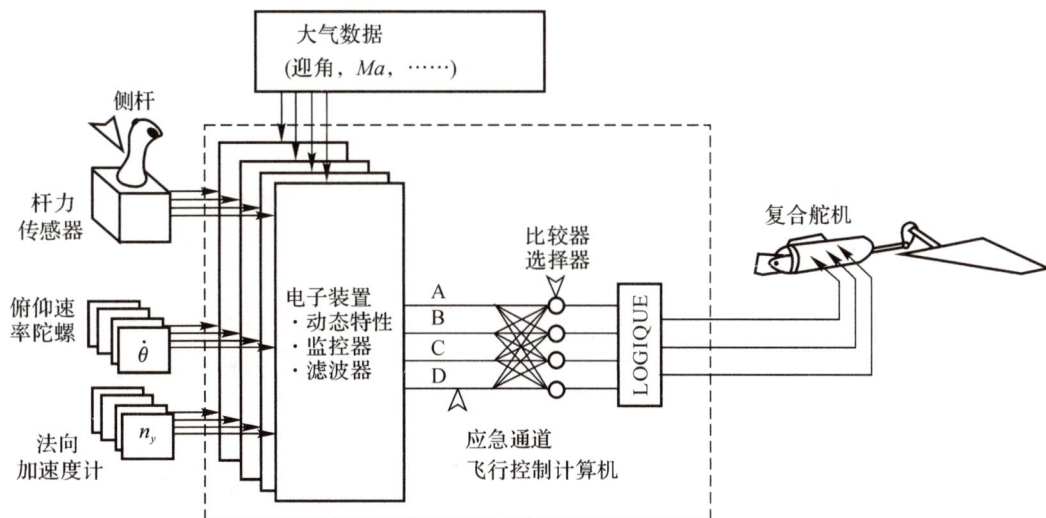

图 1-6　电传操纵系统

电传操纵系统应用了余度技术,解决了电气系统可靠性差的问题(四余度电传操纵系统故障概率可低至 10^{-8} 次/飞行小时),消除了人工飞行控制系统存在的间隙、摩擦、变形等非线性的不良影响,改善了微小信号的传递误差,也解决了驾驶杆带来的力反传问题,同时提高了战伤生存能力。

1.1.3　无人机飞行控制系统的基本原理

飞行控制系统的目的就是采用一套控制系统来代替驾驶员对飞机的操纵,因此这套系统必须具备驾驶仪的功能。本节主要介绍固定翼飞机的飞行控制,对于多旋翼飞行器将在后面的章节中专门叙述。

驾驶员操纵飞机原理方框图如图1-7所示。

就飞机做水平直线飞行来说,飞机受干扰偏离原姿态(例如飞机抬头),驾驶员用眼睛观测到仪表板上地平仪的变化,用大脑做出决定,通过神经系统传递到手臂,推动驾驶杆使升降舵向下偏转,产生相应的下俯力矩,使得飞机趋于水平。驾驶员又从仪表上看到这一变化,逐渐把驾驶杆收回原位。当飞机回到原位时,驾驶杆和升降舵也相应地回到原位。由图1-7看出,这是一个反馈系统,即闭环系统,图中虚线框表示驾驶员。

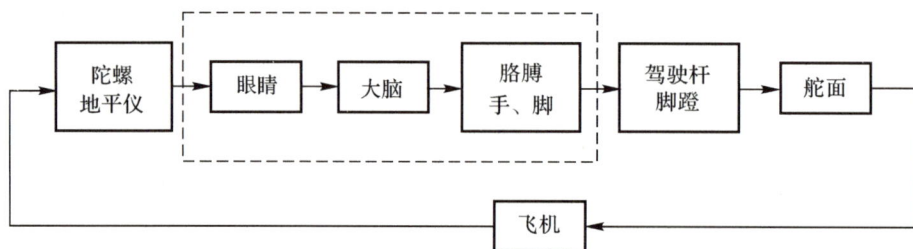

图1-7　驾驶员控制飞机原理方框图

自动飞行是用自动控制系统代替驾驶员,其系统原理图如图1-8所示,因此自动控制系统中必须包含与虚线框内三个部分相对应的装置,并与升降舵构成一个闭环系统。

自动飞行的原理如下:飞机受到某种干扰后偏离了原始状态,敏感元件接收到飞机偏离的方向和大小的信息,并输出相应信号,经放大、计算处理后,操纵执行机构(舵机)控制舵面相应偏转。由于整个系统是按负反馈的原则连接的,其结果是使飞机趋向原始状态。当飞机回到原始状态时,敏感元件输出信号为零,舵机以及与其相连的舵面也回到原位,飞机继续按原始状态飞行。

由此可见,自动控制系统中的敏感元件、放大计算装置和执行机构可代替驾驶员的眼睛、大脑神经系统和肢体,能自动地控制飞机的飞行。这三部分是飞行自动控制系统的核心,称之为自动驾驶仪(autopilot)。

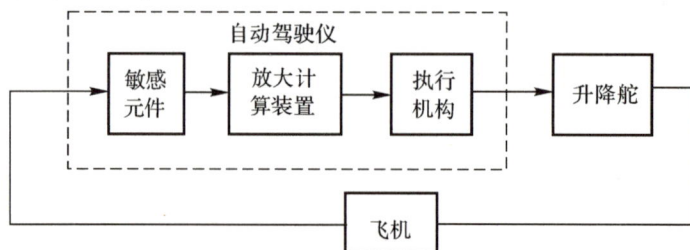

图1-8　自动飞行系统原理方框图

自动飞行的基本原理就是自动控制理论中最重要、最本质的"反馈原理"。实现飞机的自动飞行必须通过自动控制系统形成回路。不同的飞行任务要求组成各种不同的回路。为便于分析,可以认为这个复杂的自动飞行回路是由简单的内回路逐渐增添元部件形成新回路而得到的,具体地说,由以下三个回路组成。

1. 舵回路

飞行自动控制系统根据输入信号,通过执行机构(舵机)控制舵面。为改善舵机的性能,通常引入内反馈,形成随动系统,简称为舵回路。舵回路由舵机、放大器及反馈元件组成,如图1-9虚线框内所示。图1-9中的测速机测出舵面偏转角速度,反馈给放大器,以增大舵回路的阻尼,改善舵回路的动态性能。位置传感器将舵面角位置信号反馈给舵回路的输入端,实现一定的控制信号对应一定的舵偏角。

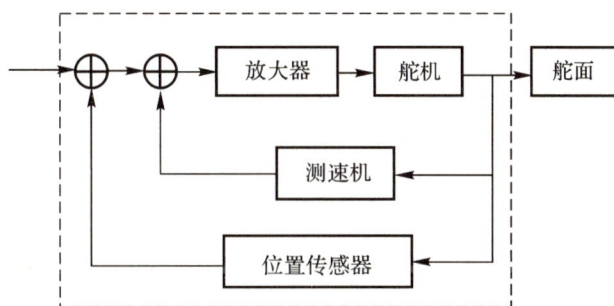

图1-9　舵回路

2. 稳定回路

舵回路加上敏感元件和放大计算装置组成自动驾驶仪,并与飞机组成新回路称为稳定回路,如图1-10虚线框内所示。该回路的主要功能是稳定飞机的姿态,或者说稳定飞机的角运动。敏感元件用来测量飞机的姿态角。由于该回路中包含了飞机,而飞机的动态特性又随飞行条件而异,使稳定回路的分析变得较为复杂。

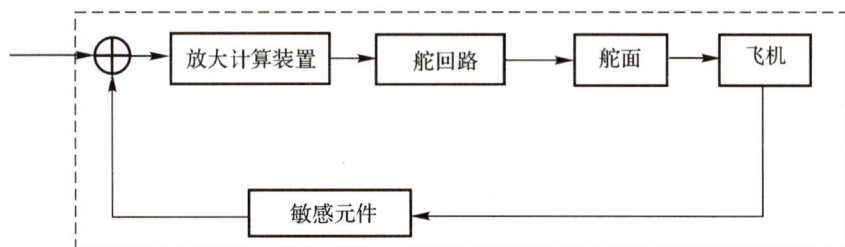

图1-10　稳定回路

3. 控制回路

稳定回路加上测量飞机轨迹的部件以及运动学环节又组成一个更大的新回路,称为控制回路(或控制与导引回路,简称制导回路)。控制回路如图1-11虚线框内所示。

下面以飞机自动下滑着陆系统为例,说明制导回路的原理(这里只研究飞机的纵向运动)。

假设要求飞机在着陆前先沿预定下滑航迹下降到预定高度,然后将飞机拉平,飞机不断下降,最终以允许的下降速度着陆。预定的下滑航迹是由机场的无线电装置形成的。飞机处于预定下滑航迹,飞机上相应的无线电接收机输出信号为零。飞机偏离下滑航迹,接收机输出相应极性和幅值的信号,送至稳定回路,在自动驾驶仪控制下飞机回到下滑航迹。例如,飞机在预定下滑航迹的上方,接收机将某极性的信号送给自动驾驶仪使升降舵下偏,产生低头控制力矩,使飞机进入下滑航迹。飞机进入下滑航迹后,接收机输出信号为零,飞机保持在下滑航迹上。由此可见,飞机轨迹的运动(空间位置的变化)是通过控制飞机的角运动来实现的。目前在大气中飞行的大多数飞行器都采用这种方式控制轨迹运动。

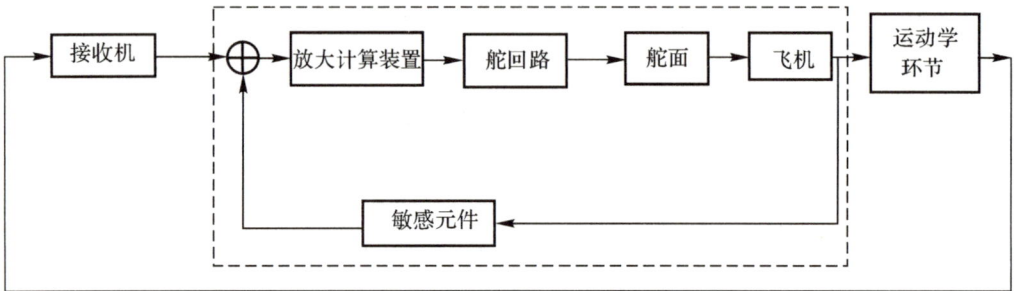

图 1-11　控制回路

上述三个回路在飞机的不同工作阶段,起着不同作用。简单说来,舵回路在操纵飞机时起关键作用,稳定回路在保持和稳定飞机的姿态时发挥功能,而控制回路则在飞机的起飞和着陆时工作。实际上作为一个能达到完全控制飞机的飞行控制系统,其结构要复杂得多,我们在此仅仅介绍了其基本工作原理和构成。图 1-12 为包含以上三个回路的完整的飞行控制系统原理框图。

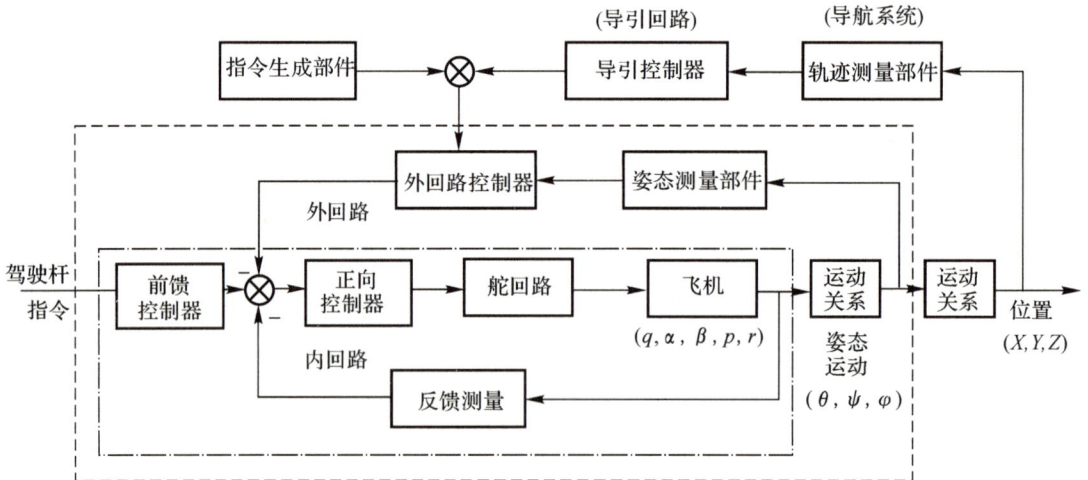

图 1-12　飞行控制系统的原理框图

1.2　飞机导航方法概述

飞机飞行的目的,就是完成预定的飞行任务,其首要任务就是从所在地飞往目的地,而这中间可能是一段遥远的距离,此时就需要引导系统来完成这一任务,这一系统统称为导航系统。飞行控制系统与导航系统组合才构成了真正使用的飞行控制系统。导航(navigation)就是引导航行的简称,指将载体从一个位置引导到另一个位置的过程。能够向航行体的操纵者或控制系统提供航行体的位置、速度、航向、姿态等即时运动状态的系统称为导航系统。

目前,飞机导航的方法有多种,根据获得导航参数的手段,大致可以分为自主式和非自主式两大类。不依靠外界信息,在不与外界发生联系的条件下独立完成导航或制导任务的是自主式。而必须有地面设备或依靠其他装置才能完成导航和制导任务的就是非自主式。很明显,对不同的对象来说,这两种方式的意义是不一样的。例如民用飞机,它可以充分利用地面导航设备,对自主性的要求就不如军用飞机那样迫切;相反,军用飞机就不希望受地面导航设备的影响太大,要求它能独立自主、安全隐蔽地去执行自己的任务。非自主式的导航方法,要依照外部目标和接收外部信息来确定飞机位置。属于这类导航的有无线电导航、天文导航和卫星导航等。

1.2.1　无线电导航

无线电导航是利用无线电波在均匀介质和自由空间内直线传播及恒速两大特性,进行引导航行的一种方法。这种导航方法有两种定位方式,一种是通过设置在飞机和地面上的收发设备,测量飞机相对地面台的距离、距离差或相位差进行定位,如测距导航系统、罗兰双曲线导航系统。另一种是通过机上接收系统,接收地面台站发射的无线电信号,测量飞机相对于已知地面台的方位角来定位,如伏尔测向导航系统。目前,军用飞机使用较多的是测向与测距共用一个地面台的塔康导航系统。无线电导航的主要优点是精度较高,缺点是工作时必须有地面台配合,电波易受干扰,同时容易暴露自身,在军事上应用就显得尤为致命。

1.2.2　多普勒雷达导航

利用随飞机速度变化、在发射波和反射波之间产生的频率差即多普勒频移的大小,来测量飞机相对地面的速度,进而完成导航任务的一种方法称为多普勒雷达导航。

这种导航方法只需要在机上设立雷达发射和接收装置便可测出地速的大小。再借助机上航向系统输出航向角,将地速分解成沿地理北向和东向的速度分量,进而确定出两个方向的距离变化及经、纬度大小,也就确定了飞机位置。

多普勒雷达导航的主要特点是无需地面台,因而是主动式,自主性强,但是它工作时必须发射电波,容易受干扰和暴露自己。此外,定位精度与反射面形状有密切关系。当飞机在海面和沙漠上空工作时,由于反射性极差会大大降低工作性能,同时导航精度也受雷达天线姿态的影响。当飞机接收不到反射波时,就会完全丧失工作能力。

1.2.3　卫星导航

目前广泛应用的卫星导航系统是全球定位系统(Global Positioning System,GPS)、北斗卫星导航系统和全球导航卫星系统(Global NAvigation Satellite System,GLONASS)。它们都是利用无线电波传播的直线性和恒速性实施测距定位,以及利用载体与卫星之间的多普勒频移进行的导航方法。卫星导航由导航卫星、地面站和用户设备三大部分组成。GPS导航星共有24颗,分布在6个近似圆形轨道上;地面站主要用来跟踪、计算和向卫星发送数据;用户设备包括接收、处理和显示部分。天空中的卫星由于位置随时可知,如同地面上的无线电导航台搬到了空间,于是便可测量卫星到飞机的距离,实现定位要求。同时卫星发射的电波,经飞机上的接收设备测出二者之间的多普勒频移,可以确定飞机相对卫星的距离变化率,即载体运动速度。

GPS卫星导航系统的主要优点是导航精度很高,又适于全球导航,加之用户设备简单,价格低廉,因此应用领域十分广泛。但它需要庞大的地面台支持,电波又易受干扰,是一种被动式导航系统,特别是受人控制,作为军事目的应用时易受制于人。我国的北斗导航系统现已投入使用,结束了依靠国外的历史。

1.2.4　天文导航

利用天空中的星体在一定时刻与地球的地理位置具有相对固定关系这一特点,通过观察星体,以确定载体位置的一种导航方法称为天文导航。

天文导航主要借助星体跟踪器自动跟踪两个星体,以便随时测出星体对载体的基准参考面的高度角和方位角,并经计算得到载体的位置和航向。通常载体基准参考面的确定是由陀螺稳定平台来实现的。

天文导航系统的定向和定位精度不随工作时间增长而降低,隐蔽性好,自主性强。因此天文导航尤其是天文与其他导航的组合仍具有广泛的应用,特别是在高空、远程、跨海洋、过极地及经沙漠的飞行中更显优势。但天文导航也有其缺点,在云雾天气,或即使天气很好,却只能看见太阳而看不到其他星体时进行中、低空飞行时,难以完成定位的任务,这使天文导航在航空上的应用受到一定限制。

1.2.5　惯性导航

惯性导航是指利用惯性元件测量载体相对于惯性空间的运动参数,如加速度,并在给定的运动条件下,由导航计算机算出载体的速度、距离、位置及姿态方位等导航参数,以便引导载体顺利完成预定的飞行任务。这类导航的原理是建立在牛顿力学定律基础上的,而牛顿定律的应用是以惯性空间做参考系的,因此把这一类导航称作惯性导航。

惯性导航的理论基础——牛顿力学定律,早在三百多年前就已经问世,但是真正实现这一原理是在第二次世界大战末期(1942年),当时德国科学家裴纳蒙德在V-2火箭上第一次装上了初级型的惯性导航系统。它利用陀螺仪稳定火箭的水平、航向姿态,并沿火箭纵轴方向安装了一个线加速度计,其输出端与火箭发动机的熄火装置相连。这样,在火箭的发射过程中,就可以根据火箭的速度来控制发动机的熄火,以实现轨道控制。尽管这时还没有完善的三轴陀螺稳定平台,甚至在回路设计上还有缺陷之处,但它毕竟是世界独一无二的实际使用的惯导系统。正因为如此,这一创举引起全世界的极大重视,并把惯性技术的研究推向一个新的高度,使惯性导航技术这门新学科得以产生和发展。

半个多世纪以来,许多国家都争先研制惯性导航系统,经过不断的研究探索和实际使用,惯性导航系统的性能有了很大的提高。特别是随着控制理论、电子技术、计算机和新型材料的不断发展,惯性导航无论在理论方面,还是在工程实践方面都得到了非常迅速的发展。如今,在航空、航海和航天各个技术领域,都广泛使用着不同类型的惯性导航系统。

严格地讲,在实际应用中,把导航系统和制导系统加以区分是必要的。尽管它们的原理都是以测量载体加速度为基础,大体组成也有相似之处,但仍有各自的特点。作为制导系统的主要任务和导航系统是相似的,但两类系统所处的工作(或操作)状态不同。导航系统可以说是一个测量装置,它用于能人工操纵的载体。当导航系统与自动驾驶仪联用时,它相当于一个敏感测量环节,使载体保持在一定的航线上;当作为一个独立装置使用时,它提供导航参数给驾驶员,使载体较好地按一定的航线航行。制导系统则直接控制载体的运动,把载体自动控制在航线上或轨道上,如弹道导弹、人造卫星、运载火箭等。作为控制火箭的制导系统比导航系统工作时间短得多,一般只有几分钟,直到火箭燃料烧完为止。这种系统实际上为导弹发射进入轨道建立了一组精确的轨道初始条件,特别是发动机熄火时的速度及方位为最关键的制导参数。关掉发动机后,载体就只受引力的作用继续飞行,而为自由下落或保持提供了一定轨道。建立了初始条件的制导系统之后就不再起作用了。

1.3　无人机概述

现代战争已是坦克、大炮、飞机、军舰等多兵种之间的有机配合,是空、地、海、天、电、磁一体的立体战争。其技术之先进、杀伤力之强和危险性之大,都是前所未有的。而无人机以其体积小、质量轻、机动性好、飞行时间长和便于隐蔽等特点,尤其是无人驾驶,因此特别适合于执行危险性大的任务,故在现代战争中正发挥着越来越大的作用。目前,无人机已成为空中战场的主角,成为各国军队的宠儿,且在民用领域也越来越得到重视。本节简要介绍军用固定翼无人机的发展历程、分类以及我国无人机的发展现状。关于多旋翼无人机的相关内容将在后面相关章节中专门介绍。

1.3.1　无人机的诞生及发展历程

1. 无人机的诞生

飞机诞生的故事已经家喻户晓,然而,无人机的诞生对于大多数人来说却仍然是个谜。有人驾驶飞机的诞生是人类千年飞天梦想的驱动,无人机在很大程度上却是由于人们为了摆脱飞机可能给驾驶员带来的风险而诞生的。

在飞机诞生后的十年间,它迅速在军用和民用领域得到应用。在军事上主要用于战时执行侦察任务和传递信息以及对敌目标的轰炸,民用方面在当时主要是进行飞机比赛和飞行表演。由于当时飞机技术的不成熟,人们对于飞机也存在着相当大的困惑。民用飞机进行的飞行比赛和娱乐中出现的机毁人亡,军用飞机在战场上空被击落所造成的飞机损失和驾驶员伤亡,不断给人们和社会带来切肤之痛。因此,研制一种既能完成驾驶任务又不会造成飞行员伤亡的飞机就成为当时航空界思考的问题。1927年,英国皇家飞机研究所研制出"喉"式单翼无人机,"喉"式单翼无人机携带113 kg 的炸弹,在军舰上安装的一个小倾角的滑轨上滑行起飞,以322 km/h 的速度成功飞行了480 km,标志着无人机自此诞生。

2. 无人机的发展历程

从英国成功研制世界上第一架无人机开始,军用无人机经历了无人靶机、预编程序控制无人侦察机、指令遥控无人侦察机、复合控制多用途无人机的发展过程。迄今为止,无人机已经受了半个多世纪军队训练与战争的考验。这期间军用无人机在战争中卓有成效地执行了多种军事任务:照相侦察、撒传单、信号情报收集、防空阵地位置标识、防空火力诱饵、布撒雷达干扰箔条、为武器系统提供目标定位、直升机航路侦察、目标提示、目标毁伤评估的实时情报、目标动态监视、校正火炮弹着点和攻击地面目标等。无人机以卓越的战绩赢得了各国军队的刮目相看,各国对于无人机作为军队战斗力倍增器的作用及其潜在的巨大军事价值取得了共识,从而为无人机的发展注入了强大的动力,无人机的家族也在不断壮大。根据在战争中的应用,无人机的发展大体上可以分为以下三个阶段。

(1)纯辅助作战阶段(20世纪60—70年代)。从20世纪60年代的越南战争开始,无人机就已经应用在战争中。受当时技术条件的限制,无人机主要承担高空侦察任务,同时可以执行照相侦察、电子侦察、电子窃听、电台干扰和抛洒金属箔条等任务。早期的无人机由于电子设备技术水平问题,一般体积庞大,遥控和程控都无法解决飞机的起飞、降落问题,因此需要大型飞机投放和回收系统,后勤工作复杂。只有像美、苏这样的大国才有足够的实力完成,小国很难应用。

(2)廉价无人机的普及化阶段(20世纪70—90年代)。20世纪70年代,电子技术飞速发展,晶体管在各方面取代了电子管,集成电路的出现进一步缩小了电子设备的体积,精密机械加工技术也开始用于开发一系列微型惯性元器件。同时,电子导航以廉价、高精度、设备体积小、价格低廉的优势开始占据主导地位。20世纪70年代末80年代初的局部战争中,各种小型化无人机开始研制使用。于是,很多国家开始发展自己的无人机,无人机作为一种武器开始在全世界范围内扩散。同时,无人机开始出现了明显的细分发展趋势。发展的方向分别是可重复使用的长航时高空侦察机、轻型可回收可见光侦察机、一次性电子诱饵无人机、一次性攻击无人机等。这些无人机都体现了一个重要特点:飞行时间长、距离远。到了20世纪90年代,无人机在军队中所占编制越来越多,各国都将其视为日后发展的重点所在。各式各样的无人机开始在各大航空展览上登台亮相。

(3)无人机飞速发展阶段(20世纪90年代至今)。这个阶段无人机的发展有以下四个特点:①无人机在现代战争中的广泛应用,这是无人机发展的一个飞跃。无人机在战场上的功能从辅助、支援作战转为了主动作战。②小型无人机崭露头角。③无人机的发展系列化。出现了三大发展热点,分别为长航时无人机、无人战斗机和微型无人机。④各个国家相继成立了无人机专业化部队。

3. 无人机的发展趋势

随着民用无人机广泛应用以及军事需求的牵引与相关技术发展的推动,无人机正在进入高速发展时期。其发展具有以下趋势。

（1）无人机向智能化方向加速发展。具有人工智能的无人攻击机是无人机正在发展的方向。它不但具有自动寻找、识别目标的功能，而且能够确定目标攻击的优先顺序，选择适当的武器与战术对策，执行必要的攻击动作。

（2）无人机的使命与作战任务将进一步拓展。除了对战场的监控和对敌方重要目标的侦察外，无人机将更多地承担起电子干扰、空中预警、通信中继等任务，甚至构建起可以与卫星导航系统相类似的无人机导航系统。

（3）无人机的外形将向多样化发展。为了适应空中战场复杂的环境，也为了适应未来战争对无人机的多样化需求，无人机必将向着小型化、微型化、隐身化、大型化和特殊外形等方向发展。

（4）无人机的制导与控制系统向自主化发展，测控、传输系统向安全保密、远距离、数字化、通用化和网络化方向发展。

（5）无人机的任务载荷向综合化、小型化、实时化、远距离、全天候及高分辨率的方向发展。

（6）民用无人机的应用已开始大规模发展。无人机在民用领域主要是通过搭载的相机和各种传感器发挥作用，当前无人机在农林植保、电力巡检、交通监控管理、公共安全和反恐等领域广泛应用。

1.3.2　无人机的特点与系统组成

1. 无人机的特点

无人机是相对于有人驾驶飞机而言的，其基本特点就是飞机上没有驾驶员。因此与有人飞机相比，无人机发生了一系列的变化。

（1）无座舱系统。有人机座舱中的设施包括两个部分。一部分用于维持驾驶员的正常生理需要，有驾驶员的座椅、氧气系统和救生系统等。另一部分是驾驶员驾驶与操纵飞机及机上武器装备的有关设施，无人机上没有驾驶员，也就不需要驾驶员座舱，因此，无人机可以大大减小外形尺寸和质量。

（2）无人机的设计与机体强度不受人体生理承受极限的限制。人在两倍重力加速度下，眼睛的视力会受到影响，六倍重力加速度下人的身体已经不能自由活动，人被重力死死地压在座椅上。因此在设计与制造飞机时，必须把驾驶员身体的承受能力放在第一位。而无人机则不同，可以在飞机机体结构和材料强度允许的条件下提高飞机的抗过载性，从而使飞机的机动性能更强。

（3）无人机需要配套的地面控制系统。无人机上的自动驾驶仪和任务计算机能够完成驾驶员的一部分任务，另一部分则必须由人来完成，这部分工作被转移到地面，由无人机控制员通过控制站完成。因此，无人机必须要配有专门的地面控制站和控制员。

（4）无人机的成本和耗费低，具有较高的效费比。一方面无人机的外形尺寸小，所消耗的原材料、能源和航材就少，同时没有驾驶员，也就不需要保证驾驶员生理需要的设备；另一方面，无人机可以代替有人机执行某些危险任务，不但可以降低作战消耗，而且还可以避免驾驶人员的伤亡。

2. 无人机的主要用途

军用无人机由于没有驾驶员，成本低，且机载设备先进，已经能够在战争的很多领域发挥作用，并已经在某些领域完全取代了有人驾驶飞机。无人机在现代战争中主要用于军事训练、作战支援和直接作战行动。

(1) 用于军事训练和新武器鉴定。包括用于高射炮、地空导弹、航炮和空空导弹打靶，以及战役战术演习和新武器的试验与鉴定。军用无人机最早担任的军事任务是作为高射炮部队进行实弹射击的训练靶机。在战役战术演习中使用无人机扮演敌我双方，可以营造逼真的战争环境与状态。为了检验地空导弹、高射炮、空空导弹等新型号武器的技术性能，需要为其试验特别是鉴定提供真实的检验手段，这种性质的任务只有无人机能够承担。

(2) 用于作战支援。近半个世纪以来，无人机在作战支援领域的用途不断拓宽，已经成为支援作战的重要武器，在有些方面所起的作用甚至超过了有人驾驶飞机。无人机在支援作战中，被用于对战场的监视和侦察、为地面火炮指示打击目标、进行电子干扰与欺骗、空中预警、充当诱饵、提供通信中继与导航等。

(3) 用于直接作战行动。随着人工智能技术的发展与应用，无人机开始具备直接承担攻击地面目标的能力。无人机发展的下一个目标，是能够进行空中作战最刺激、最富于挑战性的活动——空中格斗。

(4) 民用领域的应用越来越广泛。无人机在边境巡逻、核辐射探测、航空摄影、航空探矿、灾情监视、交通巡逻、治安监控、物资运输、农业植保等方面的应用前景广阔。

3. 无人机的构型

无人机的构型有很多特点，形式多种多样，比有人驾驶飞机要丰富得多，主要有固定翼式、旋翼式、导弹式和其他构型。

(1) 固定翼式。无人机是在有人驾驶飞机基础上研制的一种飞行器，在无人机诞生后相当长的一段时间内，无人机的构型基本上是对固定翼飞机的模仿和改装，主要的方法又分为三种。一是常规固定翼飞机式，它是由机身、固定机翼、尾翼等构成的无人驾驶飞机。二是缩比飞机式，就是按照某种真实飞机的构形严格按比例缩小制造的无人机。三是飞翼式，它是无人机模仿有人驾驶飞机的一种构形，与美国的 B-2 隐身轰炸机的外形非常相似，如图 1-13 所示。

(a)   (b)

图 1-13 常见的固定翼式无人机
(a) 固定翼无人机； (b) 飞翼式无人机

（2）旋翼式。旋翼式无人机是在直升机的基础上发展而来的。该构型无人机现在在民用领域得到了长足的发展和应用，已发展出多种构型，主要分为单旋翼和多旋翼，如图1-14所示。关于多旋翼无人机将在后面的章节中专门介绍。

（3）导弹式。导弹式是无人机的一种常见构形，其外形与导弹相似，基本特点是长长的机身和小小的尾翼。其基本用途是模拟导弹，为部队训练与新武器鉴定提供目标靶。

(a)　　　　　　　　　　　　　　　　　　(b)

图1-14　常见的旋翼式无人机

(a)单旋翼无人机；　(b)多旋翼无人机

（4）其他构型。这类构型主要是指前三种构型不能包括的。主要有三种。一是航空模型式，基本特点是具有飞机的基本外形，两个又薄又长的机翼，一个长长扁扁的机身，机身尾部有尾翼。代表机型为美国的"指针"无人机。二是太阳能动力式，是当前正在研制的一种以太阳能为动力的飞行器，代表机型为英国的"西风"无人机。三是微小型无人机，这类构型较为复杂，目前采用的有扑动翼式、飞碟式和旋翼/固定翼式。

4. 无人机的基本结构

无人机的构成可以分为机体、动力装置、有效载荷和制导与控制装置四个部分。绝大部分的无人机有动力装置，也有极少数的无人机没有。这种无动力装置的无人机都是采用空中发射的方式，然后依靠其优良的滑行性能进行飞行的。当前，无动力的无人机主要是部分诱饵机，航程通常为数千米。有动力装置的无人机一般采用活塞式、涡轮喷气和涡轮轴发动机中的一种作为动力源。

机内有效载荷是无人机成败的关键。根据无人机的任务性质、承担任务种类的不同，其有效载荷差别很大。通常，无人机的有效载荷占飞行器质量的1/4，费用占无人机单机生产总费用的40%。小型单用途无人机的任务载荷不到10 kg，小型多用途无人机的任务载荷为15～50 kg，而中型无人机可达300～700 kg。

制导与控制装置是控制飞机飞行状态与动作的有关设备，分为两个部分。一部分为可以设置在地面、舰船等平台上的地面控制站，由控制员使用，向无人机发出控制指令。另一部分在无人机上，其主要职能是自主或者按照地面控制站的指令控制飞机飞行。

5. 无人机的系统组成

无人机是一个系统，飞行器本身是系统的重要组成部分，但并不是系统的全部。无人机系统是飞行器与地面发射-回收、信号接收控制设备及人员的综合体。典型的无人机系统有一个地面控制站，两个遥控接收站，一个发射架系统，一个回收系统，3～12个飞行器和相应的无人机控制员。根据任务的不同,无人机系统的组成有所不同。图 1-15 为无人机航拍系统组成框图。

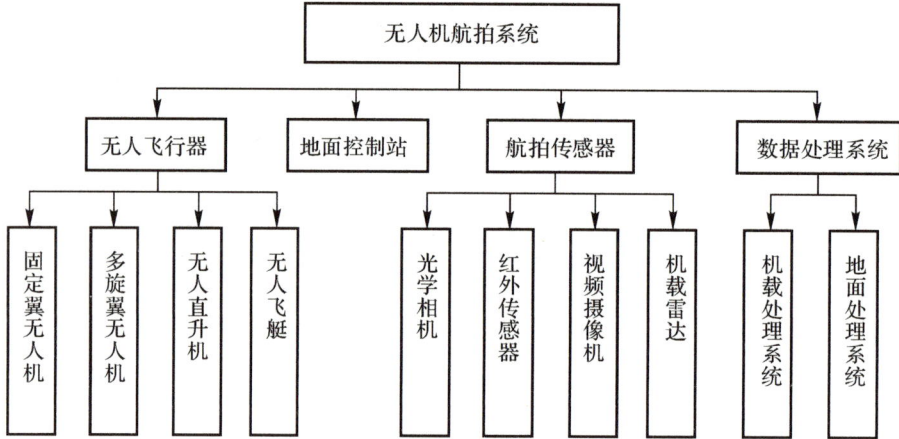

图 1-15 无人机航拍系统组成框图

无人机的起飞方式包括从机场、简易跑道、卡车、舰船甲板上起飞,从轨道发射架上弹射起飞,使用有人飞机运载到空中发射或投放起飞三种。有些既小又轻的无人机还可像航模一样用手抛起飞。回收方式有采用常规的机轮降落,机腹着陆,缆绳捕捉或者直接飞入网内。大型无人机可用降落伞降落在地面或水面上,然后用直升机回收。有些无人机从设计上就属于一次性的消费品,这样的无人机不用回收。

地面控制站与遥控站是无人机系统特有的,其用途是为无人机的控制员等工作人员提供控制、操纵无人机飞行的设备与工作场所。无人机的控制员又称为无人机飞行员,是指取代有人驾驶飞机驾驶员工作的人。他们需要根据无人机传送回来的信息来判断下一步的任务,这是目前无人机所不具备的"智力"。

6. 无人机的分类

无人机的分类方式有多种,按大小可分为小型、中型和大型无人机;按质量可分为轻型、中型和重型无人机;按活动半径可分为近程、短程、中程和远程高程无人机;按用途可分为军用和民用无人机。其中军用无人机又可分为无人侦察机、无人靶机、无人电子战飞机、无人攻击机、无人通信机、无人预警机等。

1.3.3 我国无人机的发展现状

我国无人机的研究始于 20 世纪 50 年代后期,1959 年已基本摸索出安-2 和伊尔-28 两种飞机的自动起降规律。20 世纪 60 年代中后期投入无人机研制,形成了长空-1 靶机、无侦-5 高空照相侦察机和 D4 小型遥控飞机等系列,并以高等学校为依托建立了无人机设计研究机构,具有自行设计与小批量生产能力。我国生产的各种型别的无人机基本上满足了国内军需民用,并正逐步走向国际市场。

随着无人机的应用受到各国越来越多的重视,我国在无人机的研制和应用方面也加大了人力和物力的投入,而且在无人机的研制和应用的各个领域都取得了骄人的成果,达到了世界领先水平。图1-16所示为我国近几年研制的先进的无人机(网络图片)。

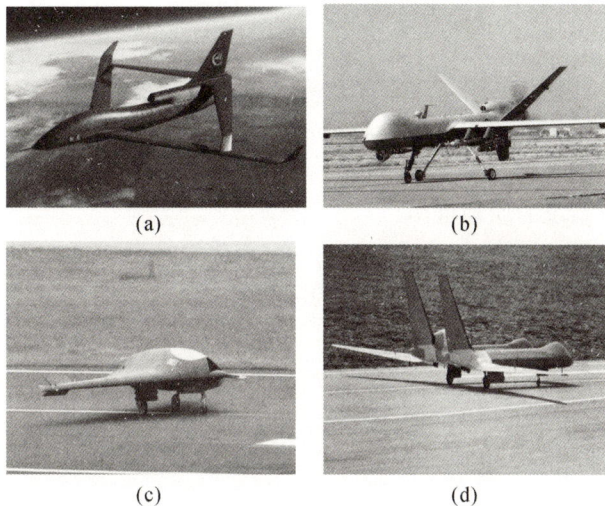

(a)　　　　　　　　　(b)

(c)　　　　　　　　　(d)

图1-16　我国自行研制新型的无人机
(a)翔龙；　(b)彩虹；　(c)利剑；　(d)神雕

思政小课堂

　　2007年8月20日上午,一架注册号为B-18616的波音737-809执飞中国台湾桃园机场飞往日本冲绳县那霸机场的定期航班中华航空120号航班飞机,当天机上共搭载了157名乘客和8名机组成员。飞机到达目的地降落在那霸机场后,突然右侧机翼二号发动机引起燃油大火,飞行员和乘务人员迅速指挥乘客进行紧急疏散,等乘客撤离完毕后,机长和副驾驶在爆炸的瞬间跳出驾驶舱,机上165名人员全部安全撤离。随后飞机发生了几次大爆炸,引发的大火将机身折成三段。火势持续1小时才被扑灭。到底是什么原因造成如此严重的火灾事故呢?

　　经调查,是因为中华航空公司一名维修技师在维修120航班飞机右侧机翼前缘缝翼,安装下止挡组件一个螺栓时,一个直径1.04厘米的垫圈掉落,未引起维修技师重视,认为这么小的垫圈不影响螺栓的固定,在没有找到垫圈的情况下继续完成了安装。下止挡组件是飞机机翼前缘缝翼的组成部分,飞机每次起飞和降落都要放出襟翼和前缘缝翼,下止挡组件位于缝翼滑轨的顶端,它可以限制前缘缝翼的移动范围,用以固定缝翼的最大伸展长度。因小垫圈没有安装,导致螺栓随时有脱落的危险,120航班在起降过程中,前缘缝翼的频繁伸出缩进,下止挡组件从导轨上震落,收起的缝翼导轨压迫下止挡组件刺破了轨道室,顶破了油箱,燃油也随着破裂口流出。当飞机在地面滑行时,发动机喷出来的尾气将漏出的燃油四处吹散,尚处高温的刹车碟片和尾喷管也沾染了燃油。当飞机停稳后,燃油直接流淌到炙热的尾喷管上,点燃的火焰蔓延速度十分惊人,沿油管迅速蔓延到另外一侧机翼的一台发动机,导致了飞机后续的几次燃油爆炸。

　　维修技师维护作风不严谨,风险意识不强,安装过程中实施不到位,认为一个直径1.04

厘米的小垫圈掉落了,装不装都不会影响飞行安全,没有牢固树立敬畏职责、敬畏规章、敬畏生命的"三个敬畏"意识,小差错埋下隐患,导致了大事故。

习　　题

1.无人机飞行控制方式分为哪几种?

2.画出自动飞行系统的原理框图。

3.自动驾驶仪由哪几部分组成?

4.根据导航参数获得的方式,导航可分为哪两类?

5.简述无人机与有人机的基本区别。

第二单元　飞机的基本知识

内容提示

飞上蓝天是人类自古以来的美好愿望,人类为此付出了艰苦的努力甚至牺牲生命。在1903年12月17日,美国的莱特兄弟把这一千古梦想变成了现实。经历百余年的演变,现代飞机已是一个由多个复杂系统组成的综合体,是当代高新技术应用的产物。为使飞机能够达到预期要求,需要多学科和多个技术领域的共同合作。本单元简要介绍与飞机相关的基本知识与概念。

教学要求

(1)掌握连续性方程和伯努利方程;
(2)掌握马赫数的基本概念;
(3)了解飞机的基本指标;
(4)了解飞机的运动参数;
(5)熟悉飞机的稳定性和操纵性;
(6)培养学生具有吃苦耐劳、团结协作、勇于创新的精神;
(6)培养学生具有良好的心理素质和一定的社会交往能力。

内容框架

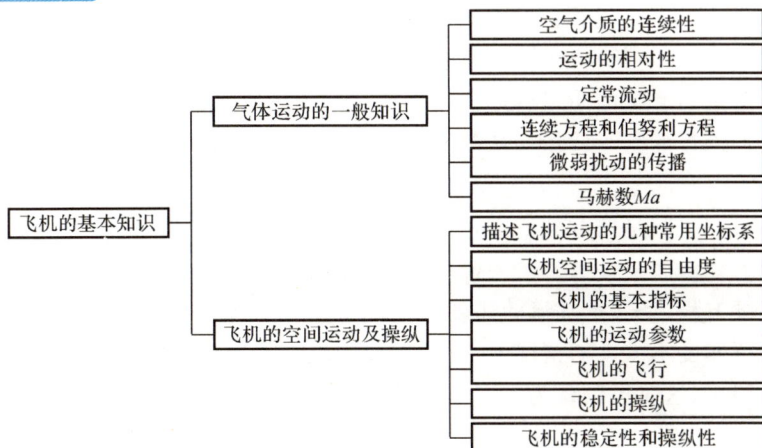

2.1　气体运动的一般知识

飞机(飞行器)是在空气中运动的,因此首先就必须了解空气运动的相关知识,从学科分类上来说,这属于空气动力学的范畴。根据需求,在此只介绍有关气体运动的相关定义和定律。更深层次的内容,有兴趣的读者可以参考相关的资料和书籍。

2.1.1　空气介质的连续性

在研究物体的运动以及物体和空气的相互作用时,通常不考虑空气介质的分子间的自由行程,认为空气在空间是连续分布的密集介质。

2.1.2　运动的相对性

不论是物体静止、空气运动,还是空气静止、物体运动,只要物体相对于气流的速度向量相同,作用在物体上的空气动力就完全相同,这就是运动的相对性原理。这一原理看似简单,但在航空技术的发展,特别是飞机设计方面具有重大的意义,利用风洞来验证和实验飞机的气动特性就是运动的相对性原理最基本的利用。

2.1.3　定常流动

一般情况下,都假定气流的运动是定常的,即气流中每点的密度、压力、速度等均不随时间的变化而变化。如果不满足上述条件,就称流动是非定常的。

2.1.4　连续方程

气流中一个微团流动的轨迹称为流线,两条流线之间形成单位厚度流管,如图 2-1 所示。假定空气的流动为定常流动,当气流流过某个物体时,可把气体当作在截面积发生变化的管子中流动,这种假想的管子被称为"流管",如图 2-2 所示。许多流线在空间包围成流管。因为空气微团的形状和密度在流动中会发生变化,所以流管的横截面沿长度方向可以处处不同。

在定常流动中任取一流管,并任意截取两个截面 Ⅰ 和 Ⅱ,如图 2-2 所示,分别以 V_1,ρ_1,A_1,m_1 和 V_2,ρ_2,A_2,m_2 表示界面 Ⅰ 和 Ⅱ 处的气流速度(m/s)、密度(kg/m³)、截面积(m²)和单位时间所流过的空气的质量(kg)。根据质量守恒定律及空气流动的连续性,在单位时间内,从截面 Ⅰ 流过的空气质量与从截面 Ⅱ 流过的是完全相等的。即

$$m_1 = V_1\rho_1 A_1 = m_2 = V_2\rho_2 A_2 \tag{2-1}$$

由于截面 Ⅰ 和 Ⅱ 是任意截取的,所以式(2-1)可以写成

$$V\rho A = C（常数）\tag{2-2}$$

这就是**连续方程**,V 表示气流的速度。

在飞机飞行速度不太大的情况下,空气流过飞机表面时,其压力及温度变化很小,因此其密度变化也很小,这时可以认为空气是不可压缩的流体,ρ 为常数。则连续方程可简化为

$$VA = C（常数）\tag{2-3}$$

式(2-3)表明,横截面积大则流速小,横截面积小则流速大。

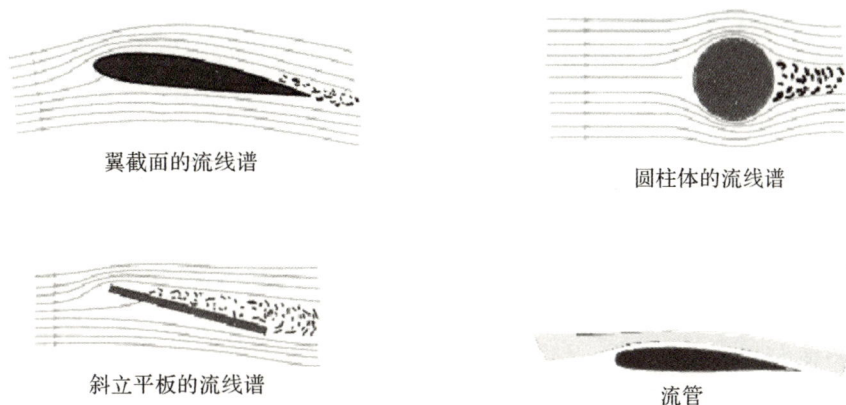

翼截面的流线谱　　　　　　　　圆柱体的流线谱

斜立平板的流线谱　　　　　　　　流管

图 2-1　流线-流管示意图

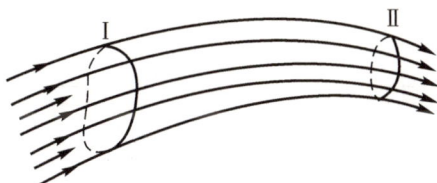

图 2-2　流管示意图

2.1.5　伯努利方程

在流管中,气体的压力能、动能、内能可能因为截面积的变化而变化,但其总能量不变(不计算摩擦损失),如图 2-3 所示,这就是能量守恒定律。通过分析可以得到关系式为

$$p + \frac{1}{2}\rho V^2 = C(\text{常数}) \tag{2-4}$$

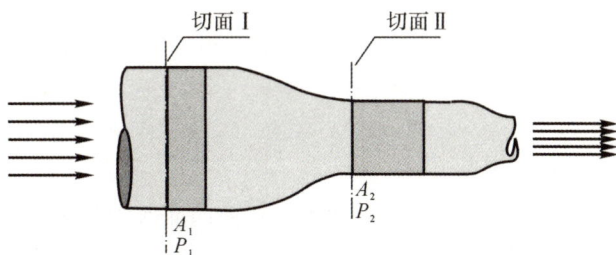

图 2-3　流体流动示意图

式(2-4)称为伯努利方程,表示静压 P 与动压 $\frac{1}{2}\rho V^2$ 之和沿流管不变。动压的物理意义是单位体积空气流动的动能。当 $V=0$ 时,动压为零,此时静压达到最大值,以 P_0 表示,此值称为总压。故式(2-4)可写为

$$P + \frac{1}{2}\rho V^2 = P_0 \tag{2-5}$$

这表明,在同一流管中,流速大的地方静压小,流速小的地方静压大,静压最大处的流速为零。把流管无限变细就成了一条流线,上述关系在同一流线上同样成立。这一方程在飞机上有着重要的应用。飞机的空速和升降速度的测量都是基于这一理论来实现的。

2.1.6 微弱扰动的传播

微弱扰动通过空气以声速传播。声速的大小取决于 P/ρ,而空气的温度与 P/ρ 成正比,因此,声速又可用温度按下式计算:

$$a = 20\sqrt{273 + t} \tag{2-6}$$

式中:a 为声速(m/s);t 温度(℃)。

在标准大气条件下,海平面温度 $t = 15$ ℃,则声速为 340 m/s(即 1 224 km/h)。

若扰动源的运动速度不同,则微弱扰动的传播情况也不相同。图 2-4 显示了不同运动速度情况下的微弱扰动的传播情况。

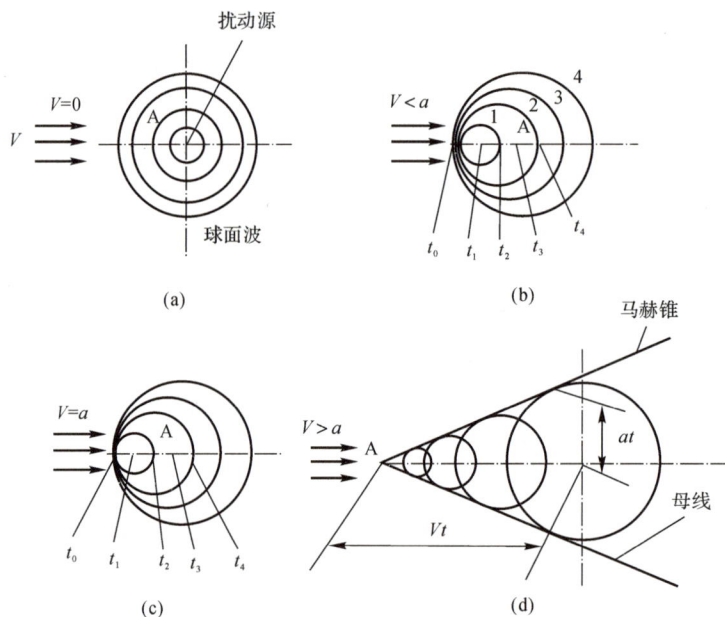

图 2-4 微弱扰动的传播

当扰动源静止($V = 0$)时,发出的球面波以声速向四面八方传播[见图 2-4(a)]。

根据运动相对性原理,扰动源以速度 V 在静止空气里运动相当于扰动源静止而气流以速度 V 流动。因此,当扰动源以亚声速($V < a$)运动时,从 A 点发出的弱扰动一面以声速 a 向外传播,另一面又被流动的空气顺流带走。经过 $\Delta t = t_1 - t_0$ 时间,波面到达1的位置,半径为 $a\Delta t$,波面各点都顺流后移了 $a\Delta t$ 的距离,以此类推[见图 2-4(b)]。

扰动源以声速($V = a$)运动相当于气流以声速流过静止扰动源[图 2-4(c)]。这时波面虽以声速向外传播,但对着气流方向的波面始终彼此相切。这表明当气流流速等于声速时,弱扰动无法逆向传播，也就是说，扰动源产生的空气压力和密度的变化只影响它后面的空气。

当扰动源以超声速($V > a$)运动时，其波面传播如图 2-4(d)所示。这时波面一面扩大，一面顺流后移且呈圆锥状。该圆锥称为马赫锥，其母线称为马赫线。

从以上分析可以看出，在亚声速流中弱扰动可向四面八方传播，而在超声速流中，弱扰动不能逆向传播，只能在扰动锥内传播。这就是亚声速流动与超声速流动的本质区别。由于目前无人机的飞行速度基本上都是亚声速，所以本书后面的分析都是在基于亚声速条件下的。

2.1.7　马赫数 Ma

马赫数定义为气流速度(V)和当地声速(a)之比，即

$$Ma = V/a \tag{2-7}$$

空气中的声速即声波的传播速度，也就是空气受到微弱扰动时的传播速度。飞机(扰动源)使空气受扰，该扰动以声速向四周传播。当飞行速度小于声速时，前方空气已受到扰动，将绕过飞机，空气密度不发生太大的变化。当飞行速度接近声速时，扰动源和扰动波几乎同时到达，前方空气已来不及躲开，局部的空气密度将明显增大。飞行速度超过声速后，前方空气在没有受到扰动的情况下接近飞机，飞机前面邻近处的空气密度将会突然增大，这就形成了激波，如图 2-5 和图 2-6 所示，可见马赫数的大小可以表示空气受压缩的程度。

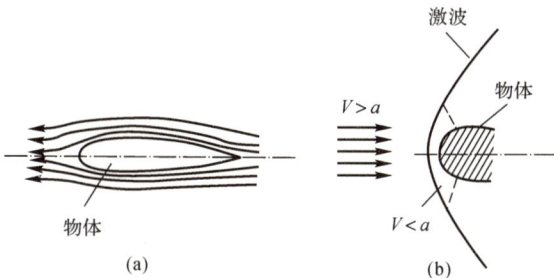

图 2-5　气流流经物体的情况　　　　　图 2-6　激波示意图

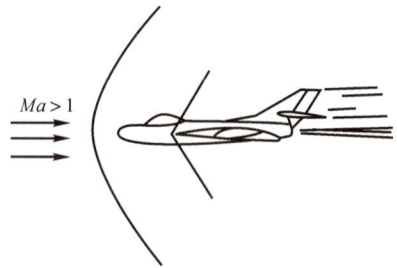

2.2　飞机的空间运动及操纵

2.2.1　描述飞机运动的几种常用坐标系

飞机在空中的运动是错综复杂的，特别是机动飞行。为了能明确表述飞机的空间运动，需要定义相关的坐标系。常用的坐标系包括地轴系、机体轴系和速度轴系三种。这样可以使分析飞机的问题变得相对简单。

1. 地面坐标系(地轴)$O_d X_d Y_d Z_d$(或者 $O_e X_e Y_e Z_e$)

地面坐标系被认为是固连于被视为平面的地球表面的坐标系。原点 O_d 可取地面任意选定的一点；$O_d X_d$ 轴处于地平面内，指向某一选定的方向(一般选北向)；$O_d Y_d$ 轴垂直于地

面,指向上方;O_dZ_d 轴在地平面内,垂直于 $X_dO_dY_d$ 平面,由右手系构成(指向东向),如图 2-7 所示。

地面坐标系通常被用来描述飞机的航迹变化和飞机在空中的位置。

2.机体坐标系(机体轴系)$O_tX_tY_tZ_t$(或者 $O_bX_bY_bZ_b$)

机体轴系的坐标原点 O_t 位于飞机的重心;飞机的纵轴 O_tX_t 位于飞机的对称面内,与飞机的轴线一致,指向前方;飞机的立轴 O_tY_t 也处于飞机的对称面内,垂直于 O_tX_t 轴,指向上方;飞机的横轴 O_tZ_t 由右手系构成,指向右方,如图 2-8 所示。

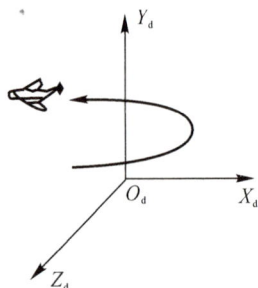

图 2-7　地面坐标系图　　图 2-8　地面坐标系和机体坐标系图

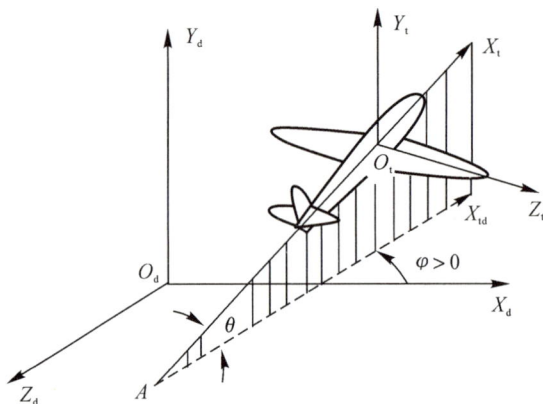

利用机体坐标系相对于地面坐标系的关系可以方便地描述飞机的姿态。

3.速度坐标系(速度轴系)$O_qX_qY_qZ_q$

速度坐标系的原点 O_q 取在飞机的重心,O_qX_q 轴与飞机重心轨迹的切线一致,其正方向为重心运动瞬间速度的方向,一般情况下,速度矢量不一定处在飞机的对称面内;O_qY_q 轴处于飞机的对称面内垂直于 O_qX_q 轴,指向上方;O_qZ_q 轴由右手系构成,如图 2-9 所示。

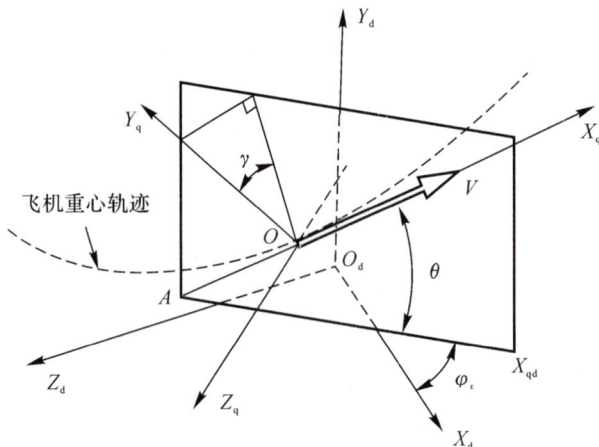

图 2-9　地面坐标系和速度坐标系

2.2.2 飞机空间运动的自由度

飞机的运动包含六个自由度:一是空间位置变化的三个自由度,即进退、升降和侧移运动。二是飞机姿态变化的三个自由度,即俯仰、滚转和偏航运动。即三个线运动自由度和三个角运动自由度,如图 2-10 所示。

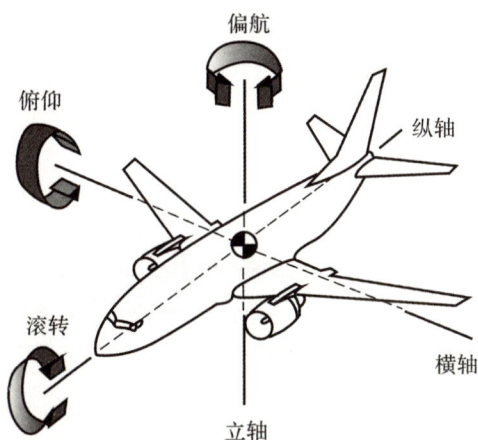

图 2-10 飞机的运动自由度

在实际情况下,一般把飞机的运动分成两种运动,即纵向运动和横向运动。纵向运动是指飞机对称面内的运动,包括飞机的进退、升降和俯仰。横向运动是指飞机非对称面内的运动,包括飞机的侧移、横滚和偏航。

2.2.3 飞机的基本指标

飞机的基本指标包括机体指标和技术指标两部分。

1. 飞机的机体指标

飞机机体指标是指对飞机外观的描述,主要的机体指标为飞机的高度、机长以及翼展,这三个指标表示了飞机的基本外部特征,如图 2-11 所示。

(1)飞机的高度。飞机的高度是指飞机机轮底部到飞机最高点之间的距离。

(2)机长。飞机的机长是指飞机最前端与其最后端之间的距离,具体分为包含空速管的长度和不包含空速管的长度两种。

(3)翼展。飞机的翼展是指飞机两翼尖之间的最大距离。

当然还有其他机体指标对飞机的外观进行描述,例如机翼面积、飞机的质量等,这些可以从飞机手册中查到。

2. 飞机的性能指标

一般说来,飞机的性能指标分为两类,即设计指标和实际指标。设计指标是指在设计的初期由需求方提出的,而实际指标是指系统实际完成并交付使用所具备的性能指标,通常所说的性能指标就是指后者。由于飞机的用途十分广泛,对不同用途的机种,其性能指标的侧重点是不同的。但不论飞机的用途如何,以下几种指标是共同的。

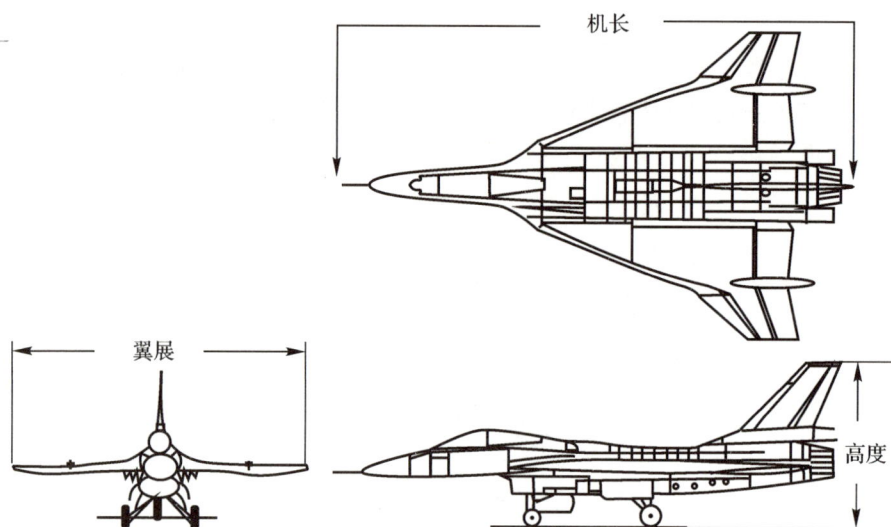

图 2-11　飞机的三视图

（1）飞行速度。飞行速度是指单位时间内飞机飞过的距离，分为地速和空速两种。地速是指飞机相对地面的飞行速度，空速是指飞机相对其周围气流的速度。

通常情况下，飞机的速度指标还包括最大速度、最小速度和巡航速度。

最大速度是飞机所能达到的最大飞行速度。最小速度是飞机能够保持在空中飞行的最小速度。飞机在空中飞行，不可能一直以其最高速度飞行，而一般是以一种特定的速度飞行，其飞行的距离与其耗费之比是最经济的，这种速度称为巡航速度。

（2）飞行高度。飞行高度是指飞机与基准面之间的距离。选取不同的基准面来定义不同的飞行高度，常用的飞行高度包括相对高度、真实高度、绝对高度、标准气压高度以及无线电高度。

相对高度是指飞机从空中到某一既定的机场地面的垂直距离。一般采用飞机起飞和着陆的机场为基准定义。

真实高度是指飞机与它当时的地面目标顶端的垂直距离。由于地面是高低不平的，所以真实高度是随时变化的。

绝对高度是指飞机从空中到海平面的垂直距离。

标准气压高度是指飞机从空中到标准气压平面的垂直距离。

无线电高度是指利用无线电测得的飞机与其正下方最高点之间的距离，基本上与绝对高度相等。

图 2-12 所示为各种高度之间的相互关系，具体表示为

$$标准气压高度＝相对高度＋机场标准气压高度$$

$$绝对高度＝相对高度＋机场标高$$

$$绝对高度＝真实高度＋地点标高$$

（3）航程。飞机的航程是指飞机从起飞到着陆，一次不间断飞行（空中不加油）所能飞行

的最远距离,有时也用续航时间来表示这一指标。而对歼击机而言,一般用作战半径来衡量
飞机的航程。

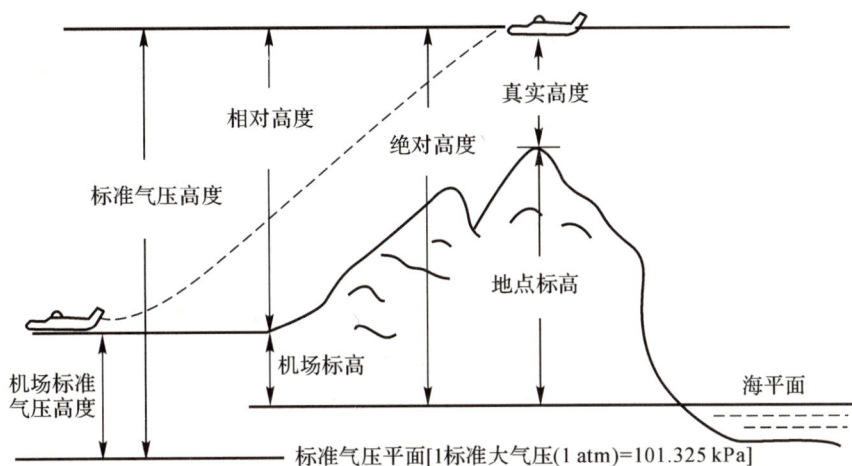

图 2-12　各种高度关系示意图

2.2.4　飞机的运动参数

1.飞机的姿态角

飞机的姿态角反映了机体轴系和地轴系之间的关系,以及飞机相对地面的姿态。飞机
的姿态角定义示意图如图 2-13 所示。

(1)俯仰角 θ。机体轴与地平面之间的夹角,以抬头为正。

(2)倾斜角,又称为滚转角 γ。机体轴与包含机体轴的铅垂面之间的夹角,规定飞机右
倾斜为正。

(3)偏航角 φ。机体轴在地平面上的投影与地轴之间的夹角,以飞机左偏航为正。

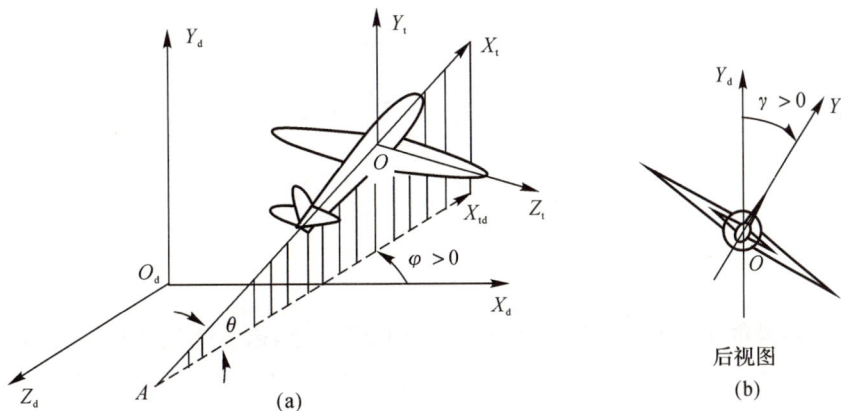

图 2-13　飞机的姿态角示意图

2.飞机的气流角

飞机的气流角反映了速度轴系与机体轴系之间的关系,以及飞机的运动姿态。

(1)迎角 α。速度矢量 V 在飞机对称平面内的投影与机体轴之间的夹角,以 V 的投影在轴之下为正。

(2)侧滑角 β。速度矢量与飞机对称平面之间的夹角,以速度矢量位于对称面之右为正。飞机的气流角定义示意图如图 2-14 所示。

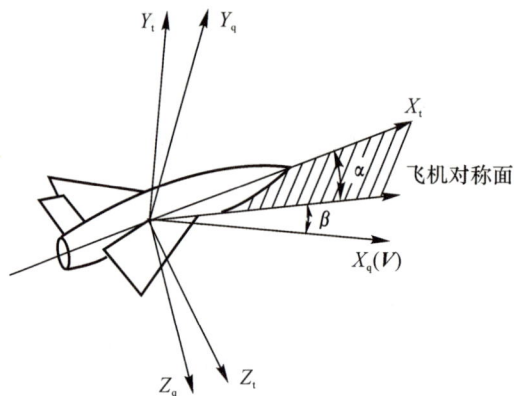

图 2-14 飞机的气流角示意图

3.飞机的航迹角

飞机的航迹角反映了速度轴系与地轴系之间的关系,也反映了飞机的实际航迹。飞机的航迹角定义示意图如图 2-15 所示。

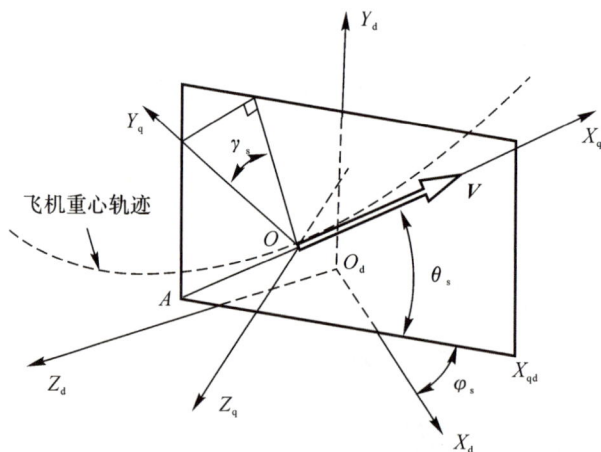

图 2-15 飞机的航迹角示意图

(1)航迹倾斜角 θ_s。速度矢量 V 与地平面之间的夹角,以飞机爬升时的 θ_s 为正。

(2)航迹偏转角 φ_s。速度矢量 V 与其在地面的投影与地轴 $O_d X_d$ 之间的夹角,以左偏为正。

(3)航迹滚转角 γ_s。$O_d Y_d$ 轴与过速度矢量并与地平面垂直的平面之间的夹角,以 $O_d Y_d$

在该平面之右为正。

2.2.5 飞机的飞行

飞机之所以能在空中飞行并完成各种复杂的运动,是由于气动力及气动力矩的作用。飞机所受的气动力包括升力、阻力和侧力,另外还有发动机的推力。气动力矩包括俯仰力矩、滚转力矩和偏航力矩。

1.飞机的气动力

作用在飞机上的气动力是飞机完成各种线运动的基础。

(1)飞机的升力。在前面已经介绍过伯努利方程。了解到流体在流动中,流速大的地方压力小,流速小的地方压力大。飞机升力的产生就是基于这一原理,图2-16所示为气流流动示意图。

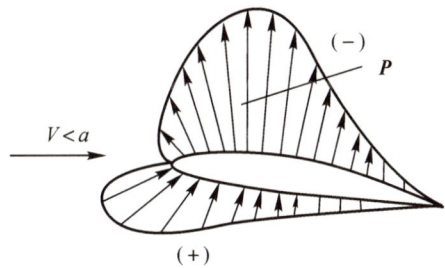

当气流流过机翼表面时,气流在机翼上、下表面的流管将发生变化,上表面流管变细,下表面流管不变或变粗,如图2-16所示。根据伯努利方程可知,机翼上、下表面之间存在压力差,于是产生了升力,如图2-17所示。

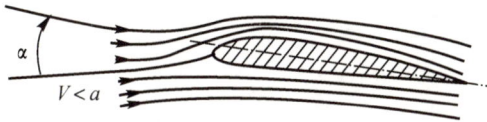

图2-16 气流流动示意图

图2-17 升力产生的原理

飞机上产生升力的部位有机翼、机身以及平尾,但主要是由机翼产生的。

(2)飞机的阻力。阻力是指作用在飞机上的气动力合力在气流方向上的投影。阻力可分为零升阻力和升致阻力两部分。

零升阻力:包括摩擦阻力、压差阻力和零升波阻,这些阻力形成的根本原因在于气流与飞机之间存在相对运动,而与升力无关。

升致阻力:由于飞机飞行不是绝对的水平飞行,产生的升力也就不可能始终保持与气流方向垂直,这样就会有两个分量产生,一个是垂直于气流的运动方向,另一个是平行气流方向。后者一般与气流方向相同,因此形成阻力,由于该阻力是由升力的分量形成的,所以称为升致阻力,如图2-18所示。

另外,作用在飞机上的阻力还有操纵面偏转引起的阻力,它们的作用主要是为了产生操纵力矩。该类阻力是必须存在的,就是利用它的存在,才能完成对飞机运动的操纵。

(3)飞机的侧力:飞机的侧力是指与机体横轴同向的气动力,主要是由飞机的运动与气流方向不一致、飞机带有一定的倾斜角以及飞机的方向舵和副翼偏转而产生的。

2.飞机的气动力矩

作用在飞机上的气动力矩可以使飞机完成各种角运动。

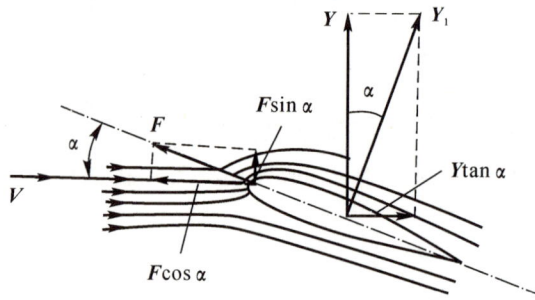

图 2 - 18　升致阻力

（1）纵向气动力矩。根据纵向运动的定义，纵向气动力矩指的是飞机的俯仰力矩。

飞机在俯仰力矩作用下发生的绕机体横轴的运动为俯仰运动。飞机在纵向运动中所受到的作用力包括重力、发动机推力、升力和阻力。

由于重力作用在飞机的重心，因而不产生俯仰力矩。发动机的推力是否产生俯仰力矩决定于发动机的安装位置，如果发动机的安装轴线与飞机的轴线重合，则不产生俯仰力矩，否则就会产生俯仰力矩，如图 2 - 19 所示。

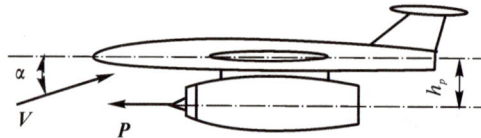

图 2 - 19　发动机推力对俯仰力矩的影响

在飞机上产生俯仰力矩的主要是飞机的升力、升降舵的偏转和飞机的俯仰运动。

1）升力产生的俯仰力矩。由于飞机的升力合力的作用点一般不在飞机的重心处，因而就会产生相应的俯仰力矩，这也就是飞机在平飞时飞机本身不水平的原因。一般情况下，飞机平飞时升降舵面要偏转一定的角度，使飞机带有一定的俯仰角，就是为了克服由升力产生的俯仰力矩。

2）升降舵偏转形成的俯仰力矩。升降舵偏转，作用在它上面的气动力就会发生变化，主要是它产生的升力（大小、方向）发生变化，再就是作用在它上面的阻力也会发生变化。由于它距离飞机的重心位置较远，所以同样的作用力就会产生很大的俯仰力矩。该力矩的主要作用就是控制飞机的俯仰运动。

3）飞机俯仰产生的俯仰力矩。当飞机做俯仰运动时，就会改变作用在飞机上的纵向气动力，从而导致气动力矩的变化。特别需要说明的是，当飞机有俯仰运动时，同时会改变飞机的阻力，而阻力会产生阻挡飞机俯仰运动的力矩。该力矩被称为纵向阻尼力矩。阻尼力矩是飞机是否具有纵向稳定性的关键。

（2）横侧向气动力矩。横侧向气动力矩是指飞机的滚转力矩和偏航力矩，飞机在这两个力矩的作用下发生绕机体纵轴和机体立轴的角运动。

除了重力造成的侧力外，其他侧力均不通过重心，因而将产生横侧向气动力矩。产生横侧向气动力矩的重要因素有方向舵和副翼的偏转、飞机的横滚和偏航运动。

1)滚转力矩的产生。飞机滚转力矩主要是由飞机的副翼偏转和飞机的滚转运动产生的。

当飞机的副翼偏转时,副翼是差动偏转,所以造成飞机左右机翼升力不均而产生滚转力矩。

而当飞机有滚转运动时,必然会产生相应的侧向阻力,进而产生滚转力矩,与飞机的俯仰运动产生的力矩一样,该力矩也是阻尼力矩,用来保证飞机的滚转稳定性。

2)偏航力矩的产生。飞机的偏航力矩主要由飞机的方向舵偏转、飞机的偏航运动产生,该力矩的产生与升降舵偏转和俯仰运动产生俯仰力矩的原理相同。

滚转运动和偏航运动二者不像俯仰运动那样具有独立性,而是相互关联的。在分析时,一般不得独立分析,而是同时分析。因此飞机的横侧向运动要比纵向运动复杂得多,有兴趣的读者可以阅读相关文献。

2.2.6 飞机的操纵

飞机飞行及姿态的改变需操纵飞机的舵面来完成。飞机的主要舵面有升降舵、副翼和方向舵。操纵这些舵面的运动是由驾驶杆和脚蹬来完成的,油门杆用来控制发动机的推力变化。

升降舵改变飞机的俯仰状态,方向舵控制飞机的航向变化,副翼操纵飞机的横滚。在实际飞行过程中,改变飞机的飞行往往需要多个舵面联动,特别是飞机的横侧向运动。现代飞机由于采用"主动控制"技术,在操纵系统中增加了一些新的操纵面,典型的结构如图2-20所示。

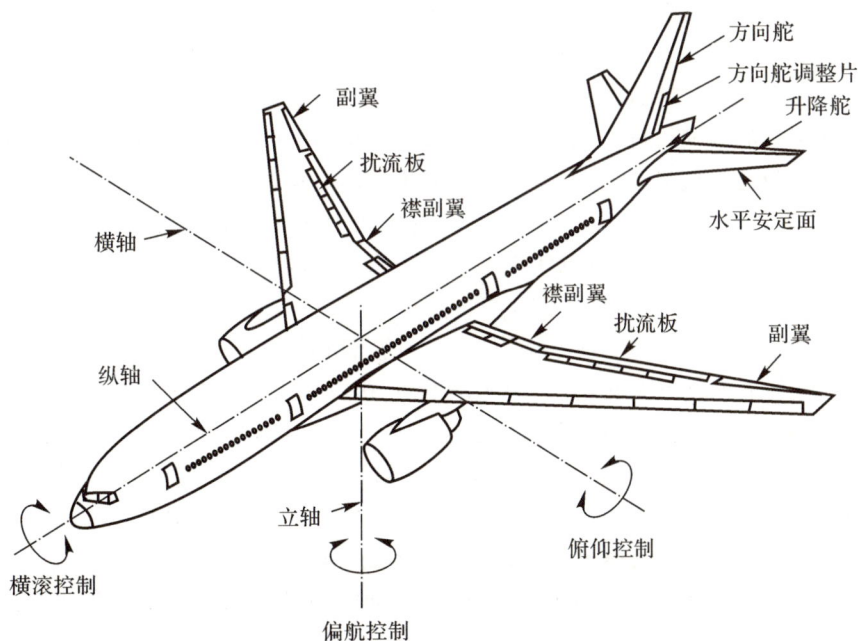

图2-20 飞机的舵面结构

飞机的空间运动具有六个自由度,十分复杂,只有使操纵机构正确动作,才能顺利完成预定的飞行任务。因此基本操纵机构的偏转极性及其所产生的力矩的极性,对分析飞机的特性是至关重要的。

各操纵量的极性定义如下。

(1)升降舵(或全动平尾)偏转角:升降舵后缘(或舵面)向下偏转时产生的偏转角为正,即向前推驾驶杆产生的偏转角为正。

(2)方向舵偏转角:方向舵后缘(或舵面)向右偏转时产生的舵偏角为正,即右脚蹬向前为正。

(3)副翼偏转角:右副翼后缘(或舵面)向上偏转时产生的舵偏角为正,即向左压驾驶杆为正。

根据以上定义,可得出正的舵面偏转角产生负的控制力矩。

(4)油门杆位移:油门前推、加大油门时的位移为正。

驾驶员通过驾驶杆、脚蹬、操纵杆系(如钢索、钢管等)操纵舵面,达到控制飞机的目的。

2.2.7 飞机的稳定性和操纵性

1.飞机的稳定性

在飞行中,飞机受到扰动而偏离原来的平衡状态,在扰动消失后不经飞行员操纵舵面,而自动恢复到平衡状态的特性叫飞机的稳定性。

飞机的稳定性分为静稳定性和动稳定性。当飞机偏离原来的平衡状态,出现稳定力矩,使飞机具有自动恢复到原来平衡状态的趋势,叫作静稳定性,又称为静安定性,通常用静稳定性导数表示其程度。飞机在恢复平衡时将出现绕平衡位置的摆动,摆动之所以能逐渐减弱最后消失,是由于摆动过程中出现了阻转力矩,也叫阻尼力矩,飞机的这种特性叫动稳定性,又称为动安定性,通常用动稳定性导数表示其动稳定程度。

(1)垂直尾翼的方向稳定作用。如图2-21所示(由下到上),水平直线飞行的飞机受到扰动后,纵轴与前方气流产生一定夹角,例如机头向右偏斜,气流从左前方吹向垂直尾翼,在垂直稳定面上就会产生向右的空气作用力,这个力对飞机重心形成一个恢复机头原来方向的稳定力矩,可见,垂直尾翼具有使飞机恢复其原方向的稳定作用。高速战斗机机身后段下部,一般还设置垂直稳定片,以增强飞机的稳定性。

(2)俯仰稳定力矩的产生。做水平直线飞行的飞机受扰动后,机头上仰,但此时飞机仍向前飞行,即气流方向没有变化,飞机的迎角增加,机翼和水平尾翼上产生附加升力(即因迎角增加而产生的升力增量 ΔY),该升力增量的作用点(该点称为飞机的焦点)在飞机重心之后,在该点产生使飞机机头下俯的稳定力矩,如图2-22所示。

飞行高度越高,飞行的速度越大,即飞行马赫数越大,当超过当时高度的临界马赫数后,随马赫数的增大,焦点后移量越大,飞机的俯仰稳定力矩越大。

(3)机翼后掠角的横侧稳定的作用。飞机的横轴与机翼前缘之间的夹角叫机翼后掠角,后掠翼和三角形机翼后掠角较大。

机翼的后掠角有增强飞机横侧稳定的作用。例如平飞中的飞机受到扰动,出现左倾斜(左翼高度比右翼高度低),从而出现左侧滑(气流从机头左前方吹来叫左侧滑)时,由于后掠角的存在,左翼的垂直分速度大于右翼,致使左机翼的升力大于右机翼,左、右两翼的升力差构成稳定力矩,促使飞机恢复横侧平衡,如图 2-23 所示。

图 2-22 俯仰稳定力矩

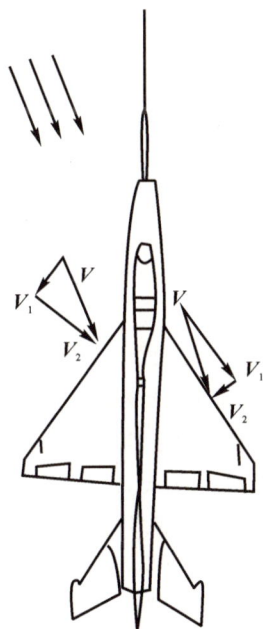

图 2-21 垂直尾翼的作用

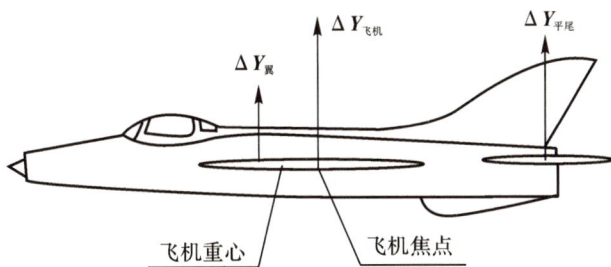

图 2-23 机翼后掠角横侧稳定作用

2.飞机的操纵性

飞行员用驾驶杆(驾驶杆控制水平尾翼和副翼)和脚蹬(脚蹬控制方向舵)改变舵面角度,以控制飞行状态的能力称为操纵性。

(1)纵向操纵性(俯仰操纵)。在亚声速飞机上俯仰操纵一般是飞行员用推、拉驾驶杆转动升降舵实现的。在超声速战斗机上为获得足够大的操纵力矩,一般设置全动式水平尾翼。拉驾驶杆,水平尾翼前缘向下偏转,产生上仰力矩;推驾驶杆,水平尾翼前缘向上偏转,产生下俯力矩。飞行员操纵飞机时感觉到的杆位移、杆力大小和飞机反应的快慢,构成飞机的纵向操纵品质。而在超声速战斗机上,单靠飞行员的体力无法克服全动式水平尾翼上的空气动力,因此第二代战斗机设置助力操纵系统转动水平尾翼,第三代战斗机的纵向操纵系统则采用电传操纵系统。

(2)横向操纵性。飞行员通过左右压驾驶杆使机翼外段上的副翼偏转,从而产生使飞机横侧滚转的操纵力矩。例如,飞行员向左压驾驶杆,左副翼上偏,右副翼下偏,产生左横滚力矩。

(3)方向操纵性。飞行员通过蹬脚蹬控制方向舵偏转,从而改变飞机航行方向。例如:蹬左脚蹬(左脚前伸,右脚后缩),方向舵向左偏转,产生向左转的操纵力矩,机头左转。在超声速飞行时,方向舵的舵面效率也有所下降,在大型超声速战斗机上也有采用全动式垂直尾翼以增加操纵灵敏性的,但在轻型战斗机上一般设置面积较大的方向舵满足方向操纵的需要,或设置双垂直尾翼以增加飞机的方向稳定性和操纵性。

操纵性问题与稳定性问题既相互区别又相互关联。操纵性问题研究的是为实现某一飞行状态应该怎样操纵飞机、飞机易于操纵的条件、操纵力是否适度及飞机对操纵响应的快慢等。稳定性问题属于控制理论的范畴,在此不作叙述。

飞机稳定性和操纵性的好坏,完全取决于飞机的气动特性和结构参数(如质量、转动惯量等)。因此,只有从研究作用在飞机上的外力和外力矩着手,建立飞机的运动方程式,才能对飞机的稳定性和操纵性问题做出定量分析。

思政小课堂

在彩虹无人机的国际征途中,是一批批勇于担当的"彩虹人",使"彩虹"得以振翅高飞,威名远扬。

神兵利器来之不易,彩虹团队里个个都是才华横溢的"铸剑师"。

2022虎年春节,已是肖雄飞在国外外场度过的第3个春节,他平均每年都有300多天在外出差。受疫情影响,他的不少同事原本已经到换岗回国时间,却不得不继续驻扎。

肖雄飞刚到国外时是夏天,7月的风沙正紧,白天平均气温超过50 ℃,夜间又会猛降至0 ℃。一天之内,"沸点""冰点"两重天,这样的工作环境几乎让人无法忍受。为了打赢那场硬仗,来自中国南方湿润地区的肖雄飞,在短时间内强迫自己快速适应当地环境。

一如广袤沙漠的变化无常,肖雄飞每天面临的挑战也是五花八门。既要保证飞机随时起飞,又要加紧其他飞机维修维护进度,还要保证大量现场飞机及时顺利异地转场……这么多担子挑在肩上,肖雄飞需要24小时待命,连轴转上十几个小时是家常便饭。由于当地基础设施不甚完善,断电问题时有发生,肖雄飞在这时还会变身电力工程师,为大伙解决照明问题。

面对疫情,为了保证项目进度不被延误,高级钳工技师董怀宽毅然前行,赶往试飞场执行保障任务,至今已在祖国的大西北连续工作60余天。彩虹无人机的卓越表现让它身披"勋章"。为解用户之急,董怀宽曾单枪匹马先后8次前往4个国家组织、参与现场快速修复任务。他独立设计出多款外场专用工具,并依据15年的修理经验,总结出一套实用的无人机快速修复工艺,并最终将其成功应用于实践。

一次,董怀宽率队前往所在国,在短短15天内就完成了彩虹无人机机头损毁后的结构及蒙皮修理工作;还有一次,他独挑大梁,7天内便解决了彩虹无人机几十余处的修复难题。彩虹无人机这柄神兵利器在董怀宽的手中化为了"绕指柔",他的技艺之娴熟精湛,令见过他手艺的外方人士,都竖起了大拇指。

疫情期间,彩虹勇士们不负众望,驻扎在世界各地的飞行队人数虽少,但在大任务面前却个个堪比关张。面对艰巨的型号任务,他们充分表现出强大的集体凝聚力和惊人的主观能动性,顶住了汹汹疫情的严峻考验,充分体现了社会主义是拼出来、干出来、拿命换来的,不仅过去如此,新时代也是如此的"红旗渠精神",创造出令世界同行为之侧目的骄人成绩。

习　　题

1. 说明气体运动连续方程的物理意义。
2. 写出伯努利方程并解析该方程的物理意义。
3. 声速是如何定义的? 说明标准声速的定义及其大小。
4. 马赫数是如何定义的?
5. 飞机的空间运动有哪几个自由度?
6. 飞机的飞行速度分为哪两种?
7. 飞机的姿态角有哪些? 如何定义?
8. 飞机的气流角有哪些? 如何定义?
9. 飞机的航迹角有哪些? 如何定义?
10. 作用在飞机上的气动力有哪几种?
11. 作用在飞机上的气动力矩有哪些?
12. 飞机的平衡指的是什么?
13. 固定翼飞机的升力是如何产生的?
14. 飞机飞行时,所受的阻力有哪几类?

第三单元　测量与传感器

无人机的飞行,本质上就是全程的自动飞行。想要实现飞行自动控制,首要问题是如何精确测量飞行器的各种飞行参数,例如姿态角、角速度、过载、飞行高度、速度和位置等,然后飞行控制系统根据测得的飞行参数对飞机进行精确控制。测量这些参数的传感器有陀螺仪、加速度计、马赫数传感器、高度传感器和定位系统等。本单元分别讨论飞行控制系统中常用的测量飞行参数的各种传感器的工作原理及应用。

教学要求

(1)掌握空气动力学参量的测量;

(2)掌握惯性量的测量;

(3)熟悉方位角的测量;

(4)了解位置的测量;

(5)培养学生具有敬仰航空、敬重装备、敬畏生命的航修文化品质;

(6)培养学生具有坚持无缺陷、零差错的职业素养。

内容框架

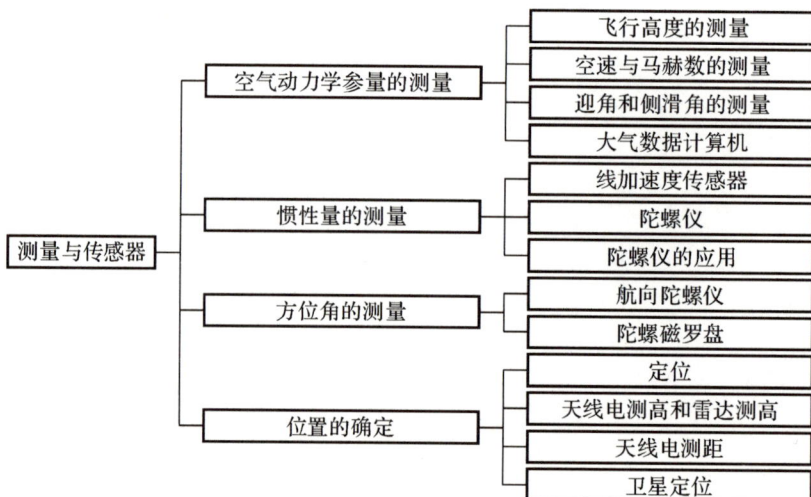

3.1　空气动力学参量的测量

大气参数测量传感器是一种通过测量飞行器与大气之间的作用力及飞行器所在位置的大气参数,并经过飞行器的全、静压系统将其转换成相应的电信号的装置。本节将介绍气压高度传感器、空速与马赫数传感器、迎角与侧滑角传感器和大气数据计算机的工作原理及应用。

3.1.1　飞行高度的测量

1.气压式高度传感器

气压式高度传感器是重要的大气数据仪表之一。气压式高度传感器通过感受大气压力来测定飞行高度。

飞行高度是飞行器在空中与某一基准面的垂直距离。测量基准面不同,测出的高度也不同。

气压式高度传感器根据大气压力(常称静压)随高度升高而减小的规律测量高度,并输出与之相对应的电压信号。图 3-1 所示为气压式高度传感器(也称为气压式高度表)原理图。

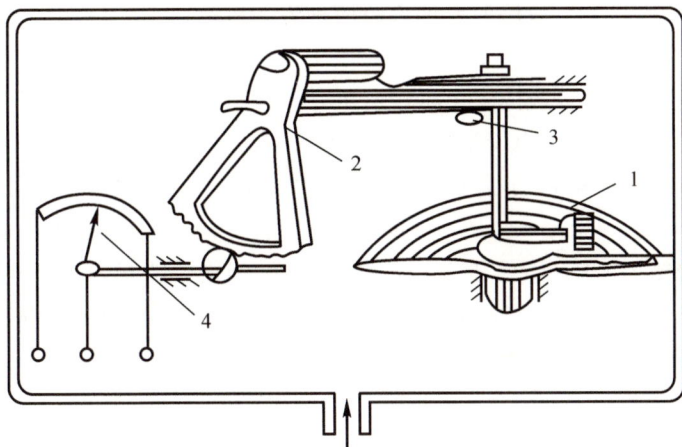

图 3-1　气压式高度传感器原理图

气压式高度表由真空膜盒 1、传动放大器 2、补偿装置 3 和信号转换器 4 组成,它们安装在密封的仪表壳体内。作为敏感元件的真空膜盒由两波纹膜片焊接而成,膜盒内部抽成真空,可以认为压力为零,膜盒外部的压力等于飞行器周围的大气压力。当作用在真空膜盒上的气压为零时,其处于自然状态。当高度升高,作用在膜盒上的大气压力 P 逐渐减小时,膜盒将逐渐膨胀。膜盒中心的位移与作用在膜盒上的大气压力之间呈线性关系。在低空时,改变单位气压,膜盒的位移量较小。这样,膜盒的位移量正好对应于不同高度上的单位气压高度差。随着高度的改变,膜盒形变产生位移,该位移通过相应的传动机构带动信号转换器,从而获得与高度成比例的电信号。

传动机构有连杆式和齿轮式两种。

两个由双金属片做成的温度补偿片,用来补偿膜盒的弹性系数随温度变化所引起的弹性温度误差。

信号转换器为一电位计。当温度变化时,膜盒膨胀(或收缩),产生位移,经传动机构带动电刷转动,电位计输出与高度相应的电信号。

在图 3-1 所示高度表的基础上增设调零机构,使传感器在对某一基准气压面的高度为零时输出也为零。选择相应的基准气压面,传感器可输出相应于相对高度、标准气压高度或绝对高度的电信号。

2. 压阻式动静压传感器

上述先利用膜盒一类弹性元件的形变和位移来测量大气压力,然后再将压力转变为电信号的方法为传统的压力测量方法。这类传感器的体积大、灵敏度低、可靠性差、非线性严重。随着微电子技术的发展,固态半导体压力传感器已得到日益广泛的应用。这种传感器具有体积小、质量轻、灵敏度高、易于集成化和微型化等优点,已成为一种发展十分迅速的传感器。近几年来,这种压力传感器正向着多功能和智能化的方向发展。

下面介绍压力敏感传感器的原理。

用于测量压力、加速度等的敏感传感器是利用固体受力作用后,电阻率发生显著变化的压阻效应而制成的。压力敏感传感器由 4 个压力敏感电阻组成,这 4 个敏感电阻连接成惠斯通电桥的形式。电桥采用恒压源或恒流源两种方式供电。

压力敏感传感器的压阻电桥工作原理如图 3-2 所示。图中的 R_1,R_2,R_3 和 R_4 为利用硅弹性膜片并采用扩散方法形成的 4 个桥臂电阻,当所用硅膜片两边存在压力差时,膜片发生形变,电阻相应地发生变化。由于半导体的压阻效应具有各向异性特性,在硅膜片受力后,R_1 和 R_3 的阻值增大,R_2 和 R_4 的阻值相应减小,由此桥路失去平衡,电桥便有电压输出。如果 $R_1 = R_2 = R_3 = R_4$,则 $\Delta R_1 = \Delta R_2 = \Delta R_3 = \Delta R_4$。即当电桥为恒压源供电时,硅膜片在压力作用下,电桥的输出电压 U_o 与压力成正比。同样,当电桥为恒流源供电时,硅膜片在压力作用下,电桥的输出电压 U_o 与压力成正比。飞行控制系统中常用的动静压传感器即大气数据传感器就是基于这一原理来实现的,如图 3-3 所示。

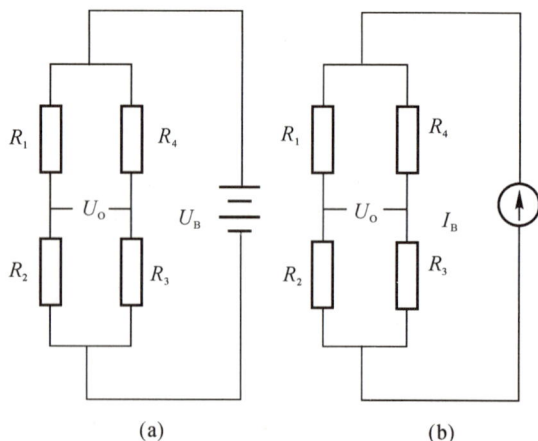

(a)   (b)

图 3-2 压阻电桥工作原理图
(a)恒压式; (b)恒流式

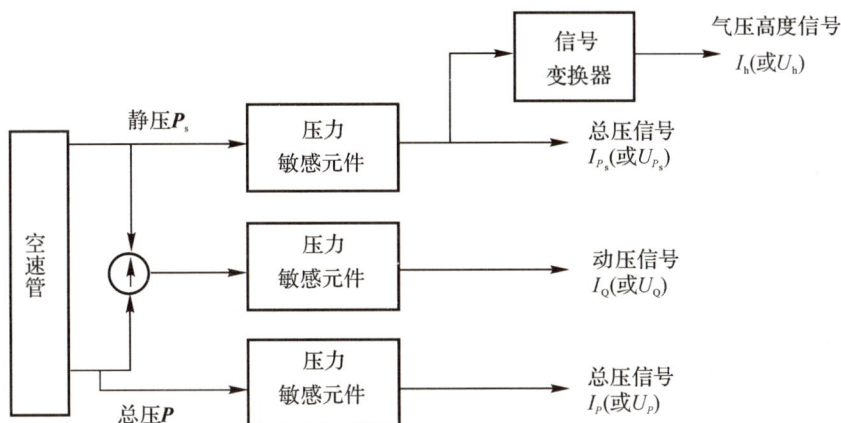

图 3-3 压阻式动静压传感器原理示意图

3.1.2 空速与马赫数的测量

1. 空速传感器

飞行器相对于空气的运动速度叫做空速,测量飞行器的空速并输出相应的电信号的传感器为空速传感器。

飞行器的飞行速度是指飞行器在静止空气中的相对速度。飞行器的飞行速度有四种:真空速、指示空速、地速和垂直速度。

1)真空速是指飞行器相对于空气的运动速度,或者说是考虑空气密度影响的飞行器的运动速度,简称空速。

2)指示空速是指规划到标准空气速度(即海平面的空气密度 $\rho_0 = 1.225 \text{ kg/m}^3$)的真空速,或者说是忽略空气密度变化的飞行器的运动速度。指示空速又称为仪表空速,简称表速。

3)地速是指飞行器相对于地面的运动速度,也是真空速和空气速度水平分量的矢量和。

4)垂直速度是指飞行器垂直于地面运动的速度,即飞行器的升降速度。

飞行速度是飞行中重要的飞行参数之一。根据空速的大小可以判断作用在飞机上的空气动力情况,以便正确地控制飞行器。另外,还可根据空速、风速和风向来计算地速,并由地速和飞行时间计算出飞行距离。

目前常用的测量速度的方法是通过测量相对气流的压力来间接测量飞行速度的,空速管测量压力的原理如图3-4所示。根据流体连续方程和能量守恒定律所导出的伯努利方程,是测量速度的基本方程。

在不可压缩流中,有

$$p_1 + \frac{\rho_1 V_1^2}{2} = p_2 + \frac{\rho_2 V_2^2}{2} = C \tag{3-1}$$

式中:p_1 和 p_2 分别为流场中 Ⅰ 和 Ⅱ 处的压力;C 为常数;ρ_1 和 ρ_2 分别为流场中 Ⅰ 和 Ⅱ 处的密度。由于目前无人机的运动速度一般为亚声速,所以认为气流是不可压缩的,即

$$p_s + \frac{\rho V^2}{2} = p_o \eqno{(3-2)}$$

式中:p_s 和 p_o 分别为流静压和总压(又称为全压);$\rho V^2/2$ 称为动压,ρ 为空气的密度。式(3-2)就是伯努利方程。

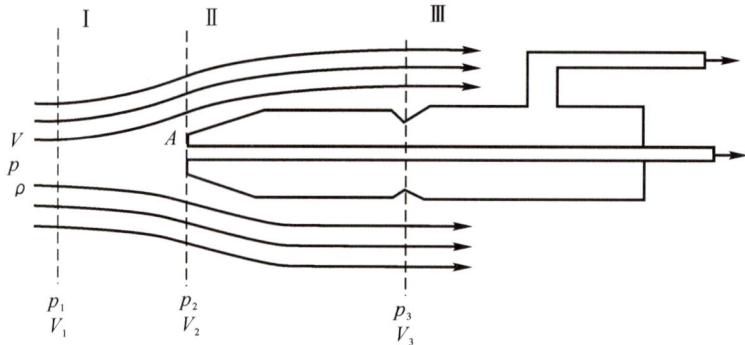

图 3-4　空速管测量压力的原理

由式(3-2)可知,只要测出流场中某处的压力 p_s、密度 ρ,认为空气的总压是不变的,即可间接测出空气的流速:

$$V = \sqrt{\frac{2(p_o - p_s)}{\rho}} \eqno{(3-3)}$$

测量空速的空速管(皮托管)如图 3-5 所示。空速管由一个正对迎面气流开口的内管和一个侧面有若干个圆形小孔的外管构成。内管称为总压管,相应的开口称为总压孔,外管称为静压管,侧面孔称为静压孔。两管分别通过导管通至开口膜盒与密封的传感器壳体内(见图 3-5)。图 3-5 为压力式空速传感器原理图。压力式空速传感器由空速管、开口膜盒、放大传动机构和电位计组成。空速管安放在受气流扰动最小的地方,其余部件安放在密封的仪表壳体内。

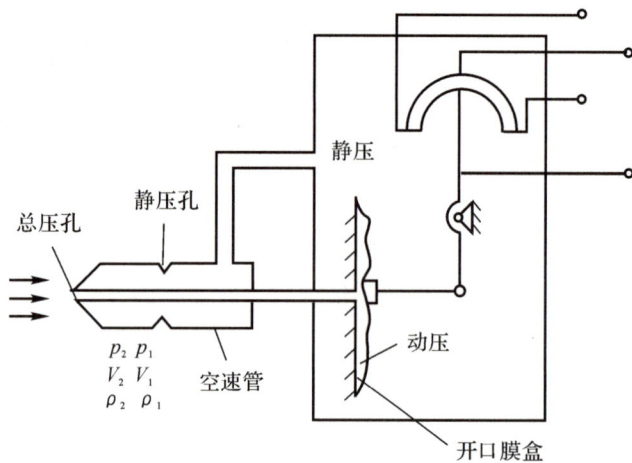

图 3-5　压力式空速传感器原理图

压力式空速表的工作原理是安置在飞行器上的空速管感受到飞行时气流产生的总压 P_o 和静压 P_s,并通过导管分别送到开口膜盒和密封的仪表壳体内。膜盒内、外的压力差即为动压。

在动压的作用下,膜盒产生位移,经过放大传动机构使电刷相对于电位计滑动,从而输出与压差成比例的电信号。在静压和气温一定的情况下,动压的大小完全取决于空速的大小,所以膜盒的位移量即反映了飞行器当时的飞行速度。在实际中,由于温度和大气的总压并不是恒定不变的,还需要一定的修正措施。

2. 马赫数传感器

马赫数是飞行速度与飞行器所在高度的声速之比。当飞行器的马赫数 Ma 超过临界马赫数 Ma_{cr} 时,飞行器的某些部位局部激波的出现,使得飞行器的空气动力特性发生显著的变化,导致飞行器的稳定性和操纵性变差。这时,仅仅根据空速表来判断飞行器所受空气动力的情况是不够的,还必须借助于马赫数传感器来测量 Ma。

声速 a 可按下式计算:

$$a = 20\sqrt{273 + t} \tag{3-4}$$

式中:a 为声速,单位为 m/s;t 为温度,单位为摄氏度(℃)。

在标准大气条件下,海平面温度 $t = 15$ ℃,则声速为 340 m/s(即 1 224 km/h)。有

$$Ma = \frac{V}{a} \tag{3-5}$$

3.1.3　迎角和侧滑角的测量

迎角也称为攻角,是飞行器翼弦线与迎面气流间的夹角。侧滑角是飞行器速度向量 **V** 与飞行器对称平面间的夹角。二者的详细定义已在第一单元讲明。二者均反映飞行器轴线与气流方向间的夹角。

迎角的大小与飞行器的升力和阻力密切相关,当迎角达到临界迎角时,飞行器将发生失速,因此,迎角的测量是十分重要的。一方面,将测得的迎角信号输送给仪表显示或送到失速告警系统,以供飞行员观察;另一方面,飞行控制系统中也常引入迎角信号以限制最大法向过载。

实际中,在飞行器上要想准确测量真实的迎角是非常困难的。由于飞行器和迎角传感器对气流存在干扰,所以飞行器上不同位置处的气流流场与理想流场之间存在差别,因此,迎角传感器只能测量出传感器所在处的气流方向与飞行器弦线间的夹角,即局部迎角。

当机翼(或机身)的迎角改变时,机翼上、下表面的压力将发生变化。压力的重新分配将造成机翼产生一个与迎角大小有关的压力差。因此,可利用这个压力差来衡量迎角的大小,故可制成迎角传感器。

迎角传感器按其敏感方式可分为风标式和探头式(典型的为压差管式和零压差式)两大类,按信号的转换方式又可分为电位计式和同步器式两大类。

1. 风标式迎角(侧滑角)传感器

图 3-6 给出了典型风标式迎角传感器的结构原理。该传感器由具有对称剖面并随气流变化而转动的翼形叶片、放大传动机构和电位计构成。翼形叶片与放大传动机构的轴固

连,传动机构的另一端与电刷固连。

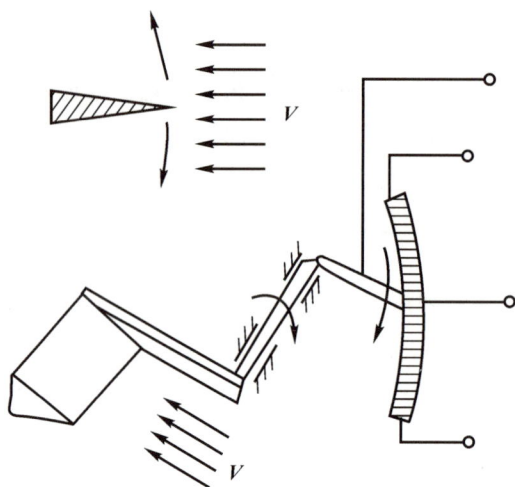

图 3-6　典型风标式迎角传感器的结构原理图

　　风标式迎角传感器的工作原理是当翼形叶片的中心线平行于迎面气流(即迎角 $\alpha = 0°$)时,作用于叶片上、下表面的压力相等,叶片不转动,电刷处于中立位置,无电信号输出;当飞行器以一定的迎角飞行时,作用在叶片上、下表面的气动力不相等,产生压差,使叶片绕其轴旋转,直到中心线与迎面气流方向一致为止。叶片的转角就是飞行器当时的迎角,经放大传动机构带动电刷转动,输出与迎角成比例的电信号。风标式迎角传感器正是因为它能使翼面与气流方向一致而得名的。为使风标(叶片)工作稳定,风标式迎角传感器装有阻尼器。为了防止风标表面结冰,传感器还应有加温装置。

　　由于风标式迎角传感器依靠感受气流来测量飞行器的迎角,因此必须正确安装,一般安放在飞行器的头部或翼处。如果必须安放在其他位置,则需要经过风洞和飞行试验来校正误差,以保证测量准确。制造良好、安装正确的风标式迎角传感器可达到较高精度(如误差在 $±0.1°\sim±0.2°$)。

　　值得指出的是,若将具有对称剖面的翼形叶片安放在机体坐标系的 XOZ 平面中,则传感器可用来测量飞行器的侧滑角。

　　2.压差管式迎角(侧滑角)传感器

　　压差管式迎角传感器由压差管和开口膜盒式压力传感器组成。压差管头部为半球形,在其轴线的两侧对称处各开有 1 个两者夹角为 90°的对称小孔,如图 3-7 所示。开口膜盒式压力传感器包括开口膜盒、放大传动机构和电位计 3 部分,如图 3-8 所示。

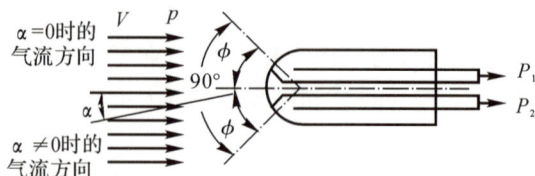

图 3-7　压差管

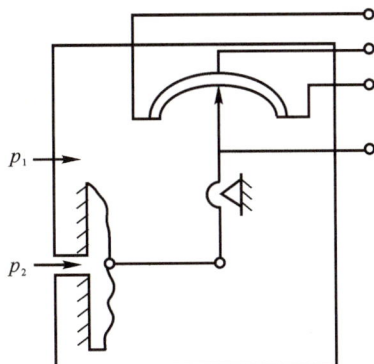

图 3-8　开口膜盒式压力传感器

压差管式迎角传感器的测量原理是:当压差管轴线与气流方向一致(即迎角 $\alpha = 0$)时,两个小孔所感受的压力 p_1 与 p_2 相等。p_1 与 p_2 通过导管分别送到开口膜盒和密封的传感器壳体内,压差 $\Delta p = p_1 - p_2 = 0$,电刷处于中立位置,输出信号为零。当气流方向与压差管轴线出现迎角(即 $\alpha \neq 0$)时,两个小孔所感受的压力 p_1 与 p_2 不再相等,压差 $\Delta p = p_1 - p_2 \neq 0$。膜盒产生位移,电位器电刷发生转动,输出相应的信号。

与风标式传感器类似,压差管式传感器的安装位置同样影响迎角的测量精度,因此必须正确选择安装位置,尤其在超声速飞行时更应注意。

这里需说明一下,压差管头部有 5 个小孔。除了测量迎角的两个对称小孔外,在与其成 90°的轴线上还有两个对称孔,用以测量侧滑角,另外还有一个孔开在其中心轴线处,以测量当时的总压。显然,这些孔有 5 个导管,各自把所测得的信号传送出去,即同时测出飞行器的迎角和侧滑角。

3. 零压差式迎角传感器

图 3-9(a)所示为零压差式迎角传感器。它由敏感部分(探头)、变换传动部分(气道、气室和桨叶)、输出部分(电刷、电位计)和温控部分(探头、壳体加热器及其温度继电器,图中未标出)组成。探头为圆锥形,中间有隔板,中心线两侧有两排对称的出气孔,图 3-9(b)给出了探头的横截面。圆锥形探头与中间有气道的空心轴相连,在空心轴上固定着桨叶和电刷。飞行时探头的轴线平行于飞行器的横轴 Y(若轴线平行于飞行器的纵轴 X,则可测出飞行器的侧滑角)。

零压差式迎角传感器测量飞行器迎角的原理是:当迎角为零时,两排对称测压孔均正对着迎面气流,夹角相等,感受压力相等,桨叶不动,无信号输出;当迎角不为零时,两排测压孔感受压力 p_1 和 p_2,p_1 与 p_2 不相等,设 $p_2 > p_1$[见图 3-9(b)],经过气道进入气室,分别作用于等面积的桨叶,产生沿 Y 轴的负向力矩,使桨叶和探头转动,直至压差 $\Delta p = p_1 - p_2 = 0$,此时,两排对称测压孔均正对着迎面气流。显然,探头的转角就等于飞行器当时的迎角;固定在转轴上的电刷也转过了相同的角度,并输出与迎角成比例的电信号。

以上两种测量迎角的传感器分别具有不同的结构和特点。在实际应用中,可按飞行器及其控制系统的种类和迎角传感器的作用来确定相应的传感器。对于仅用做失速告警的迎角传感器,一般采用风标电位计式,但也有一些飞行器,例如火箭,就常常采用探头电位计式;用做主反馈信号和多余度电传飞行控制系统的迎角传感器一般多采用探头同步器式迎角传感器。

在我国自行研制的电传飞行控制系统中即采用以同步器作为输出装置的零压差式迎角传感器作为多余度迎角传感器。

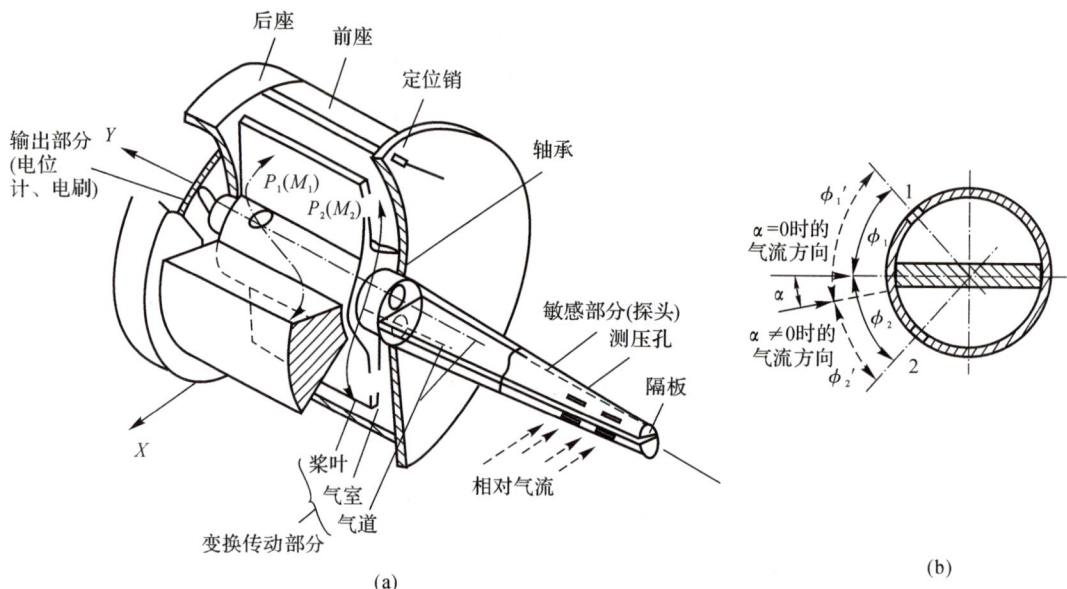

图 3-9　零压差式迎角传感器
(a)结构图;　(b)探头的横截面

3.1.4　大气数据计算机

飞行器的飞行高度、空速和 Ma 等飞行参数均与总压、静压等大气参数有关。因此只要测量出总压、静压和总温等少数大气参数,再通过计算即可得到上述各个飞行参数。大气数据计算机就是这样一种根据传感器测得的较少的原始参数(如总压、静压和总温等参数),计算出较多的与大气数据相关的上述飞行参数的多输入、多输出的机载综合测量系统。

大气数据计算机既可作为指示仪表,指示出飞行器的高度、空速、机场和大气温度等,供飞行人员判读,又可代替分立的、数目众多的仪表与传感器,为飞行自动控制系统、惯性导航系统和空中交通管制系统等输送信号。

大气数据计算机有三种基本形式,即机电模拟式大气数据计算机、数字式大气数据计算机和混合式大气数据计算机。

1.机电模拟式大气数据计算机

机电模拟式大气数据计算机以采用机电模拟式装置为特征,是早期的大气数据计算机。具体由伺服式压力传感器、总温传感器、迎角传感器和机电模拟式解算装置组成,如图3-10所示。

伺服式静压传感器可直接输出高度和高度的变化率,伺服式动压传感器可直接输出指示空速,通过伺服式解算装置的解算,可得到 Ma 和大气密度等参数。

迎角传感器输出的局部迎角信号,经 Ma 修正后得到真实迎角,真实迎角信号可用作静压源误差修正信号,以修正静压源误差。

机电模拟式大气数据计算机结构复杂,可靠性差,输出信号误差大,加工装配、调试及维修工作量大,体积、质量及功耗大。现在基本上已被淘汰。

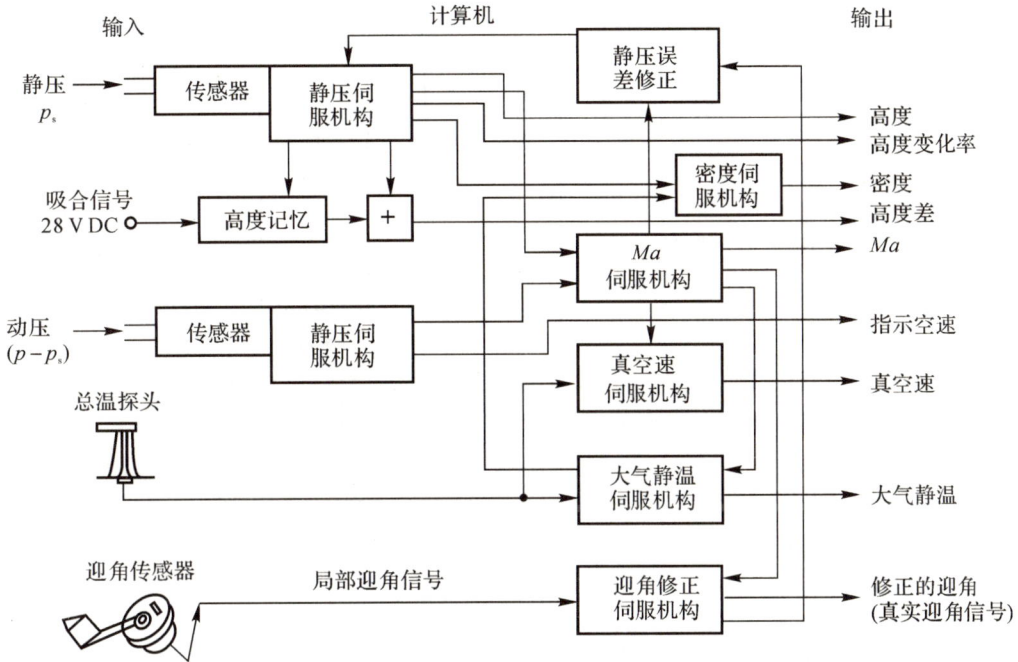

图 3－10 机电模拟式大气数据计算机原理框图

2. 数字式大气数据计算机

(1)数字式大气数据计算机的基本组成。数字式大气数据计算机的原理框图如图3－11所示。数字式大气数据计算机由传感器、输入接口、中央处理机和输出接口等部分组成。

1)传感器。总压和静压传感器输出全压和静压信号。在数字式大气数据计算机中均采用高精度、重复性和稳定性好、迟滞误差小的小型压力传感器来输出全压和静压信号。

总温传感器输出全温信号,在数字式大气数据计算机中大多采用热电阻式温度传感器。

迎角传感器给出飞行器的局部迎角信号,在数字式大气数据计算机中大多采用零压差同步器式迎角传感器。

这些传感器的输出信号有的是直流信号,有的是交流信号,还有的是频率信号和三相交流信号。

2)输入接口。输入接口将各种传感器输出的信号转换成计算机需要的数字量。对于输出频率信号类型的传感器,主要采用频率(或周期)/数字转换器;对于输出直流电压信号类型的传感器,则采用模拟/数字转换器;对于输出三相交流电压信号类型的传感器,则采用一种特殊变压器将其转换成按正弦和余弦变化的直流信号,再由模拟/数字转换器转换。

3)中央处理机。中央处理机常采用微型计算机,在程序存储器指引下完成各种参数的计算任务,并协调控制整个大气数据计算机的工作。目前大多采用 16 位或以上字长的计算机。

4)输出接口。根据各种机载系统的要求,将中央处理机计算的结果转换成一定格式的串/并行的数字量、离散量和模拟机载系统要求的模拟量。

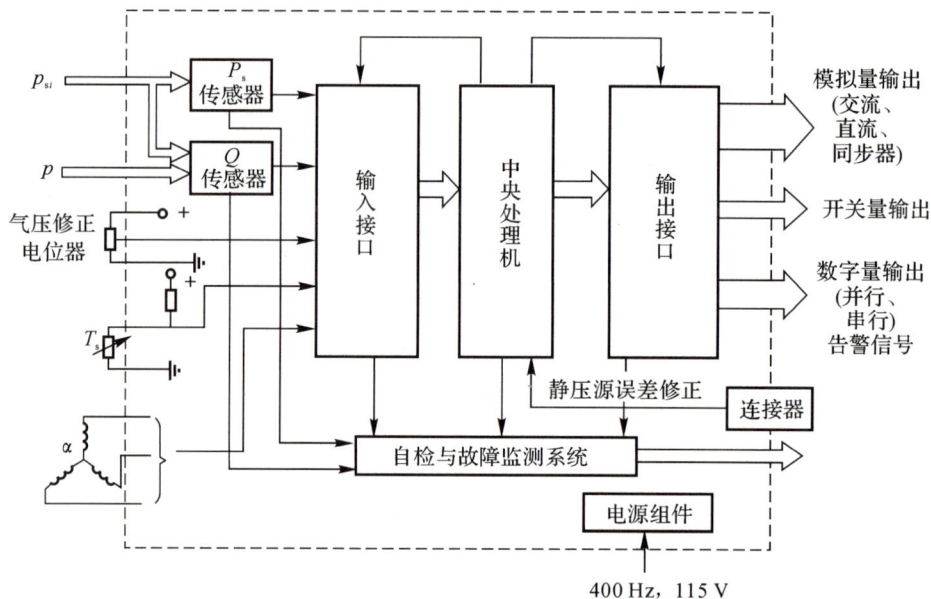

图 3-11　数字式大气数据计算机的原理框图

5)自检与故障监测系统。自检主要用于飞行器起飞前或飞行后的检查,使空、地勤人员能够迅速判断大气数据计算机的工作状况;故障监测主要用于飞行过程中连续检测大气数据计算机各部分的故障,并诊断出故障源,根据故障的性质发出相应的告警信号。自检和故障监测系统由专用的硬件和软件来实现。

自检和故障监测系统是现代航空电子机载设备的重要部分,对于提高系统的可靠性、可维护性和使用效率具有重要意义。

(2) 参数计算原理。数字式大气数据计算机的所有参数都是由软件来实现的。下面以升降速度 V_z、马赫数 Ma 及马赫数变化率 $\dot{Ma}$、真实空速、大气静温、大气总温和大气密度的计算为例来介绍参数计算的基本原理。

1)升降速度 V_z 的计算原理。

升降速度 V_z 可表示为

$$V_z = \frac{\mathrm{d}h}{\mathrm{d}t} = \frac{\mathrm{d}h}{\mathrm{d}p_s} \frac{\mathrm{d}p_s}{\mathrm{d}t} \approx \frac{p_s - p_{s0}}{t - t_0} \tag{3-6}$$

式中:$\dfrac{\mathrm{d}p_s}{\mathrm{d}t}$ 为静压变化率;$\dfrac{\mathrm{d}h}{\mathrm{d}p_s}$ 为标准气压高度曲线的斜率,其值可由标准气压公式求得;p_{s0} 为前一时刻 t_0 时的大气静压;p_s 为时刻 t 时的大气静压。

升降速度 V_z 的计算原理如图 3-12 所示。

2)马赫数 Ma 及马赫数变化率 $\dot{Ma}$ 的计算原理。马赫数 Ma 是总压 p 和静压 p_s 比值的函数,即

$$Ma = f_{Ma}\left(\frac{p}{p_s}\right) \tag{3-7}$$

$$\dot{Ma} = \frac{\mathrm{d}Ma}{\mathrm{d}t} \tag{3-8}$$

马赫数与马赫数变化率的计算原理如图 3-13 所示。

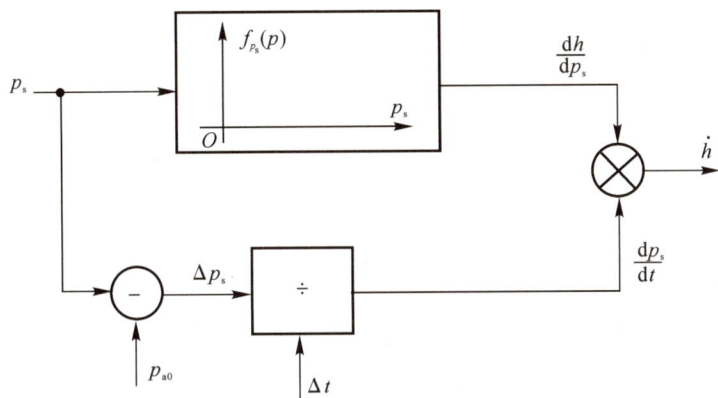

图 3-12 升降速度 V_z 的计算原理

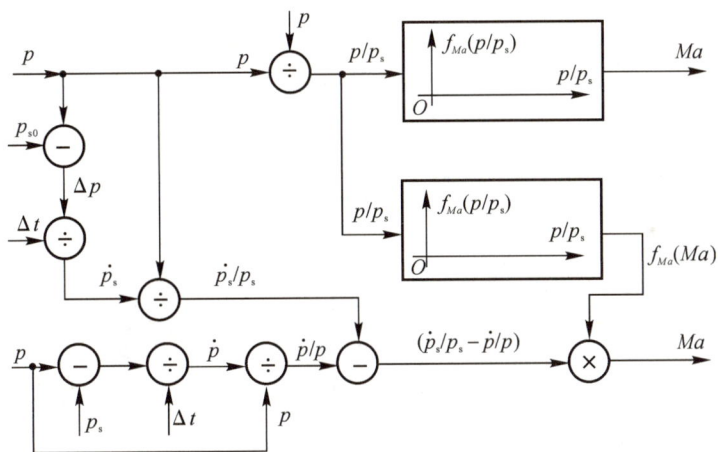

图 3-13 马赫数与马赫数变化率的计算原理

3）空速 V 的计算原理。空速 V 是马赫数 Ma 和总温 T 的函数（见图 3-14），即

$$V = f_p\left(\frac{p}{p_s}\right)\sqrt{T} \tag{3-9}$$

4）大气静温的计算原理。大气静温 T_s 是大气总温 T 和马赫数 Ma 的函数。大气静温的计算原理如图 3-15 所示。

5）大气总温 T 的计算原理。大气总温由总温传感器和测温电路的输出电压经模拟 / 数字转换器转换成数字量后，再由计算机根据数字量与总温的关系计算得到，其计算原理如图 3-15 所示。

6）大气密度的计算原理。大气密度 ρ_s 是大气静压力 p_s 和大气静温的函数，即

$$\rho_s = \frac{p_s}{RT_s} \qquad\qquad (3-10)$$

式中:R 为地球半径。

大气密度比为

$$\frac{\rho_s}{\rho_0} = \frac{T_0}{p_0} \frac{p_s}{T_s} \qquad\qquad (3-11)$$

式中:ρ_0,p_0 和 T_0 分别为标准海平面的大气密度、大气压力和大气温度。

大气密度 ρ_s 和大气密度比 ρ_s/ρ_0 的计算原理如图 3-16 所示。

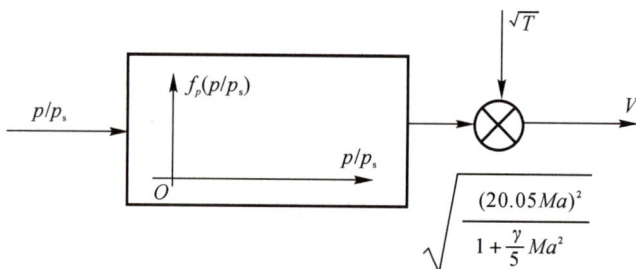

图 3-14　空速 V 的计算原理

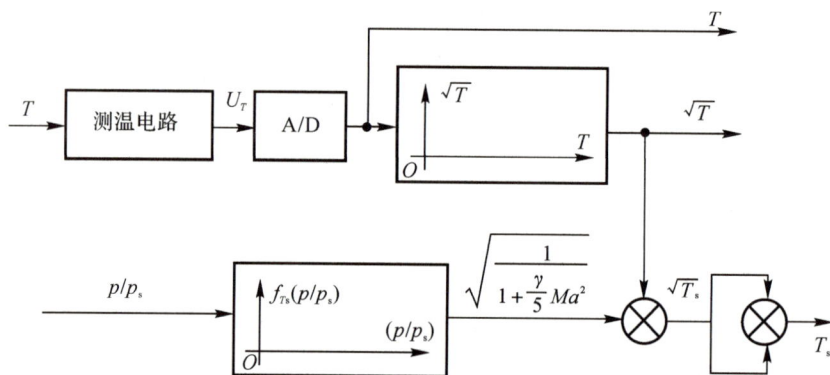

图 3-15　T_s 和 T 的计算原理

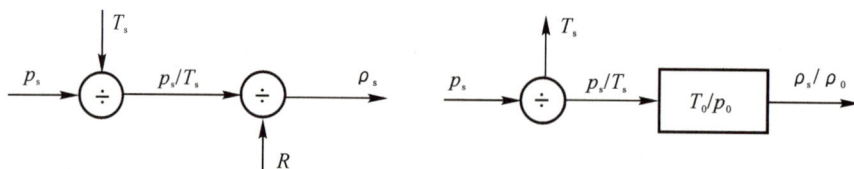

图 3-16　大气密度 ρ_s 和大气密度比 ρ_s/ρ_0 的计算原理

上面分别介绍了大气数据计算机参数计算的原理。图 3-17 所示为大气数据计算机参数计算总原理图,这是一种参数计算法。从图 3-17 中还可得到指示静压 p_{si} 和真实静压 p_s 等参数。

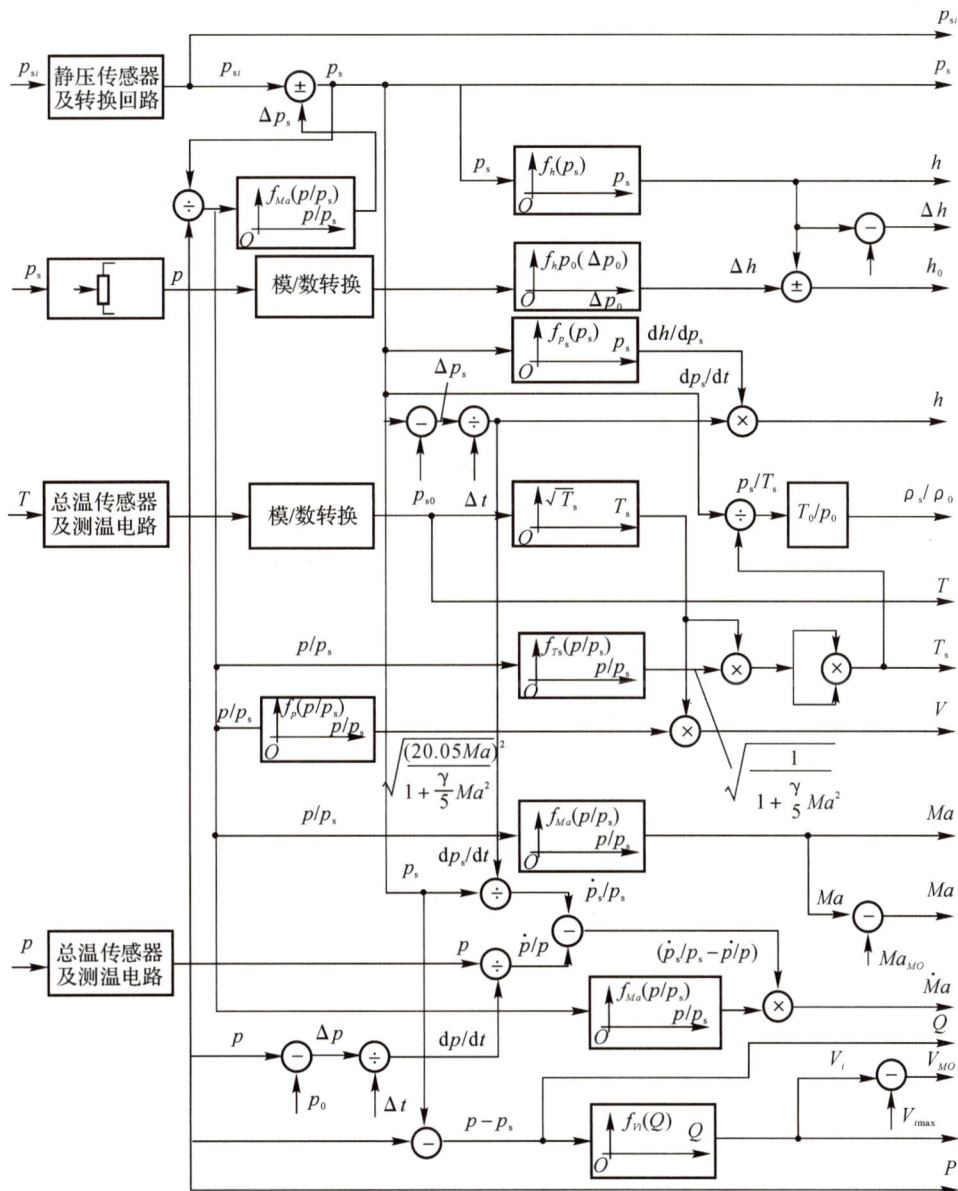

图 3-17　大气数据计算机参数计算总原理图

3.2　惯性量的测量

3.2.1　线加速度传感器

加速度传感器是用来测量飞行器运动的加速度并输出加速度信号的装置。飞行器的运动包括质心的线运动和绕机体三个轴的角运动(绕质心的运动),因此,加速度传感器也分为线加速度传感器和角加速度传感器。多数飞行器的角加速度信号是通过速率陀螺仪与微分电路得到的(近年来,角加速度传感器在某些型号的飞航导弹上也有采用),所以这里仅介绍广泛用于各类飞行器上的线加速度传感器。

1.线加速度传感器的功用

线加速度传感器用来测量飞行器质心的线加速度。传感器的敏感轴处于机体轴的三个轴向,因此可感受和测量飞行器三个轴向的线加速度。若敏感轴与机体坐标系中的 Y 轴重合,则线加速度传感器测量飞行器的法向加速度 a_y;若敏感轴与 X 或 Z 轴重合,则分别测量飞行器的纵向加速度 a_x 和侧向加速度 a_z。显然,这三种传感器的组成、工作原理和传递函数都相同,只是测量范围不同。

线加速度传感器也可代替迎角或侧滑角传感器,以近似测量飞行器的迎角或侧滑角。

2.线加速度传感器的结构与工作原理

(1)简单线加速度传感器。图 3-18 为一种简单的线加速度传感器工作原理图。

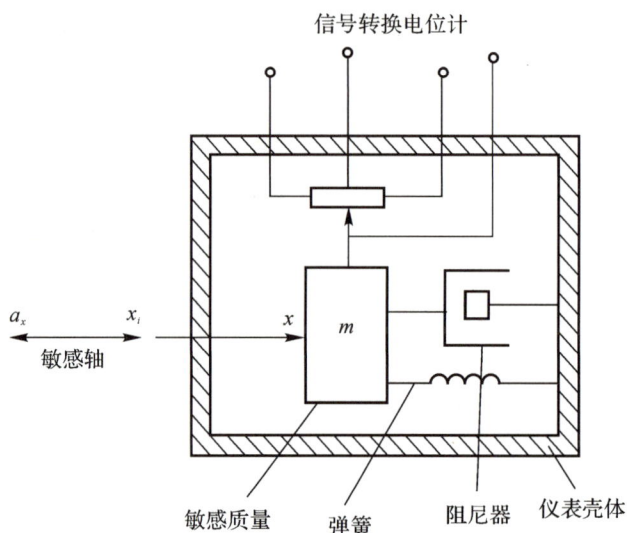

图 3-18 简单的线加速度传感器工作原理图

简单的线加速度传感器主要由弹簧和弹簧所支撑的可动质量块 m 以及电位计式信号变换器和阻尼器等部分组成。

将线加速度传感器装在飞行器质心处,可移动质量块,感受飞行器质心的线加速度,故称其为敏感质量块。

假定飞行器在惯性空间内运动,其位移量为 x_i,相应的线加速度 $a_x = \dfrac{\mathrm{d}^2 x_i}{\mathrm{d}t^2}$。由于线加速度传感器通过壳体与飞行器固连,因此飞行器的位移量也就是传感器壳体的位移量,而其线加速度就是线加速度传感器的输入量。传感器的敏感质量块具有惯性,相对惯性空间有运动,其位移量为 x_m;电刷固连于质量块(包括惯性阻尼器的活塞)上,其在仪表壳体内相对电位计骨架的位移量为 x,所以线加速度传感器的输出量 $x = x_m - x_i$。

忽略弹簧质量和电刷与电位计间的摩擦力,质量块 m 的惯性力为 $m\dfrac{\mathrm{d}^2 x_m}{\mathrm{d}t^2}$;阻尼力为 $K_g\dfrac{\mathrm{d}x}{\mathrm{d}t}$,其中 K_g 为阻尼系数;弹簧力为 Kx,其中 K 为弹性系数。

当飞行器做等加速度运动时,敏感质量块的惯性力 ma_x 与由弹簧变形引起的弹簧力 Kx 的大小相等、方向相反,从而使质量块处于平衡位置,信号转换电位计将输出相应的电压,电压值的大小就表示加速度的大小。

简单线加速度传感器的构造简单、价格较低,广泛用于增稳、控制增稳和电传操纵系统以及自动驾驶仪中。但简单线加速度传感器具有电刷与电位计的摩擦力这一较大的缺点,而且质量块易受振动等因素的影响,弹簧易受温度的影响,线性特性较差,灵敏度较低,这种线加速度计的精度一般为 $1\%\sim0.5\%$,难以满足高精度的要求。为了解决上述问题,可采用力矩系统取代弹簧,并增加浮子式阻尼器,这就是目前常用的浮子摆式加速度传感器。

(2)浮子摆式加速度传感器。图 3-19 所示即为浮子摆式加速度传感器。由图可知,浮子摆式加速度传感器由浮子摆组合件、力矩器、信号传感器、放大器和充满黏性液体(如聚三氟乙烯)的密封壳体组成。其中浮子摆组合件由单摆、浮筒、信号传感器的转子和力矩器的转子构成。浮筒两端伸出的小轴由安装在壳体上的宝石轴承支撑,其两端的力矩器和传感器都是"无接触式"的。浮筒中的单摆相当于简单线加速度传感器的活动质量块,其工作原理与简单线加速度传感器的相同,只是具体参数不同。

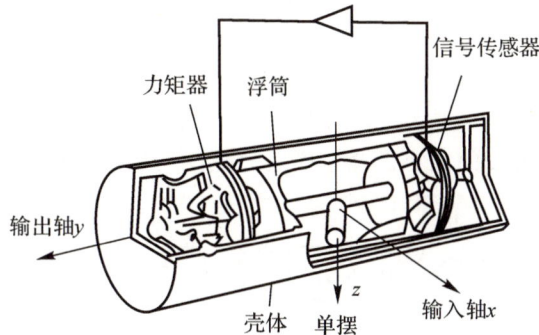

图 3-19　浮子摆式加速度传感器

设单摆的质量为 m,其与输出轴的距离为 l_0。当飞行器有瞬时加速度 a_x 时,在惯性力作用下,单摆产生绕输出轴的力矩 $M_a = mla_x$,使浮子摆和其轴上的信号传感器(即微动同位器)转子相对于定子转过角 β,产生正比于 β 的电压 U,$U = K_U\beta$。经放大器放大,输出与 U 成正比的电流 I,$I = K_I U$(K_I 为放大系数)。放大后的电流输入力矩器产生反馈力矩,其大小 $M_K = K_M I$(K_M 为比例系数),并与由加速度 a_x 产生的力矩的大小 M_a 相等,则信号转换器输出的信号与力矩相对应,也就间接反映了加速度的大小。

(3)挠性摆式力矩反馈加速度传感器。挠性摆式力矩反馈加速度传感器由挠性支撑、摆组件、角位移传感器、力矩器及反馈电子组件(放大器和校正网络等)组成。图 3-20 所示为挠性摆式力矩反馈加速度传感器的结构示意图。

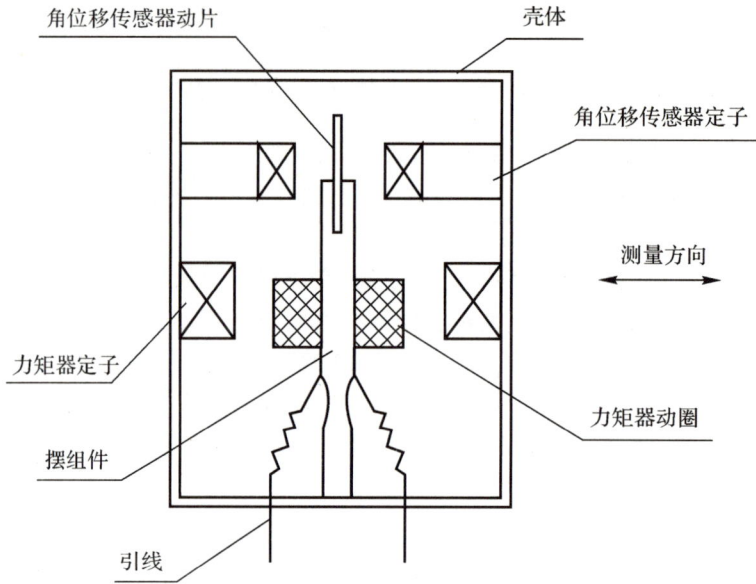

图 3-20　挠性摆式力矩反馈加速度传感器的结构示意图

当沿加速度输入轴方向具有加速度 a 输入时，摆组件的质量 m 将产生惯性力，该惯性力的作用方向与加速度 a 的方向相反，并对挠性轴产生惯性力矩 $M = mla$。力矩 M 使摆组件绕输出轴转动，产生角位移。角位移传感器将该角度位移转变为电信号，并经放大、解调、校正，变为直流信号输出。力矩器线圈中输入相应的电流，与永磁场相互作用产生电磁力，该力对挠性轴产生相应的恢复力矩 M_H，$M_H = K_M I$，使摆组件最终达到平衡状态。输出的电流值的大小反映了加速度的大小。挠性摆式力矩反馈加速度传感器闭环系统原理图如图3-21 所示。

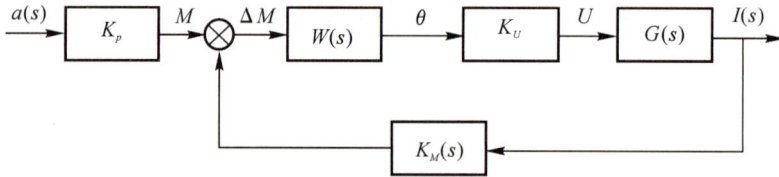

图 3-21　挠性摆式力矩反馈加速度传感器闭环系统原理图

挠性摆式力矩反馈加速度传感器具有较高的精度和可靠性，目前已作为主要的导航级加速度计在惯性技术领域中得到广泛应用。

3.2.2　陀螺仪

为了实现飞行自动控制，精确地测量飞行器的姿态角、航向角和角速度等飞行参数是首先需要解决的问题，陀螺仪(gyroscope)即为测量这类参数的敏感装置。下面讨论飞行控制系统中常用的角度和角速度陀螺的工作原理及其应用。

陀螺仪是感测旋转的一种装置。陀螺仪这一术语来自希腊文，其意思是"旋转指示器"。

随着科学技术的发展,人们发现大约有一百种物理现象可被用来感测相对于惯性空间的旋转,因而在此基础上研制出了许多不同原理和类型的陀螺仪。

从工作的机理来看,可以把陀螺仪分成两大类,一类是以经典力学为基础的,另一类是以非经典力学为基础的。

以经典力学为基础的陀螺仪包括刚体转子陀螺仪、流体转子陀螺仪和振动陀螺仪等。刚体转子陀螺仪是把高速旋转的刚体转子支撑起来,使之获得转动自由度的一种装置,可用来测量角位移或角速度。流体转子陀螺仪的转子不是固体材料,而是在特殊容器内按一定速度旋转的流体,其也可用来测量角位移或角速度。振动陀螺仪是利用振动音叉在旋转时的哥氏加速度效应而做成的测量角速度的装置。

以非经典力学为基础的陀螺仪包括激光陀螺仪、光导纤维陀螺仪、压电晶体陀螺仪、粒子陀螺仪和核子共振陀螺仪等。在这些陀螺仪中,没有高速旋转的转子或振动的构件,但它们具有感测旋转的功能。例如,激光陀螺仪实际上是一种环形激光器,在环形激光器中,正、反两束光的频率差与基座旋转角速度成正比,故可用来测量角速度。这种陀螺没有旋转部件,工作原理亦不同于同一家族的角动量陀螺,它不是基于角动量原理而是基于哥氏效应或萨格纳克(Sagnac)效应而工作的。又如,压电晶体陀螺仪实际上是利用晶体压电效应做成的测量角速度的装置,粒子陀螺仪实际上是利用基本粒子的陀螺磁效应做成的测量角速度的装置。

按照年代分类,刚体转子陀螺仪为第一代陀螺仪;液浮陀螺、气浮陀螺和挠性陀螺为第二代陀螺仪;而高精度的激光陀螺仪和干涉式光纤陀螺仪等则为第三代陀螺仪,也称为现代陀螺仪。

如果按用途分类,则有航空陀螺仪、航海陀螺仪、导弹和卫星用陀螺仪及在汽车和铁路等民用部门使用的陀螺仪。

按高速转子的支撑结构来分,可以分为框架式陀螺、液浮陀螺、气浮陀螺和挠性陀螺等。

按构成陀螺的物理特性分类,有机电陀螺、激光陀螺、光纤陀螺、半球谐振陀螺、核磁共振陀螺和超导陀螺等。

目前,新型陀螺仪不断出现和发展,三浮陀螺和静电陀螺等在战略导弹和远程轰炸机的导航系统中逐步得到了应用。在先进的现代民用客机、中程飞机、大型水面舰艇的导航系统以及中程导弹、巡航导弹的制导系统中,曾经作为主流产品的机械式陀螺仪表正在被激光陀螺所代替。在今天的惯性仪表技术中,激光陀螺的应用已经占据了主导地位。目前,陀螺仪表技术发展的主流已经转到了光学陀螺上。

但是,就陀螺仪表基本原理的分析而言,曾经广泛应用的刚体转子陀螺仪仍是目前学习陀螺仪基本理论的基础,因此,首先介绍这类陀螺仪。

高速旋转的物体即为陀螺,为了测量运动物体的角位移或角速度,用支架把高速旋转的陀螺转子支撑起来即构成了陀螺仪。这种陀螺仪即为刚体转子陀螺仪,其核心部分是绕自转轴(又称陀螺主轴或转子轴)高速旋转的刚体转子。安装转子的框架或特殊支撑使转子相对于基座具有两个或一个转动自由度,或者说使自转轴相对于基座具有两个或一个转动自由度。这样就构成了陀螺仪的两种类型,即二自由度陀螺仪和单自由度陀螺仪。

1.二自由度陀螺仪

(1)二自由度陀螺仪的基本结构与组成。二自由度陀螺仪是指自转轴具有两个转动自由度的陀螺仪,其基本结构图如图3-22所示。

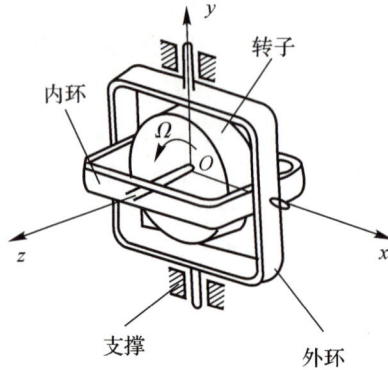

图3-22　二自由度陀螺仪结构图

转子借助自转轴上的一对轴承安装在内环(又称内框架)中,内环借助外环轴(又称外框架轴)上的一对轴承安装在基座上。由内环和外环组成的框架装置也常叫作万向支架。在这种框架式二自由度陀螺仪中,自转轴与内环轴垂直且相交,内环轴与外环轴垂直且相交;当这三根轴线相交于一点时,该交点叫作万向交点,它实际上就是陀螺仪的支撑中心。转子由电动或气动装置驱动绕自转轴高速旋转,转子连同内环可绕内环轴转动,转子连同内环和外环又可绕外环轴转动。对转子而言,具有绕其自转轴、内转轴和外框轴这三根轴的三个转动自由度,所以有的书籍又称该类陀螺为三自由度陀螺。而对自转轴而言,仅具有绕内环轴和外环轴两根轴的两个转动自由度。陀螺仪框架上的支撑,采用的是滚珠轴承。采用滚珠轴承的框架式陀螺仪俗称常规陀螺仪,目前,在航空领域的许多场合中仍然被广泛使用。

(2)二自由度陀螺仪的特性。

1)陀螺仪的进动性。当二自由度陀螺仪受外力矩 M 作用时,若外力矩绕内环轴作用,则陀螺仪绕外环轴转动(见图3-23);若外力矩绕外环轴作用,则陀螺仪绕内环轴转动(见图3-24)。陀螺仪的转动方向与外力矩的作用方向不一致,具有相垂直的特性,称为陀螺仪的进动性。进动性亦是二自由度陀螺仪的一个基本特性。

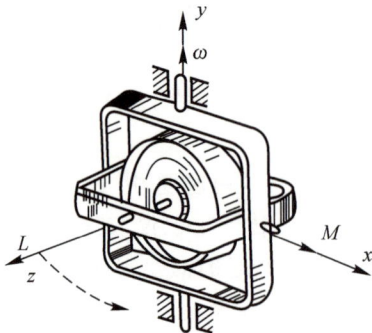

图3-23　外力矩沿内框作用图

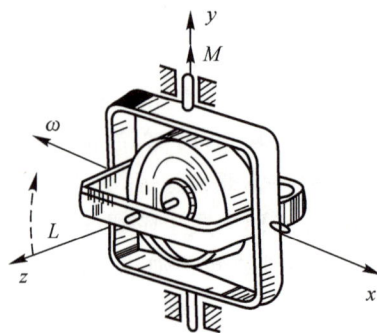

图3-24　外力矩沿外框作用图

为了与一般刚体的转动相区分,将陀螺仪这种绕着与外力矩方向相垂直方向的转动称为进动,将转动角速度称为进动角速度,将进动所绕的轴称为进动轴。

陀螺进动角速度的方向取决于角动量的方向和外力矩的方向,其规律如图 3 - 25 所示,即角动量 L 沿最短的路径趋向于外力矩 M 的方向。可以用右手定则来判断进动角速度的方向:从角动量 L 沿最短的路径握向外进动角速度即为陀螺角动量陀螺进动方向,力矩 M 的右手旋进方向即为进动角速度 ω 的方向。

2)陀螺力矩。由牛顿第三定律可知,有作用力(或力矩)则必有反作用力(或反作用力矩),两者大小相等、方向相反,且分别作用在两个不同的物体上。当外界对陀螺仪施加力矩使它进动时,陀螺仪也必然存在反作用力矩,其大小与外力矩的大小相等,方向与外力矩的方向相反,并且作用在给陀螺仪施加力矩的物体上。陀螺仪进动的反作用力矩通常简称为"陀螺力矩"。

陀螺力矩 M_G 的方向示于图 3 - 26 中,即角动量 L 沿最短路径握向进动角速度 ω 的右手旋进方向,为陀螺力矩 M_G 的方向。

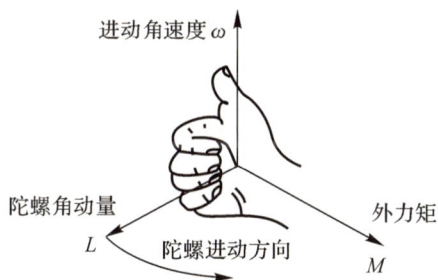

图 3 - 25　陀螺进动的方向

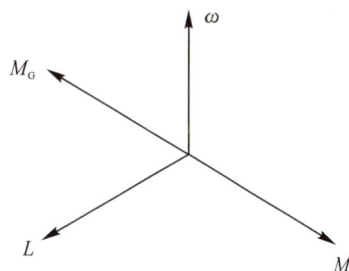

图 3 - 26　陀螺力矩 Ma 的方向示意图

陀螺力矩实为哥氏惯性力所形成的哥氏惯性力矩。

已知,当一个物体(或质点)受到外力作用而产生加速度时,该物体(或质点)因惯性而对施力物体施以反作用力,这种力叫作惯性力。惯性力与作用力大小相等、方向相反。但应特别注意,它是物体(或质点)处于加速运动状态时,作用在给物体(或质点)施力的那个物体上的力。对陀螺仪而言,当外力矩绕框架轴作用在陀螺仪上时,转子各质点将受到外力作用而产生哥氏加速度;与此同时,转子各质点必然存在哥氏惯性力。转子各质点的哥氏惯性力矩必然与外力矩大小相等、方向相反,并且作用到给陀螺仪施加力矩的物体上。这就是陀螺仪的反作用力矩,即陀螺力矩。

由以上讨论可知,陀螺仪的反作用力矩即陀螺力矩,是陀螺仪进动时所产生的哥氏惯性力矩。陀螺仪在外力矩 M_x 作用下产生进动角速度 ω,这时就会产生陀螺力矩 M_{xG},其方向与外力矩相反,但大小相等。作用在陀螺仪轴上的外力矩由陀螺力矩平衡,所以转子轴不会沿外力矩方向倾倒。

必须强调的是,陀螺力矩并不作用在转子本身,而是作用在给陀螺仪施加力矩的物体上。

3)陀螺仪的定轴性。二自由度陀螺仪的转子绕自转轴高速旋转即具有角动量 L 时,如果不受外力矩作用,则将力图保持其自转轴相对于惯性空间方位稳定的特性,称为陀螺仪的稳定性,也常称为定轴性。稳定性或定轴性是二自由度陀螺仪的一个基本特性,飞机姿态的测量就是利用了二自由度陀螺的这一基本特征。

如果陀螺仪不受任何外力矩作用,则根据角动量定理有 $\mathrm{d}L/\mathrm{d}t=0$,因此 L 为常数,这时陀螺角动量 L 在惯性空间中既无大小的改变,也无方向的改变,自转轴相对于惯性空间处于原来给定的方位上。而且,不管安装陀螺仪的基座如何转动,自转轴相对于惯性空间仍然处于原来给定的方位上。

在干扰力矩作用下,陀螺仪将产生进动,使自转轴相对于惯性空间偏离原来给定的方位。在干扰力矩作用下,陀螺自转轴的方位偏离,称为陀螺漂移或简称"漂移"。陀螺漂移的主要形式是进动漂移。在干扰力矩作用下的陀螺进动角速度即为漂移角速度,进动的方向即为漂移的方向。

在干扰力矩作用下,陀螺仪以进动的形式做缓慢漂移,这是陀螺仪稳定性的一种表现。陀螺角动量越大,则漂移越缓慢,陀螺仪的稳定性就越高。

如果陀螺仪的漂移率足够小,例如达到 $0.1(°)/h$ 或更小的量级,则陀螺自转轴相对于惯性空间的方位变化很微小;与地球自转所引起的地球相对于惯性空间的方位变化相比,可近似认为陀螺自转轴相对于惯性空间的方位是不变化的。

由于陀螺自转轴相对于惯性空间保持稳定,而地球以其自转角速度绕地轴相对于惯性空间转动,所以,观察者若以地球作为参考基准,将会看到陀螺仪相对于地球的转动,这种相对运动叫作陀螺仪的"表观运动"。

例如,在地球北极处放置一个高精度的陀螺仪,并使其外环轴处于竖直位置,自转轴处于水平位置(见图 3-27),这时俯视陀螺仪将会看到:陀螺自转轴在水平面内相对于地球做顺时针转动,每 24 小时转动 1 周。

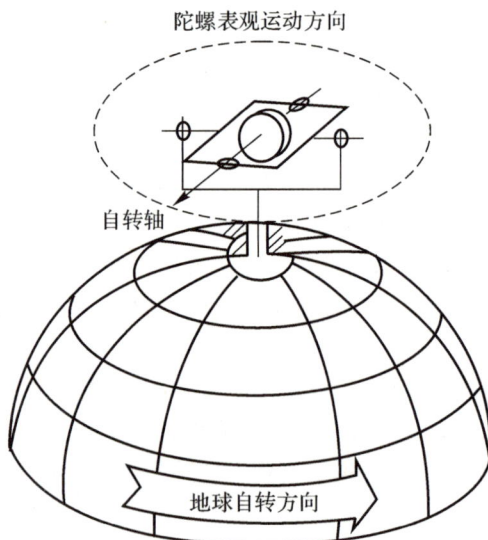

图 3-27 在地球北极处陀螺仪的表观运动

在地球赤道处放置一个高精度的陀螺仪,并使其外环轴处于水平南北位置,自转轴处于当地水平位置(见图 3-28),这时将会看到陀螺仪自转轴在东西方向的垂直平面内相对于地球转动,每 24 小时转动 1 周。

又如,在地球任意纬度处放置一个高精度的陀螺仪,并使其自转轴处于当地地垂线位置[见图 3-29(a)],这时将会看到陀螺仪自转轴逐渐偏离当地地垂线,而相对于地球做圆锥轨迹的转动,每 24 小时转动 1 周。若使其自转轴处于当地子午线位置[见图 3-29(b)],这时将会看到陀螺自转轴逐渐偏离当地子午线,而相对于地球做圆锥轨迹的转动,每 24 小时转动 1 周。这种由表观运动引起的陀螺自转轴偏离当地地垂线或当地子午线的误差,又称为陀螺仪的"表观误差"。显而易见,若要使陀螺自转轴始终重现当地地垂线或当地子午线,则必须对陀螺仪施加一定的控制力矩或称修正力矩,以使其自转轴始终跟踪当地地垂线或当地子午线相对于惯性空间的方位变化。

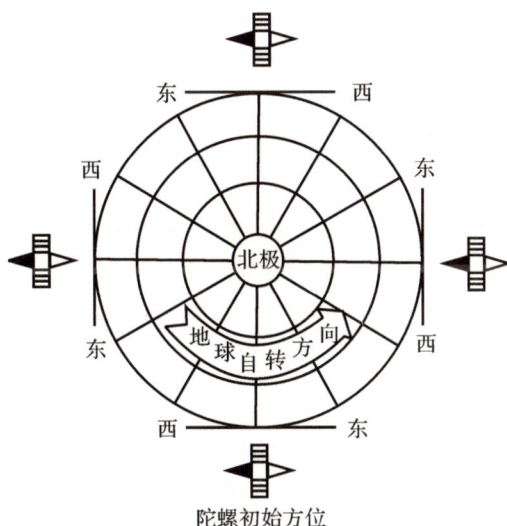

图 3-28　在地球赤道处陀螺仪的表观运动

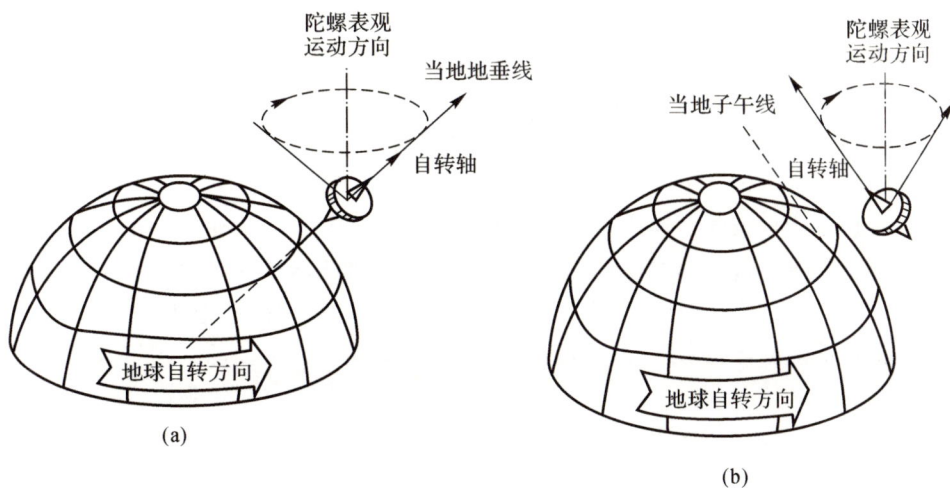

图 3-29　在任意纬度处陀螺仪的表观运动

2.单自由度陀螺仪

(1)单自由度陀螺仪的特性。单自由度陀螺仪的结构组成与二自由度陀螺仪相比,区别是其只有一个框架,所以相对于基座而言,少了一个转动自由度。因此,单自由度陀螺仪的特性就与二自由度陀螺仪的特性有所不同。

二自由度陀螺仪的基本特性之一是进动性,这种进动仅仅与作用在陀螺仪上的外力矩有关。基座的转动运动不会直接带动转子一起转动,所以不会直接影响到转子的进动运动。也可以说,由内、外环组成的框架装置在运动方面起着隔离的作用,即将基座的转动与转子的转动隔离开来。这样,如果陀螺自转轴稳定在惯性空间的某个方位上,那么当基座转动时,它仍稳定在原来的方位上。

图 3-30 给出了单自由度陀螺仪在基座转动时的运动情况。当基座绕陀螺自转轴 z 或框架轴 x 转动时,不会带动转子一起转动。也就是说,当基座绕这两个方向转动时,框架仍然起到隔离运动的作用。但是,当基座绕 y 轴以角速度 ω_y 转动时,由于陀螺仪没有转动自由度,所以在基座绕 y 轴转动强迫陀螺仪绕 y 轴进动的同时,还强迫陀螺仪绕框架轴进动并出现进动转角,自转轴 z 将趋向于与 y 轴重合。这里,y 轴为单自由度陀螺仪的输入轴,而框架轴即 x 轴为单自由度陀螺仪的输出轴。相应地,绕 y 轴的转动角速度称为输入角速度,绕框架轴即 x 轴的转角称为输出转角。由此可以说单自由度陀螺仪具有感受绕其输入轴转动的特性。

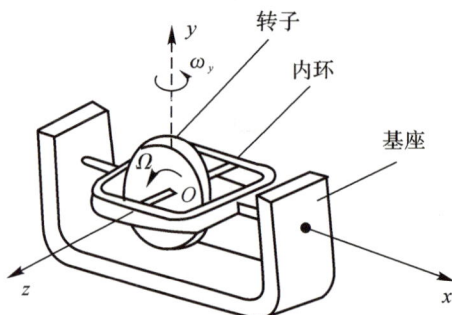

图 3-30　单自由度陀螺仪在基座转动时的运动情况

(2)单自由度陀螺仪的工作原理。

1)框架式角速度陀螺。单自由度陀螺仪可测量飞行器的转动角速度,所以称为角速度陀螺,也称为速率陀螺。

图 3-31 所示为框架式角速度陀螺的基本结构图。图中 x 轴(L 轴)为内环轴,是信号输出轴,轴上装有平衡弹簧、阻尼器和信号输出电位计。z 轴为转子轴,y 轴为测量轴。

单自由度陀螺仪由陀螺电机和内框组成。陀螺电机多采用磁滞电机,内框做成方框形或陀螺房(将陀螺全包含起来)的形式,内框轴采用高精度的滚珠轴承或宝石轴承支撑在壳体上。

平衡弹簧的作用是当内框绕内框轴相对于壳体出现转角时产生弹性力矩,并度量输入角速度的大小。

阻尼器的作用是阻尼陀螺仪绕内框轴的振荡。在框架式角速度陀螺仪中,一般采用空气阻尼器。

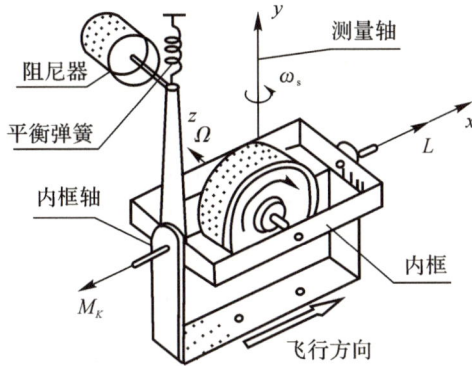

图 3-31　框架式角速度陀螺仪的基本结构图

　　信号输出传感器的作用是将输出转角变换成电压信号。它安装在内框轴方向,一般采用信号电位计或微动同步器。框架式角速度陀螺仪的原理图如图3-32所示,当基座绕y轴以角速度ω_y转动时,由于陀螺仪绕该轴没有转动自由度,所以当基座转动时,将通过框架轴上的一对支撑带动框架连同转子一起转动,即强迫陀螺仪绕y轴进动。而这时陀螺仪的自转轴仍是力图保持原来的空间方位稳定,于是当基座转动时,框架轴上的一对支撑就有推力作用在框架轴的两端,并形成推力矩M_L作用在陀螺仪上,其方向沿y轴的正向。由于陀螺仪绕框架轴仍然存在转动自由度,所以这个推力矩就强迫陀螺仪产生绕框架轴(x轴)的进动,同时出现进动角度,并强迫进动角速度$\dot{\beta}$沿框架轴x趋向于与y轴重合,陀螺仪相对于基座出现转角β。β角出现后,弹簧产生力矩$M_{K\beta}$,其值为$M_{K\beta}=K\beta$(K为弹簧刚性系数),方向沿x轴正向。在弹簧力矩$M_{K\beta}$的作用下,陀螺将绕y轴做正向进动,进动角速度为ω_s并与ω_y同向。当$\omega_s=\omega_y$时,陀螺达到平衡状态,进动角速度$\dot{\beta}=0$,这时框架轴上的一对支撑不再对陀螺仪施加推力作用,所以基座的转动也不再引起陀螺仪绕框架轴转动了。这时,陀螺仪将保持相对于基座出现的转角β。

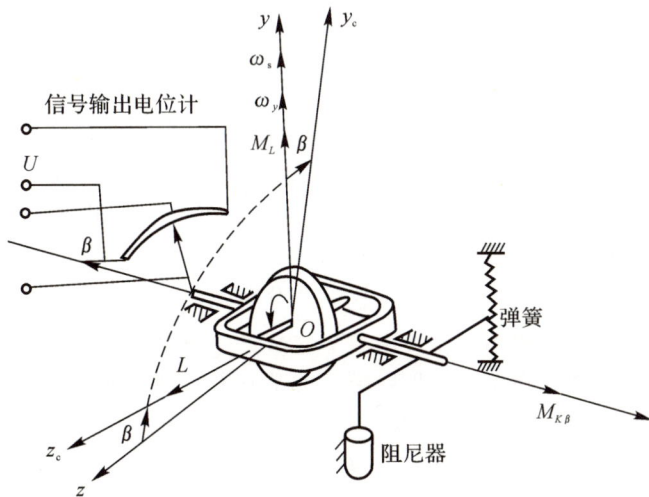

图 3-32　框架式角速度陀螺仪的原理图

单自由度陀螺仪的输出转角 β 与输入角速度成正比。陀螺仪在相对于基座出现转动时,同时带动信号输出电位计的电刷运动,并输出与转角 β 成正比的电压信号。测量该电压信号即可得出飞行器绕某一机体轴转动的角速度。

2)液浮陀螺仪。采用滚珠轴承的框架式陀螺仪俗称常规陀螺仪,目前在航空领域中仍被使用。但由于滚珠轴承存在摩擦力矩,因此对仪表的灵敏度影响很大。为了减小框架轴上支撑的摩擦力矩,采用液体将内环浮起来的办法来减小摩擦力,提高陀螺仪的精度,以满足惯性导航和惯性制导对陀螺仪精度的要求,这种陀螺仪即为液浮陀螺仪。

液浮陀螺仪的结构图如图 3-33 所示。将内环做成密封的浮筒,放在密封的壳体中,浮筒一端通过轴支撑在壳体上,另一端固连在壳体上。轴的一端做成变面积断面,成为弹性扭杆以代替恢复弹簧,轴上装有用于信号输出的微动同步器定子,转子固定在壳体上。壳体和浮筒之间充入甲基硅油。液浮陀螺的阻尼器由阻尼筒和活塞组成,阻尼器中的液体黏度随温度而变化,阻尼筒与活塞采用不同膨胀系数的材料制成,当温度变化时,用活塞的空隙变化来补偿液体黏度的变化,这样可使温度保持在 $-50 \sim +60℃$ 范围内,仪表的相对阻尼系数保持在 $0.3 \sim 0.7$ 以内。液浮陀螺可分为半液浮陀螺和全液浮陀螺两种。

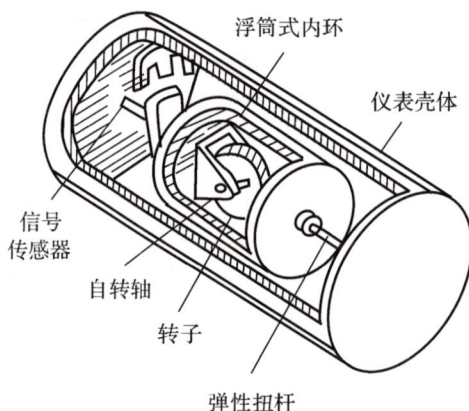

图 3-33　液浮式速率陀螺仪结构图

所谓半液浮陀螺是指浮筒组件的质量大于同体积液体的质量,浮筒组件通过轴承对壳体产生压力,同时还存在摩擦力的液浮陀螺。所谓全液浮陀螺是指浮筒组件的质量与同体积液体的质量相等,浮筒组件在液体中随遇平衡的液浮陀螺,由于浮筒组件轴对壳体没有正压力,因此摩擦力接近于零。当然,要形成这种条件是困难的,因为液体的密度大且需要恒温,以防止因温度变化对液体密度产生影响。这种陀螺可以不要阻尼器,而通过改变壳体与浮筒的间隙来增加液体阻尼。目前,这种液浮陀螺广泛应用于惯性导航系统。

3)液浮式速率积分陀螺仪。实际中的速率积分陀螺仪多为液浮式结构。液浮式速率积分陀螺仪原理图如图 3-34 所示。

液浮式速率积分陀螺仪在单自由度陀螺仪的基础上增设了阻尼器和角度传感器。与速率陀螺仪相比,它缺少了弹性元件,在动力学中由阻尼力矩起主要作用。

速率积分陀螺仪主要由单自由度陀螺仪、阻尼器、力矩器、温控装置和信号传感器等部分组成。

单自由度陀螺仪由陀螺电机和内框组成。陀螺电机多采用磁滞电机,内框做成浮筒形式,浮筒组件悬浮在密度、黏度都较大的氟油中。当满足了中性浮动条件时,内框轴上的支撑不承受负荷,而仅起着定中心的作用。

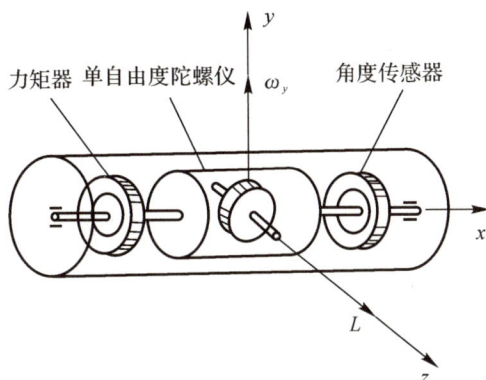

图 3 - 34　液浮式速率积分陀螺仪原理图

阻尼器为液体阻尼器。由于浮筒与壳体之间充满了悬浮液体,故当浮筒绕内框轴相对于壳体转动时,液体的黏性摩擦阻力即形成阻尼力矩。选择黏性系数较大的氟油来控制浮筒与壳体之间的空隙,即可形成所需要的阻尼。

信号传感器将输出转角变换成电压信号。输出转角沿内框轴方向。速率积分陀螺仪采用的是微动同步器。微动同步器的转子固定在内框轴上,定子固定在壳体上。当转子相对于定子出现转角时,微动同步器便产生与转角成正比的电压信号。

力矩器用来对速率积分陀螺仪施加控制力矩。力矩也沿内框轴的方向。力矩器通常采用类似于微动同步器的结构形式,其转子固定在内框架轴上,定子则固定在壳体上。力矩器的定子上有两组线圈,一组为激磁线圈,另一组为控制线圈。当控制线圈通以电流时,力矩器便产生绕内框轴的控制力矩。

温控装置用于保持氟油在一定的高温条件下工作。这一点与液浮速率陀螺仪不同。液浮式速率积分陀螺仪具有很高的灵敏度,一般用做陀螺稳定平台的敏感元件。

3. 现代陀螺仪

现代陀螺仪是基于哥氏效应或萨格纳克(Sagnac)效应工作的一类陀螺仪。这类陀螺仪主要包括激光陀螺仪和光纤陀螺仪等。

(1)激光陀螺仪。激光陀螺仪(laser gyroscope)是一种应用激光技术测量物体相对于惯性空间的转动角速度的新型陀螺仪,它没有机械转子,是一个光学器件,但由于具有类似陀螺测量角速度的功能,所以仍称其为陀螺仪。

激光陀螺仪具有很多优点,诸如结构简单,没有活动的机械转子,不存在摩擦,也不受重力加速度的影响;角速度测量范围宽,可从 $0.01(°)/s$ 到 $1\,000(°)/s$ 以上;测量精度高,可达 $0.001(°)/h$;启动快;工作可靠、寿命长等。更重要的是,激光陀螺直接提供数字信号,可方便地与数字机连接,代表了信息数字化与综合化的方向。

自 20 世纪 70 年代中期出现激光陀螺仪至今,激光陀螺仪已在一些惯性导航系统中得到了广泛应用,例如在波音 747 - 400、波音 757、波音 767 以及波音 777 飞机等和精确制导武器上均装备了以激光陀螺为惯性敏感元件的激光惯性基准系统。

在介绍激光陀螺仪的工作原理之前,首先介绍利用光学原理测量物体相对于惯性坐标系的转动角速度的基本原理。

1)利用光学原理测量物体的转动角速度。在激光技术出现之前,人们已会利用光学原理测量物体相对于惯性坐标系的转动角速度了,这就是萨格纳克干涉仪,如图 3 - 35 所示。

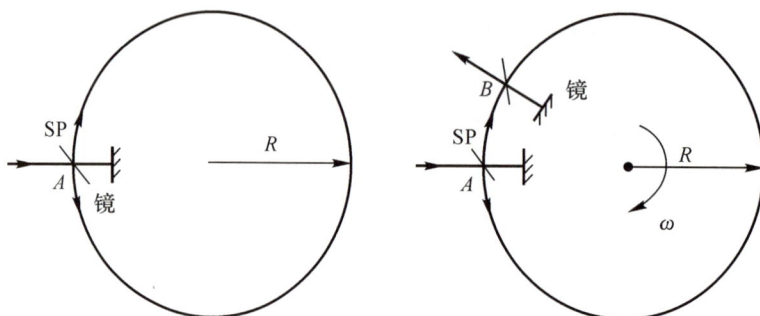

图 3 - 35　利用光学原理测量物体的相对转速

外部光源从 A 点入射,并被半透半反镜 SP 分成两束。设法使反射光沿半径为 R 的圆形路径逆时针传播,透射光沿相同路径顺时针传播。传播一圈后,两束相反方向传播的光在 SP 处会合。当干涉仪不转动时,两束光传播一圈的时间相等;当干涉仪以角速度 ω 相对于惯性坐标系顺时针转动时,对于随干涉仪一起转动的反射镜来说,对称性将被破坏,顺、逆光的光程产生差异。两束光传播一圈的时间不等,因为在这段时间内,半透半反镜已从 A 点移动到了 B 点,当顺时针传播的光束再次到达该镜时,多走了 AB 路程,所需时间增加;而逆时针传播的光束,其路程减少,所需时间减少,从而出现时间差 Δt 和光程差 Δl。可以证明光程差与干涉仪的转速成正比,即

$$\Delta l = \frac{4S}{kc}\omega \tag{3-12}$$

式中:c 为光的传播速度;S 为圆形路径所包围的圆的面积;k 为常系数。

式(3 - 12)说明,两束光的光程差与干涉仪相对于惯性坐标系的转动角速度成正比,只要测出光程差,即可得到转动角速度 ω。

2)有源谐振腔式激光陀螺仪的结构与工作原理。激光陀螺仪可以分为两类。一类为干涉式激光陀螺仪。它是在环形干涉仪的基础上发展起来的,直接继承了干涉仪的理论,通过测量正、反两束光的光程差来得到基座相对于惯性坐标系的角速度。这种原始的测量方法曾经被证明很难实现。后来随着检测相位差技术的发展(将光程差的测量转换成相位差测量)以及多匝光纤的采用,才赋予其新的生命,使之进入科技应用范围。另一类为谐振腔式激光陀螺仪,即将光路设计成闭合的谐振腔,做成激光振荡器,使正、反光束在谐振状态下工作,通过测量其频差(或拍频)来求得基座角速度。谐振腔式激光陀螺仪又可分为有源和无源两种。激光源在谐振腔之外的激光陀螺仪称为无源谐振腔(或外腔)式激光陀螺仪,激光源在谐振腔之内的激光陀螺仪则称为有源谐振腔(或内腔)式激光陀螺仪。

在此主要介绍有源谐振腔式激光陀螺仪的结构组成和基本工作原理。

图 3 - 36 所示为激光陀螺仪的基本组成部分。该激光陀螺仪主要由传感器和测量电路两部分组成。传感器部分包括谐振腔。环形谐振腔可有多种形状。图 3 - 36 所示为三角形谐振腔,主要有激光管及供电电源、两个具有高反射率的多层介质反射镜、一个半透半反镜和合光棱镜。测量电路部分由光电检测器、频率计、可逆计数器和显示器等组成。

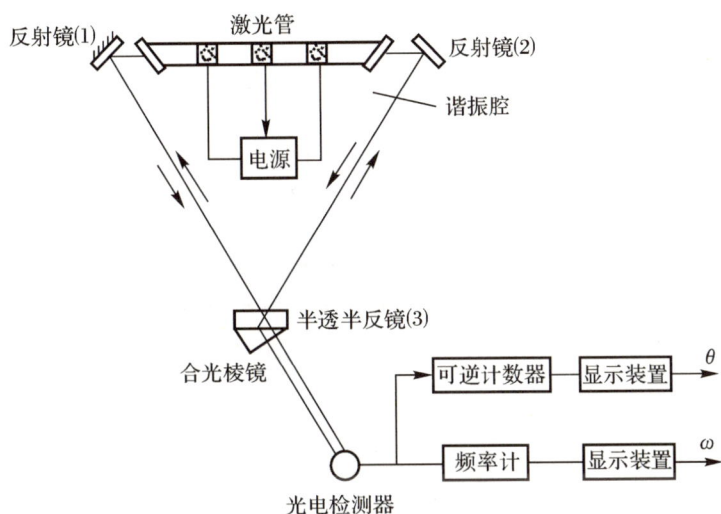

图 3 - 36　激光陀螺仪的基本组成

传感器中的激光器是用来产生激光的器件,激光管内充有氦、氖气体作为活性物质。当在激光管的阳极和阴极加有高压直流电时,在强电场作用下,活性物质被激发而产生激光。激光陀螺仪中的全反射镜是一种高反射率的多层介质膜片,几乎可做到全反射。图 3 - 36 中的半透半反镜允许有少量的光透过,反射系数要求较全反射略低一些。合光棱镜是使两束不同方向传播的光混合到一起的光学元件。在测量电路部分中,光电检测器采用光电二极管或光电三极管,将光信号变为电信号输出;频率计、计数器和显示器用来记录、处理和显示光电元件的信号。

激光陀螺仪虽然可用来测量飞行器的转动角速度,但若经过数据处理也可得出角位移信号。

(2)光纤陀螺仪。光纤陀螺仪是继激光陀螺仪之后迅速发展起来的一种新陀螺仪。自 1976 年提出至今,光纤陀螺仪已经在多个领域获得了应用,精度可达 $0.1 \sim 1(°)/h$。

与激光陀螺仪的工作原理一样,光纤陀螺仪的基本工作原理仍然是 Sagnat 效应;所不同的是,它采用光导纤维缠绕成的一个光路来代替在石英玻璃上加工出的三角形谐振腔。

与激光陀螺仪相比,光纤陀螺仪结构简单、成本低、可靠性高,并易于小型化。

3.2.3　陀螺仪的应用

1.单自由度陀螺仪的应用

(1)角速度的测量。单自由度速率陀螺仪用来测量飞行器绕各机体轴转动的角速度,可作为指示仪表,例如显示飞机转弯速度的转弯仪;也可作为角速度传感器,输出与角速度成比例的电信号,送到需要角速度信息的地方。

转弯仪是一种单自由度速率陀螺仪。它用来指示飞机转弯(或盘旋)的方向,并粗略反映飞机转弯的快慢程度。

在飞行器自动驾驶仪中常引入机体轴角速度信号,速率陀螺仪可提供飞行控制系统中的微分信号,提高系统阻尼,改善系统的动态性能。

(2)稳定陀螺平台的敏感元件。随着惯性导航和惯性制导系统的迅速发展及其在各种飞机、导弹和舰船上的大量应用,作为平台式惯性导航系统核心部件——陀螺稳定平台敏感元件的角速率陀螺也得到了广泛应用。

在单自由度陀螺仪的基础上增设阻尼器和角度传感器,并取消弹性元件便构成速率积分陀螺仪。实际的速率积分陀螺仪均为液浮结构。液浮式速率积分陀螺仪由于具有很高的灵敏度,所以陀螺稳定平台一般多采用液浮式速率积分陀螺仪作为敏感元件,并与平台的电子线路和伺服电机等组成闭合回路,以较高的精度使平台稳定在空间方位。图 3-37 为单轴陀螺稳定平台示意图。单轴陀螺稳定平台由平台、陀螺、放大器、稳定(伺服)电机和减速器等组成。

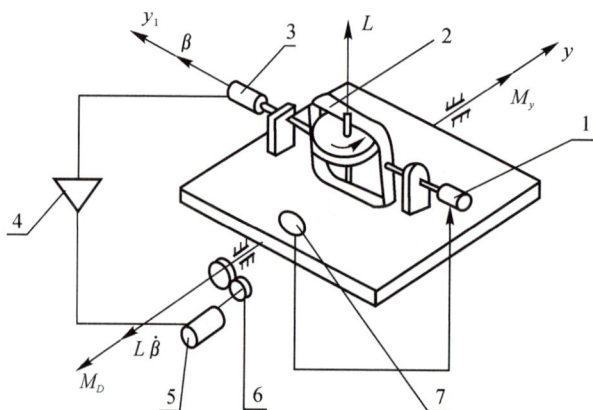

图 3-37　单轴陀螺稳定平台示意图
1—力矩器;　2—陀螺;　3—传感器;　4—放大器;
5—稳定电机;　6—减速器;　7—加速度计

速率积分陀螺仪的输入轴与平台轴(或称稳定轴)重合或平行安装,伺服电机经减速器可带动平台绕其轴转动。若伺服电机采用永磁式力矩电机,则无须减速器。当平台受到某种干扰力矩绕平台轴转动、平台偏离原来的空间方位时,速率积分陀螺仪将感受到这个转动,于是陀螺仪将绕内框轴转动,出现转角 β,信号传感器输出与该角成比例的电压信号,信号经放大器放大、变换后控制伺服电机,伺服电机产生转矩并经减速器传递到平台上,转矩将克服平台上的干扰力矩,而使平台绕着平台轴相对于惯性空间保持方位稳定,即使平台恢复到初始方位。

2.二自由度陀螺仪的应用

垂直陀螺仪(或航空地平仪)是测量(或指示)飞行器俯仰角和滚转角的装置。前者作为飞行控制系统的敏感元件输出与姿态角成比例的电信号,为飞行自动控制系统或其他机载特种设备提供姿态信息。后者测量飞行器的姿态角,并将其作为指示仪表给飞行员提供姿态指示。二者的应用不同,但基本的工作原理是相同的。

图 3-38 所示为垂直陀螺的结构原理图,其中内环和外环称为万向支架,陀螺转子安装在万向支架内,转子轴向上,内环下面装有液体开关,在 x 和 y 轴上分别装有力矩电机Ⅱ和Ⅰ。

要想准确测量飞行器的俯仰角和倾斜角,首先要将陀螺仪正确地安装在飞行器上。采用纵向安装方式,如图 3-38 所示,即将陀螺的外环轴平行于飞行器的纵轴,转子轴(L 方向)与地垂线重合,方向向上。

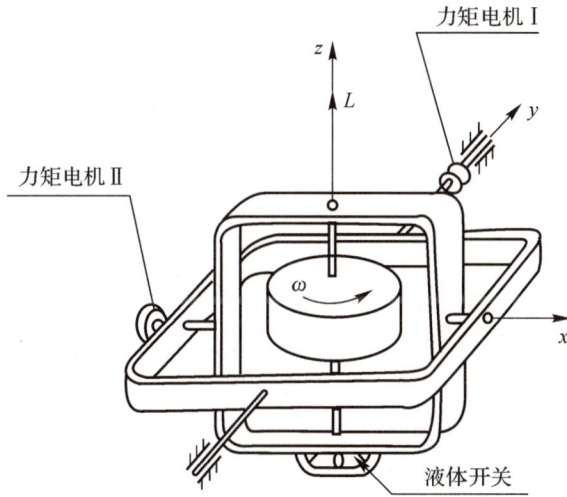

图 3-38　垂直陀螺的结构原理图

当飞行器俯仰时,壳体与外框跟随机体一起转动。由于陀螺仪具有定轴性,所以内环绕内环轴保持稳定,外环绕内环转过的角度就等于飞行器绕横向水平轴转动的角度,即飞行器的俯仰角。垂直陀螺的机电转换元件电位计安装在外环上,电刷安装在内环轴上,因此反映外环与内环相对运动的电位计和电刷即可输出与俯仰角成比例的电信号;当飞行器倾斜时,壳体跟随机体一起转动。同样,由于陀螺仪的定轴性,外环绕外环轴保持稳定,壳体绕外环轴转过的角度就等于飞行器绕纵轴转动的角度,即飞行器的倾斜角。由于电位计安装在壳体上,电刷安装在外环轴上,所以反映壳体与外环相对运动的电位计和电刷即可输出与倾斜角成比例的电信号。

为了准确测量飞行器的姿态,必须保证测量基准的准确,即要始终保持陀螺转子轴与地垂线的重合,这样与该垂线相垂直的平面即为所需要的地平面基准。由于陀螺的表观运动现象和各种干扰力矩所引起的进动漂移会使最初的地垂线基准倾斜,所以必须对这些偏差进行修正。对陀螺转子轴的修正是由修正装置来完成的。修正装置由液体开关和力矩电机组成。

液体开关是一个单摆,其构造原理图如图 3-39 所示。液体开关一般用玻璃管制成,它与力矩电机两相绕组接成电桥,相应的极点与中间极点间的电阻为桥臂,图中的 W_1 和 W_2

为力矩马达线圈。图 3-40 为双向液体开关结构原理图,图中的 W_1,W_2,W_3 和 W_4 为力矩马达线圈。当陀螺转子轴偏离地垂线时,液体开关两极点间的电阻不等,破坏了液体开关间的电阻与力矩电机线圈电阻所构成的电桥的平衡,于是力矩电机两线圈产生的力矩不相等,从而产生力矩,利用陀螺的进动特性修正陀螺,使自转轴朝着地垂线方向进动,直到液体开关的气泡回到中央位置为止,从而使转子轴最终稳定在地垂线上。

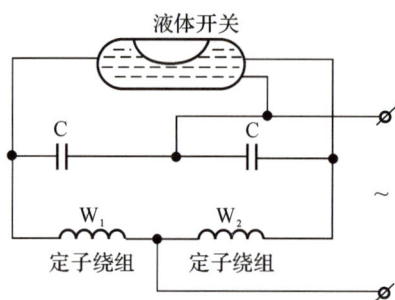

图 3-39　液体开关结构原理图

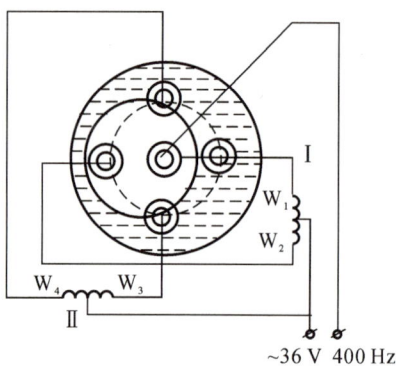

图 3-40　双向液体开关结构原理图

由于液体开关是一个单摆,所以在飞行器加速飞行或盘旋飞行时,受惯性加速度和离心加速度的影响会产生修正错误。设飞行器的加速度为 a,当 $a=0$ 时,液体开关的水泡在中间位置,水泡两极点间的电阻平衡;当 $a \neq 0$,即飞行器加速飞行时,水泡朝加速度方向移动,水泡两极点间的电阻不相等,力矩电机就会产生力矩修正错误。为了避免上述修正错误,在飞行器加速飞行时,要断开陀螺的纵向修正;在飞行器盘旋时,要断开横向修正;当飞行器恢复等速飞行时,再恢复其修正作用,这样可使陀螺保持跟踪地垂线。

3.3　方位角的测量

3.3.1　航向陀螺仪

航向陀螺仪用于测量飞行器的航向角。如图 3-41 所示,航向角是飞行器纵轴在水平面上的投影与指北线之间的夹角。指北线是指沿子午线并指向北的线。子午线包括地理子午线和磁子午线,相应地有真航向角和磁航向角,两个航向角之间的差角称为磁差角。根据当地的经度 λ 和纬度 Φ 可计算磁差角,并对其加以补偿,即可得到真航向角。

航向陀螺仪是自动驾驶仪的一个主要部件,其结构原理如图 3-42 所示。航向陀螺仪由二自由度陀螺仪、水平修正和方位修正装置及信号传感器等部分组成。

二自由度陀螺仪的外环轴垂直安装,自转轴调整到指北线方向。当飞行器改变航向时,自转轴仍然稳定在指北线方向,即外环绕外环轴仍然保持稳定。根据仪表壳体与外环之间的相对位置,便可测量出飞行器的航向角。但是,由于陀螺漂移、地球自转和飞行速度等因素的影响,自转轴不能长时间地稳定在指北线方向。一方面,自转轴将绕内环轴逐渐偏离水平面,从而造成自转轴与外环轴不能保持垂直关系。另一方面,自转轴将绕外环轴逐渐偏离子午面,从而造成航向角的测量误差。

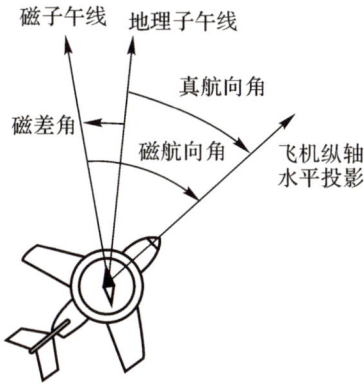

图 3-41　飞行器的航向角

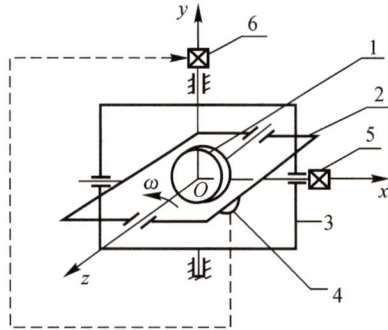

图 3-42　航向陀螺仪的结构原理图

1—陀螺转子；　2—内环；　3—外环；　4—水平修正液体开关；

5—方位修正力矩电机；　6—水平修正力矩电机

　　由此可见,利用二自由度陀螺仪来测量飞行器的航向,必须增加两种修正,即水平修正和方位修正。

　　水平修正装置用来保持自转轴水平,并以此来保持自转轴与外环轴的垂直关系。

　　如图 3-43 所示,修正装置由液体开关与力矩电机组成。液体开关安装在内环上,通过电路与外环轴上的力矩电机相连。当自转轴处于水平位置时,液体开关中的气泡处于中间位置,均等地盖住上面的两个电极。这时,从中心电极到上部两个电极的电阻相等,通过力矩电机的两个控制绕组的电流大小也相等,但方向相反,且无修正力矩产生。

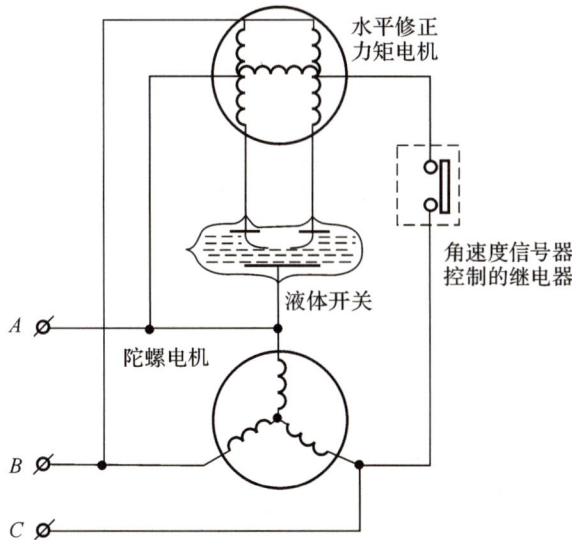

图 3-43　航向陀螺仪水平修正电路原理图

　　当自转轴偏离水平位置时,液体开关随之倾斜,气泡偏离中间位置,其上部的一个电极被气泡盖住的面积增大,另一个电极被导电液浸没的面积增大。这时,从中心电极到上部两个电极的电阻不等,通过力矩电机的两个控制绕组的电流也不相等,因此力矩电机产生修正力矩并作用在外环上,使自转轴绕内环轴进动而恢复到水平状态。

方位修正装置由内环轴向的力矩电机与控制盒中的两个电位计组成。纬度修正电位计与平衡校正电位计组成一个电桥,纬度修正电位计给出地球自转误差信号,平衡校正电位计给出常值漂移误差补偿信号。力矩电机根据电桥的控制信号产生相应的方位修正力矩并作用在内环上,使陀螺仪进动,从而提高了航向陀螺仪的方位误差精度。

航向陀螺仪不具有自动指北的特性,故称为陀螺半罗盘。另外,由于陀螺仪存在表观误差等因素,故在使用过程中需要飞行员每隔一段时间(例如 15～30 min)就要根据磁罗盘的指示,对航向陀螺仪的指示进行校正,因而使用起来很不方便,所以,目前已逐渐被陀螺磁罗盘所取代。

3.3.2 陀螺磁罗盘

飞行器上使用的磁罗盘能够独立测量飞行器的航向,但稳定性差;陀螺半罗盘虽然稳定性好,但不能独立测量飞行器的航向。现将二者结合起来制成了一种既能独立测量航向,又具有良好稳定性和较高灵敏度的航向仪表,即为陀螺磁罗盘。陀螺磁罗盘是飞行器上广泛应用的一种仪表。

陀螺磁罗盘的结构原理图如图 3-44 所示。

陀螺磁罗盘的结构形式多种多样,但从结构上讲其主要由以下几部分组成。

(1)磁传感器。陀螺磁罗盘的地磁敏感部分用来测量飞行器的磁航向,并输出磁航向信号。磁传感器有两种,一种是永磁式,另一种是感应式。永磁式是利用磁棒来感应地磁,其测水平修正力矩电机量精度较低,且体积较大;感应式则利用地磁感应元件来感测地磁,其应用较多。磁传感器一般安装在飞行器翼尖等对飞行器磁场影响较小的地方。

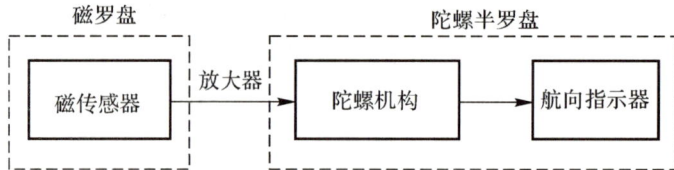

图 3-44 陀螺磁罗盘的结构原理图

(2)陀螺机构。陀螺机构用来稳定磁传感器测出的磁航向信号。陀螺机构相当于一个陀螺半罗盘(航向陀螺仪),它受磁传感器控制,同时磁传感器又通过它输出稳定的航向信号给航向指示器。

(3)航向指示器。用来指示磁航向和转弯角度。现代飞机多采用的综合指示器,不仅能够指示磁航向,还可以指示无线电方位角等。

(4)放大器。用来放大从磁传感器传来的电信号,以控制伺服同步装置。

图 3-45 为一种陀螺磁罗盘的工作原理图。下面以此陀螺磁罗盘为例介绍其工作原理。

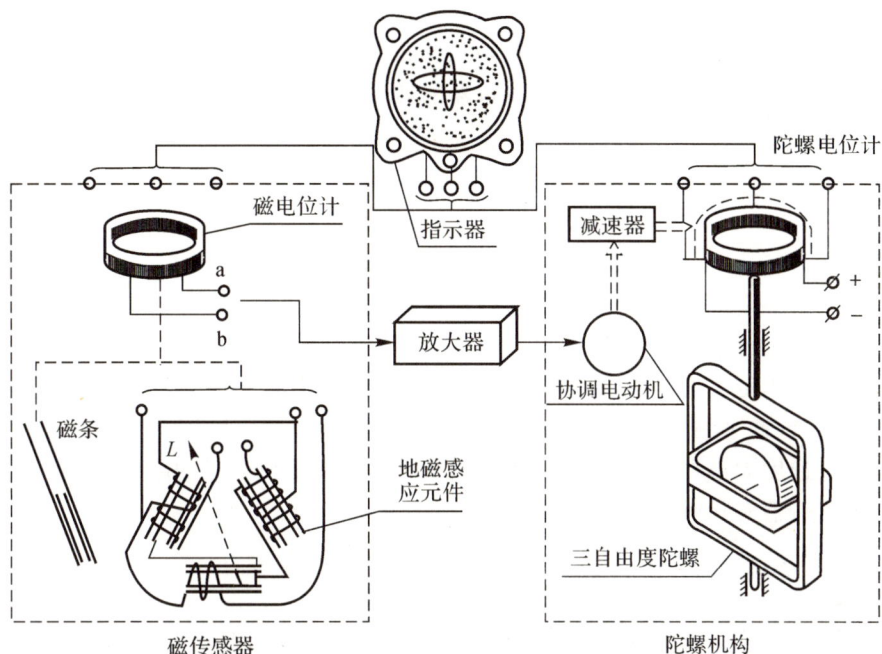

图 3 - 45　陀螺磁罗盘的工作原理图

磁传感器包括地磁感应元件和磁电位计。地磁感应元件用来测量磁航向,磁电位计则用来复现磁航向信息。磁电位计由环形电阻和一对电刷组成。环形电阻上有三个互隔120°的固定抽头,分别与指示器和陀螺电位计的三个电刷连接,磁电位计的磁航向由电阻与电刷之间的相对位置确定。

陀螺机构为一航向陀螺仪,其外环轴上固定一个环形电阻,该环形电阻与三个电刷组成陀螺电位计,环形电阻的直径两端处接有电源。

陀螺电位计的三个抽头与磁传感器的环形电阻上相隔120°的三个固定抽头连接,组成一个伺服同步装置。当磁电位计反映的磁航向角与陀螺电位计反映的航向基准不一致,出现失调角,即产生失调电压时,磁电位计的一对电刷 a 与 b 端就会输出失调电压,该失调电压经放大器放大后,驱动协调电动机经减速器带动陀螺电位计上的电刷转动一直至失调电压为零。这意味着陀螺电位计的航向基准与磁电位计的磁航向同步。

由图 3 - 45 可以看出,陀螺电位计还与指示器组成了一个伺服同步装置。指示器中有伺服电动机、减速器、伺服电位计(图中未示出)。陀螺电位计在建立磁航向的过程中,通过伺服同步装置的工作,将磁航向信号传递给指示器。指示器的伺服电动机工作,通过减速器转动航向刻度盘,将磁航向基准在刻度盘上反映出来。此时,刻度盘上的航向基准线(即0°~180°线)与指示器上代表飞行器纵轴指示线的夹角,即为该罗盘所测飞行器的磁航向角。罗盘指示的航向取决于陀螺机构中陀螺电位计所确定的航向。通常指示器上有磁差修正的机械调整装置,将磁差修正值加到磁航向角上,指示器即可指示真航向角。

陀螺磁罗盘既能测量飞行器的航向,又可比较准确地指示出飞行器的转弯角速度。当飞行器平飞时,利用磁传感器测量飞行器的磁航向,然后通过陀螺机构控制指示器的指针,使它指示出飞行器的磁航向。当飞行器转弯时,为了防止磁传感器对磁航向的错误修正,应监视飞行器的偏航速率,经角速度传感器切除修正信号,使飞行器在改变航向时,航向基准完全由航向陀螺仪来稳定,从而指示出飞行器的转弯角度。

3.4 位置的确定

3.4.1 定位

定位是确定飞行器在空中的飞行位置。在原理上有两种定位方法,一种是直接测量飞行器相对于地面固定点的位置,例如,通过测定飞行器到地面上两个已知其精确地理位置的导航台的距离,或通过测定到一个导航台的距离和方位,来确定飞行器的位置。另一种是根据测出的飞行速度大小和方向,由速度和时间的乘积计算出所飞过的路程,再由已知的起始点就可确定飞行器实际所在的位置。

3.4.2 无线电测高和雷达测高

保证飞行器在整个飞行包线内具有良好的特性是对包含各种功能的飞行控制系统的基本要求。随着飞行器飞行包线的扩大,对飞行高度与速度的测量就显得更加重要。测量飞行高度的方法很多,如前面所述的根据大气压力(常称静压)随高度升高而减小的规律来测量高度的方法、利用飞行器垂直方向的加速度且积分测量飞行器高度的方法和无线电测高的方法等。

无线电测高和雷达测高的基本原理是相同的,都是利用无线电波的反射特性来测量飞行高度的方法。

电磁波在空中以光速 $c(c = 299\ 792\ 458\ \text{m/s} \approx 3 \times 10^8\ \text{m/s})$ 传播,碰到地面后能够反射。飞行器上装有无线电发射机和接收机,发射天线 A 与接收天线 B 相距 l,无线电发射机发射无线电波,如图 3-46 所示。所发射的无线电波,一部分由发射天线直接传到接收天线,所需的时间为

$$t_1 = \frac{l}{c} \tag{3-13}$$

另一部分由发射天线发射,并经地面反射到接收天线,所需的时间为

$$t_2 = \sqrt{\frac{4h^2 + l^2}{c^2}} \tag{3-14}$$

接收天线接收到上述两个无线电波的时间间隔为

$$\tau = t_2 - t_1 \tag{3-15}$$

故飞行高度

$$h = \frac{1}{2}\sqrt{c\tau(c\tau + 2l)} \tag{3-16}$$

因为发射天线与接收天线之间的距离 l 很小,可忽略,所以飞行高度

$$h = \frac{1}{2}c\tau \tag{3-17}$$

利用无线电波的反射特性来测量飞行高度的方法,是将对飞行高度的测量转换为对时间的测量。由于该方法所要求的无线电发射机的功率与所测高度的 4 次方成正比,因此在飞行器上大多用于小高度测量,且所能测量的最小高度取决于所能测量的最小时间间隔。例如当所能精确测量的最小时间间隔 τ 为 10^{-9} s 时,所能测量的最小飞行高度为 0.15 m。为了测量传播时间,雷达高度表采用的是雷达脉冲,它可用于较高高度的测量,其测量精度 (2σ) 为 1 m,或者为测量高度的 2%。

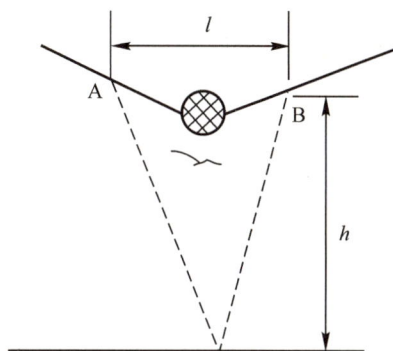

图 3 - 46　无线电测高的原理图

3.4.3　无线电测距

无线电测距即用无线电的方法测量距离,这是无线电导航的基本任务之一。无线电测距按其工作原理可分为三种:脉冲测距(也称时间测距)、相位测距和频率测距。按其工作方式可分为带有独立定时器的测距和不带独立定时器的测距两种。

1.带有独立定时器的测距

带有独立定时器的测距器的工作原理如图 3 - 47 所示。图中的定时器产生一个由基准振荡器形成的时间(或相位)标准。在测距开始之前,将定时器 I 和定时器 II 校对好,使其起始时间(或相位)相同。定时器 I 控制发射机的发射时间(或相位),在信号经过一定的传播时间被接收机接收后,与定时器 II 的时间进行比较,测量出时间差(或相位差)后即可确定电波的传播时间 τ,然后按下述公式即可求得所测距离,即

$$R = c\tau \tag{3-18}$$

式中:c 为光速;τ 为电波传播的时间。

由于这种方式是直接利用发射机辐射的信号,所以工作距离较近,适合于近距离导航参数的计算。

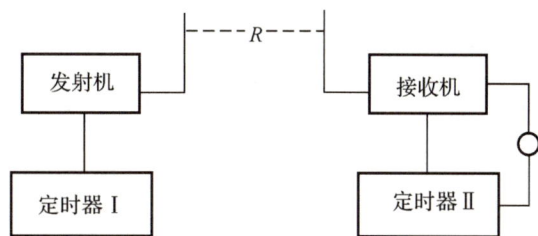

图 3 - 47　带有独立定时器的测距器的工作原理图

2. 不带独立定时器的测距

不带独立定时器的测距器根据目标的特点可分为无源反射式和询问回答式两种。

(1) 无源反射式测距。图 3-48 为无源反射式测距器的工作原理图。此类测距器的定时器兼有控制发射机的起始时间与测量时间间隔的基准时间两种功能。距离计算公式为

$$R = c\tau/2 \tag{3-19}$$

式中,τ 为电波总的传播时间。

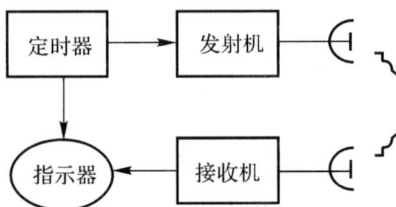

图 3-48　无源反射式测距器的工作原理图

与带有独立定时器的测距方式相比,由于是无源反射,因而接收到的信号强度较弱。为了保证正常工作,需要有较大的发射功率和较高的接收灵敏度。雷达测量目标的距离和在飞行器上测量距地面的相对高度多采用该方式。

(2) 询问回答式测距。图 3-49 所示为询问回答式测距器的工作原理图。询问回答式测距与无源反射式测距的不同之处在于,由接收机和发射机组成的回答器代替了原来的无源反射目标,而询问器则与无源反射式测距器的组成相同。在回答器中有一定的延迟时间 τ_0,所以询问器接收到的信号相对于发射信号的总的延迟时间为

$$\tau = \frac{2R}{c} + \tau_0 \tag{3-20}$$

距离计算公式为

$$R = \frac{c}{2}(\tau - \tau_0) \tag{3-21}$$

式中,c 为光速。

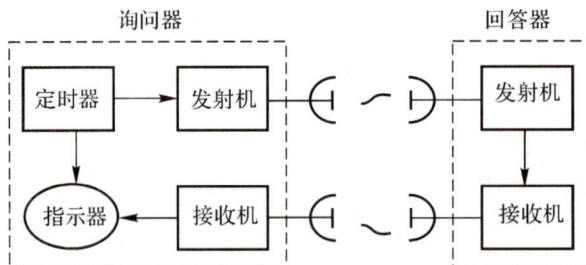

图 3-49　询问回答式测距器的工作原理图

3.4.4　卫星定位

卫星定位系统是借助于在预定空间轨道上运行的人造卫星来进行的一种导航技术。在

卫星导航中,用户(飞机、舰船、战车等)具有全球和近地空间的立体覆盖能力。因此,导航卫星能够实现全球无线电导航。导航卫星在空间做有规律的运动,每时每刻都可精确预报其轨道位置。用户接收卫星发来的无线电导航信号,通过时间测距或多普勒测速分别获得用户相对于卫星的距离或距离变化率等导航参数,并根据卫星发送的时间和轨道等参数求出定位瞬间卫星的实时位置坐标,从而定出用户的地理坐标(二维或三维)和速度矢量分量。

导航卫星按导航方法分为多普勒测速导航卫星和时间测距导航卫星。前者通过给用户提供测量导航信号的多普勒频移来求出距离的变化,以进行导航定位;后者通过给用户提供测量导航信号的传播时间来求出距离,以进行导航定位。导航卫星根据用户是否需要向卫星发射信号分为主动式导航卫星和被动式导航卫星。

具体的卫星导航及其他导航系统将在后面的章节详细介绍。

思政小课堂

2005 年,ABURobocon(亚洲太平洋广播联合会大学生机器人电视大赛)在中国北京举办了一场年度总决赛。当时的主办方和参赛成员可能都没想到,10 多年后,正是从这场赛事里,走出了当今世界的无人机巨头。

这一年,香港科技大学的学生汪滔在区域赛事中取得了不错的成绩。以此为原点,第二年,在深圳车公庙的一个仓库里,他创立了以无人飞行器为产品的高科技公司 DJI 大疆创新。今天,大疆已成为全球消费级无人机领域当之无愧的领头羊,也成为行业级无人机的"双雄"之一。不止于此,2020 年初,大疆正式宣告进入 L3/L4 激光雷达领域,这开启了更加广阔的自动驾驶市场。

公司初创团队只有 3 个人,包括汪滔在内,都是初出茅庐的大学生,出发点也很单纯,就是为了要做自己想做的事情。

如今,十几年弹指而过,大疆已经从起初的 3 人创业团队,发展到现在全球员工人数超过 12 000 人,客户遍布全球百余个国家和地区,在全球无人机市场份额中占比超过 70%,成为绝对的王者。对于取得成功的核心因素,大疆毫不讳言:正如党的二十大报告特别强调的"必须坚持科技是第一生产力、人才是第一资源、创新是第一动力"。

汪滔曾说,技术创新是大疆的发展命脉。以梦想为源动力,凭借精湛的技术力量和高端人才储备,大疆从商用自主飞行控制系统起步,填补国内外多项技术空白,之后又陆续推出了飞行控制系统、云台系统、多旋翼飞行器、小型多旋翼一体机等产品系列,皆已成功走向市场。大疆坚持创新和原创的理念,以与生俱来的超群创新能量带领产业革命,重新定义"中国制造"的内涵。

对于人才,大疆有着自己的定义标准——真知灼见。所谓真知灼见,主要就是看在做事情或者看问题时,能否做到不跟随、不跟风、不盲从,能否独立思考并透过现象看到问题的本质,并提出解决问题的办法。

大疆就是个敢于说真话的孩子。由一群从不妥协、极富洞见、坚持梦想的人聚合而成。他们坚信实干而非投机,坚信梦想而非功利。

让有真知灼见的人得到资源,在这一点上,大疆很是"任性"。2012 年,当汪滔在为如何解决"精灵"系列空中悬停、画面平稳以及 360°无遮挡拍摄等问题而苦恼时,有一个叫陈逸奇的尚未毕业的大学生大胆地提出了解决方案。汪滔二话没说,让这位实习生成为一个上百人规模团队的领导,并提供了数千万元的研发资金。2 年后,第一架具有 360°全视角高清摄像功能的变形无人机问世。

为吸纳人才、培养人才,让人才顺利成长,大疆提供了扁平化的机制和平台。在这个平台上,研发资源的分配,需要每个人凭借自己的创意以及解决问题的能力去公平争取,研发预算不设上限。

习　　题

1.表示飞机运动特征的主要参数有哪些?

2.大气数据计算机的主要功能有哪些?

3.飞机的加速度分为哪几类?

4.说明线加速的测量原理。

5.陀螺仪的基本特性有哪几种?

6.利用陀螺仪测量飞机的姿态,是利用了陀螺仪的哪种特性?

7.飞机的方位角包括哪几种?

8.陀螺半罗盘与陀螺磁罗盘的主要区别是什么?

第四单元　舵机与舵回路

内容提示

本单元首先介绍了固定翼飞机的操纵系统,重点介绍了用于无人机操纵系统中常见舵机的构成及工作原理、特性,以及舵回路的构成及种类。对于现在广泛应用的多旋翼飞行器的相关内容将在后面的章节中讨论。

教学要求

(1)了解飞机操纵系统;
(2)掌握舵机的工作原理及分类;
(3)熟悉舵回路的构成及作用;
(4)培养学生对从事无人机方面的技术工作充满热情;
(5)使学生养成热爱科学、实事求是的学风。

内容框架

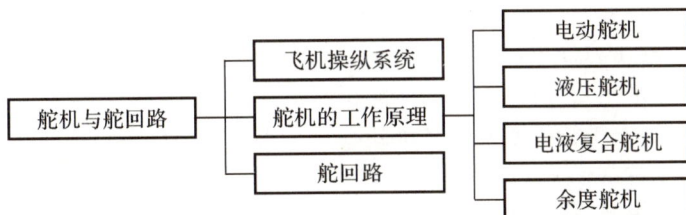

舵回路(或称伺服系统)是飞行控制系统中一个不可缺少的组成部分。它按照指令模型装置或敏感元件输出的电信号去操纵舵面,实现飞机角运动或航迹运动的稳定和控制。

舵回路是由许多部件组成的随动系统,其中舵机为其执行元件。舵机工作时拖动的负载(舵面上的铰链力矩)随飞行状态而改变,这对舵机的工作及舵回路的构成有很大的影响。

4.1　飞机操纵系统

飞机操纵系统用来实现对飞机飞行状态的控制。通常可将其分为主操纵系统和辅助操纵系统。前者用来操纵升降舵(或全动平尾)、副翼、方向舵和油门等,后者则用来操纵襟翼、减速板等。本书主要讨论主操纵系统。

如图 4-1 所示为一个典型的机械操纵系统。

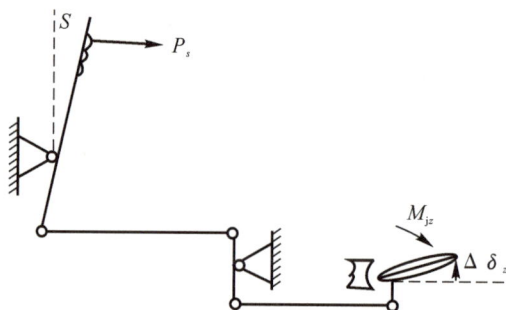

图 4-1　机械操纵系统原理图

飞行员通过驾驶杆操纵舵面,图 4-1 中,P_s 为飞行员对驾驶杆施加的杆力,s 为杆位移,$\Delta\delta_z$ 为舵面偏转角,M_{jz} 为作用于舵面上的气动载荷折算至舵面转轴上的铰链力矩。

由于飞机飞行时对舵面上作用有铰链力矩 M_{jz},飞行员必须对驾驶杆施加杆力来使系统平衡,根据虚功原理,在平衡状态下,作用在系统上的所有外力做功之和等于零,即

$$P_z = -k_z M_{jz} \tag{4-1}$$

式(4-1)表明,杆力与铰链力矩成比例,这种关系对飞行员操纵飞机来说是十分重要的。因为飞行员可以凭借对杆力或杆位移的感觉来判断飞机的飞行状态,以便准确地操纵飞机。然而,对于高速飞机而言,图 4-1 所示的直接操纵将带来以下问题。

(1)杆力随飞行速度、高度的变化而变化,当这种变化大到一定程度以后,飞行员就难以精确操纵飞机了。

(2)高速飞行时杆力太大。在亚声速飞行时,扰动可逆气流前传,舵面的偏转会影响整个翼面的气流的分布,舵面效率高。而在超声速飞行时,扰动无法逆气流前传,舵面的偏转只能改变舵面本身的压力分布,不能影响整个翼面,舵面效率低。为了提高舵面效率,往往采用全动舵(如全动平尾)。通过增大舵面面积而提高效率。随着舵面面积与飞行速度的增加,铰链力矩急剧增大,飞行员要操纵飞机就必须克服很大的杆力。当杆力的增加超过飞行员的体力限度时,飞行员将无法对飞机进行操纵。

(3)当飞机在跨声速、超声速飞行出现速度不稳定时会产生反操纵问题。飞行在亚声速区作加速水平飞行时,飞行员应推杆,这是正常操纵。当飞机以跨声速飞行时,由于速度不稳定,增速时应拉杆,这种操纵不符合飞行员正常操纵的习惯,我们称之为反操纵。飞机从亚声速过渡到超声速,或从超声速过渡到亚声速飞行时都有可能出现反操纵现象。图 4-1 所示的直接操纵方式会把反操纵的现象直接反映到杆力上,飞行员稍有疏忽,就可能发生危险。

目前的高速飞机采用助力操纵系统来解决上述问题。最典型的就是应用液压助力器,其结构如图 4-2 所示。

液压助力器的工作过程为当驾驶杆在中立位置时,控制阀阀芯的工作凸肩完全遮住高压油 P_B 注入控制阀的输入口,动作筒活塞处于中立位置,与输出杆相连的舵面被锁住。当

飞行员操纵驾驶杆时,阀芯产生位移。设阀芯左移,高压油流经阀体右边输入口流入作动筒的 B 腔,活塞两边产生压力差,输出杆左移,克服舵面上的铰链力矩使舵面偏转。输出杆左移时带动阀体左移,当阀体移动量等于阀芯移动量时,高压油的入口重新被封住,输出杆停止移动,飞行员再次动杆则重复上述过程。我们可以看出,使用液压助力器后,飞行员所需操纵的仅仅是阀芯,铰链力矩由液压助力器承受。此外,杆位移与舵偏角通过液压助力器仍能保持一一对应关系。

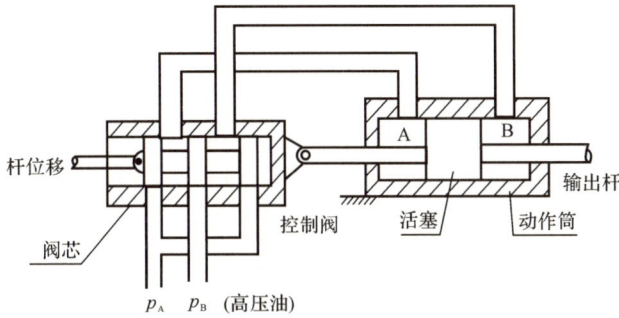

图 4-2　液压助力器的结构示意图

大多数高速飞机都利用液压助力器组成一种无回力助力操纵系统,如图 4-3 所示。

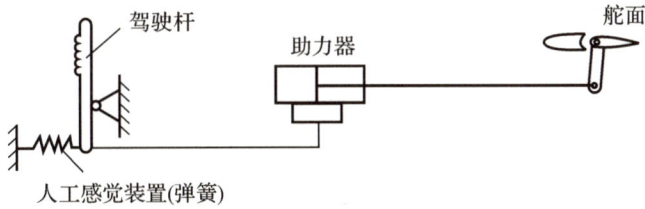

图 4-3　无回力助力操纵系统

在这种系统中,飞行员与舵面之间的直接联系已被液压助力器隔断,杆力只用来克服操纵系统的摩擦力和助力器控制阀阀芯移动时的液动力等,而与飞行状态无关。这样的系统的缺点是飞行员无法从杆力的大小感觉出飞行状态的变化,为使驾驶员获得必要的操纵感觉,感受到相应的杆力,通常采用人工感觉装置。而杆力或杆位移随飞行状态的变化可用力臂调节器来解决(见图 4-4)。

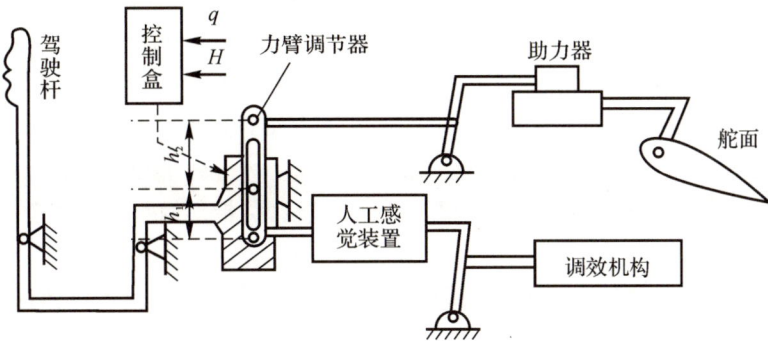

图 4-4　采用人工感觉装置的操纵系统

由于当 Ma 数一定时得到同一过载所需的杆位移随高度的增加而增大,这就使得在高空做机动飞行时要求驾驶杆有很大的杆位移,采用力臂调节器就可以解决这个问题。当飞行高度增加时,通过控制盒使力臂调节器的 h_1 增大, h_2 减小,从驾驶杆到舵面的传动比被放大,不需很大的杆位移就可得到所需的过载。

通过力臂调节器的使用可以减小飞行状态变化对操纵的影响,使飞行员能在不同飞行状态下很好地操纵飞机。

图 4-4 中,调效机构起配平作用,在稳态飞行时,用来消除人工感觉装置所造成的杆力。

无回力助力操纵系统是飞行操纵系统发展中关键的一环。操纵系统的进一步发展则是含有改善飞机的飞行、操纵性能的自动控制器的操纵系统,并由此演变到电传操纵系统,而电传操纵系统是无人固定翼飞机的典型操纵系统。有关电传操纵系统的更多的内容我们将在第 5 章中介绍。

4.2　舵机的工作原理

舵机是整个飞控系统中的执行元件,它输出力矩(或力)和角速度(或线速度),控制飞机姿态的稳定和改变,是固定翼和单旋翼无人机操纵系统不可或缺的部件,而对于多旋翼无人机,由于操纵方式的不同,不需要舵机参与操纵。根据供给能源的不同,一般分为电动舵机、液压舵机和气动舵机三种。飞行控制系统中常采用电动舵机、液压舵机和电液复合舵机三种。为了提高电传操纵系统的可靠性,通常采用多余度技术设计的余度舵机。

4.2.1　电动舵机

电动舵机以电力为能源,通常由电动机(直流或交流)、测速装置、位置传感器、齿轮传动装置和安全保护装置等组成。

电动舵机的控制方式一般有直接式和间接式两种。直接式是通过改变电动机的电枢电压或激磁电压,直接控制舵机输出轴的转速与转向;间接式是在电动机恒速转动时,通过离合器的吸合,间接控制舵机输出轴的转速与转向。如图 4-5 所示为用磁粉离合器间接控制电动舵机传动的示意图。

如图 4-5 所示,磁粉离合器 1 是这种电动舵机的关键部件,由主动、从动和固定三部分组成。在主动部分的壳体内有控制绕组和磁粉,壳体与齿轮 z_4 的端面固连,并随电动机输出轴一起恒速旋转。从动部分的杯形转子与磁粉离合器的输出齿轮 z_5 一起转动。当电流流过磁粉离合器的控制绕组时,主动部分壳体内的磁粉(铁钴合金粉)被磁化,按磁力线方向排成链状,链的一端与主动部分相连,另一端与从动部分相连。在磁力的作用下,磁粉与主、从动部分之间产生正比于控制电流的摩擦力矩,带动杯形转子和齿轮 z_5 一起转动。

磁滞电动机的输出轴经齿轮 z_1/z_2 和 z_3/z_4 两级减速,带动两个磁粉离合器的主动部分以相反方向转动。

线性旋转变压器和测速发电机分别经过齿轮转动装置随鼓轮一起转动,各自输出相位取决于鼓轮转向、大小正比于鼓轮转角和角速度的电信号。

磁粉离合器 3 是鼓轮与输出齿轮轴的连接装置。在自动控制时,磁粉离合器的激磁绕组通电,电磁离合器吸合,输出齿轮 z_{10} 与鼓轮连接,鼓轮随输出齿轮轴一起转动。在人工驾驶时,磁粉离合器不通电,输出齿轮不与鼓轮连接,由驾驶员直接操纵舵面。金属摩擦离合器 5 利用金属片之间的摩擦传递力矩,是一种安全保护装置。当磁粉离合器工作时,齿轮轴经金属摩擦离合器带动鼓轮转动,当负载力矩超过某值时,金属片打滑,从而限制舵机的最大输出力矩。在紧急状态下,驾驶员还可强行操纵,确保飞机的飞行安全。

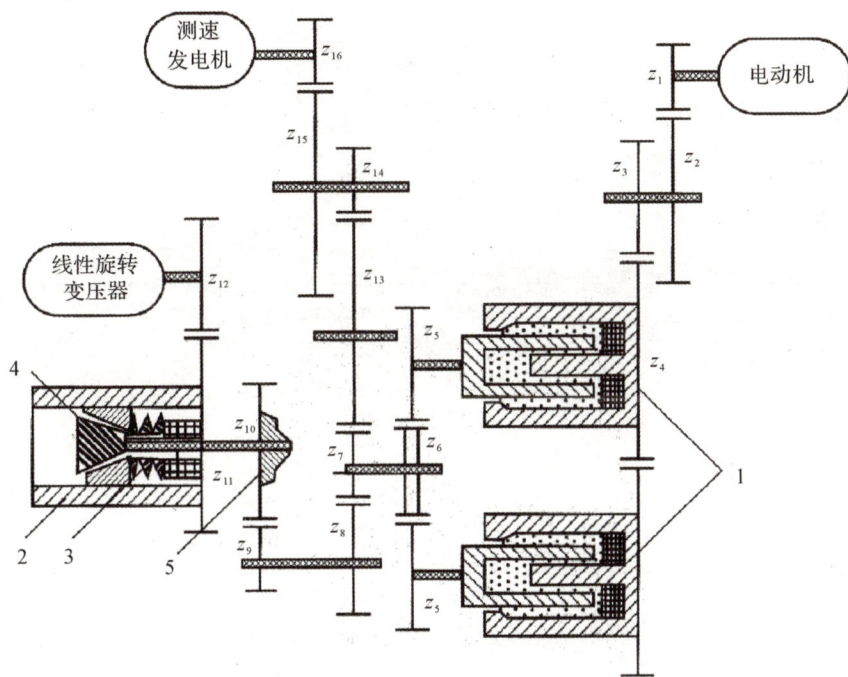

图 4-5 磁粉离合器间接控制的电动舵机传动示意图

1,3—磁粉离合器; 2—鼓轮; 4—衔铁与斜盘; 5—金属摩擦离合器; $z_1 \sim z_{16}$—减速齿轮

4.2.2 液压舵机

液压舵机以高压液体作为能源。按其作用可分为液压舵机(直接推动舵面偏转)与电液副舵机(需通过液压主舵机,即液压助力器才能带动舵面偏转)。如图 4-6 所示为一种典型的电液副舵机结构原理示意图。

电液副舵机由电液伺服器(包括力矩马达和液压放大器)、作动筒和位移传感器等组成。

高压油流入进油口,经油滤 14 分四路流出。其中两路经左、右固定节流孔 13、阀芯 10 的两旁和左、右喷嘴 7,在溢流腔 8 中汇合,然后经回油节流孔 12 从回油口流出。另外两路油液分别流到阀套 11 上被阀芯工作凸肩遮住的窗口处。阀芯偏离中间位置后,其中一路高压油液经阀芯工作凸肩打开的窗口流入作动筒的一腔,作动筒另一腔的油液经被打开的另一窗口直接流入回油节流孔 12。

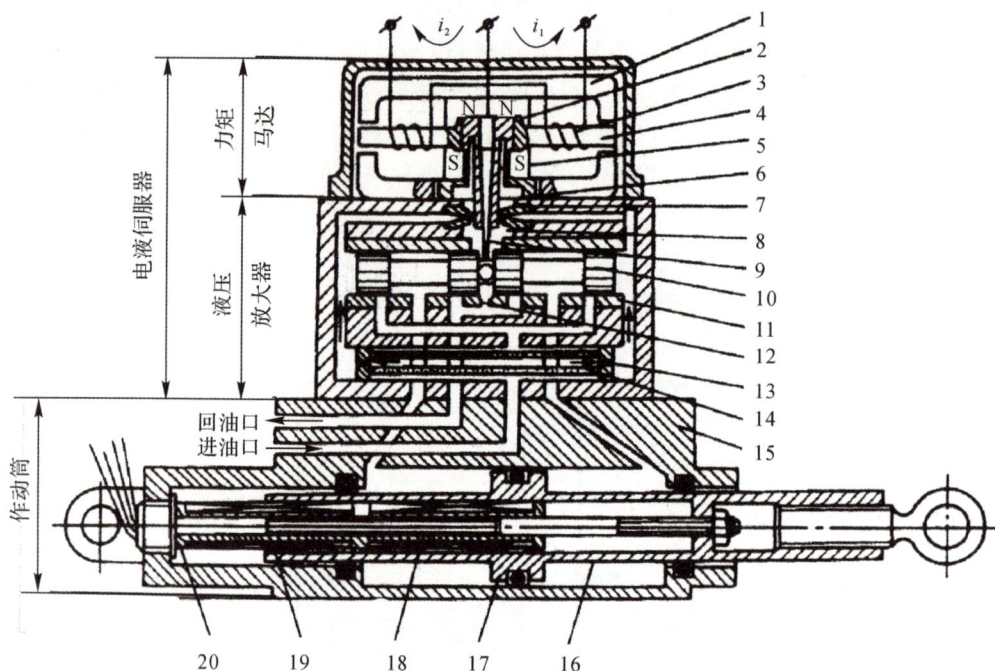

图 4-6　电液副舵机结构原理图

1—导磁体；　2—永久磁铁；　3—控制线圈；　4—衔铁；　5—弹簧管；　6—挡板；　7—喷嘴；　8—溢流腔；
9—反馈杆；　10—阀芯；　11—阀套；　12—回油节流孔；　13—固定节流孔；　14—油滤；　15—作动筒壳体；
16—活塞杆；　17—活塞；　18—铁芯；　19—线圈；　20—位移传感器

　　力矩马达将电气量转换成机械角位移量，是一种信号转换装置。当力矩马达控制绕组中的直流电流差 $i_1-i_2=0$ 时，导磁体 1 与衔铁 4 之间的四个气隙中流过的磁通量相等，而衔铁两端流过的上气隙与下气隙的磁通方向相反，衔铁两端的电磁力平衡，衔铁及与之固连的挡板 6 处于中间位置。挡板与左右两个喷嘴间的距离相等，两路油液作用在阀芯两端面上的压力大小相等、方向相反，阀芯处于中间位置。阀芯的工作凸肩遮住阀套上的窗口，阻止高压油流入，活塞杆 16 处于中间位置，舵面不偏转。

　　当控制电流 $i_1-i_2\neq0$ 时，产生控制磁通，改变四个气隙之间的磁通量。衔铁一端的上气隙中流过的磁通量增加，下气隙中流过的磁通量减少；衔铁的另一端与此相反。于是衔铁两端的电磁力不平衡，产生电磁力矩，使衔铁带动挡板转动。挡板与一侧喷嘴的距离增大，喷嘴腔内油压降低；挡板与另一侧喷嘴的距离减小，喷嘴腔内油压升高，在压力差的作用下，阀芯向低压腔方向移动。当作用在衔铁上的电磁力矩与弹簧管 5 因衔铁转动变形产生的力矩、阀芯移动通过小球带动反馈杆 9 产生的力矩以及高压油流过阀芯产生的液动力矩相平衡时，衔铁停止转动并保持在某一偏转角上。阀芯两端的压力差与反馈杆对阀芯的反作用力也随之平衡，阀芯停止移动，移动距离正比于控制绕组的电流之差，移动方向取决于该电流差的极性。阀芯移动打开阀套上被工作凸肩遮住的窗口，高压油经窗口流入作动筒的一腔，该腔的压力升高。在作动筒两腔压差的作用下，活塞 17 和活塞杆 16 以一定速度向低压腔方向移动。作动筒另一腔的油液被压出,经阀套上的窗口流入回油节流孔 12。

如果电流差 i_1-i_2 的极性改变,则衔铁和阀芯反方向运动,活塞和活塞杆也以一定速度向反方向运动。

线性位移传感器 20 把活塞杆的位移转变成电信号。随着活塞杆的移动,线性位移传感器输出正比于活塞杆位移的交流电压,其相位取决于活塞杆移动的方向。

4.2.3 电液复合舵机

电液复合舵机是电液副舵机和液压主舵机组装而成的一个整体,兼有这两种舵机的功能。一般具有人工驾驶、自动控制、复合工作和应急操纵等四种工作状态。

如图 4-7 所示为电液复合舵机的原理图。电液复合舵机由电液副舵机、主舵机(即液压助力器)、电磁转换机构、锁紧机构和复合摇臂等组成。为了保证舵机的可靠性,采用两套独立的液压源(系统Ⅰ和系统Ⅱ)供油。

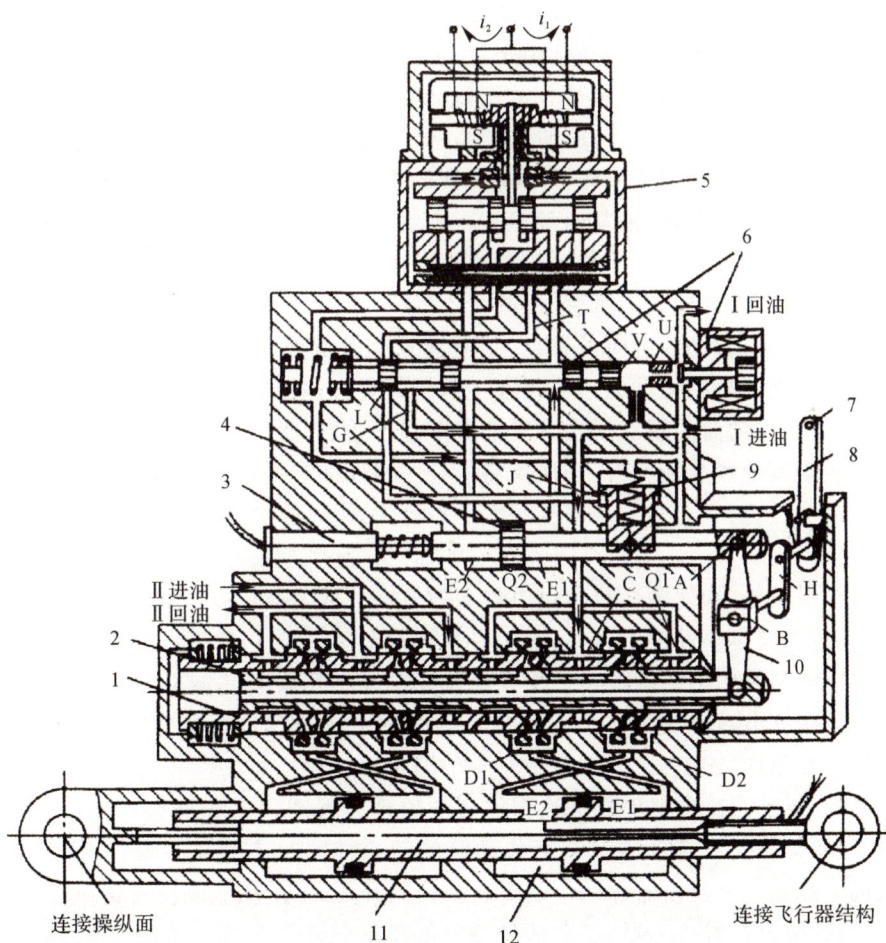

图 4-7 电液复合舵机的原理图

1—副滑阀; 2—主滑阀; 3—小位移传感器; 4—小作动筒; 5—电液伺服阀; 6—电磁转换机构; 7—连接驾驶杆; 8,10—摇臂; 9—锁紧机构; 11—大位移传感器; 12—大作动筒电磁转换机构和锁紧机构用于人工驾驶和自动控制的状态转换。

在电磁转换机构不通电时,喷嘴 U 与挡板(电磁转换机构的衔铁)之间的间隙最大,喷嘴内腔 V 的压力降低,滑阀在弹簧作用下处于最右端,其凸肩堵住经油路 T 到电液副舵机的油路;高压油液(系统 I)经油路 L 流到锁紧机构的环形槽 J。由于高压供油被切断,且小作动筒活塞杆被锁紧机构锁住,因此电液副舵机不工作,电液复合舵机处于人工驾驶工作状态。

当人工驾驶时,驾驶员操纵驾驶杆 H 使摇臂上 B 点绕 A 点转动,带动主滑阀一起运动,高压油经环形槽 C 和被打开的窗口 D1(或 D2),流入大作动筒的一腔 E2(或 E1),另一腔 E1(或 E2)的油液则经窗口 D2(或 D1)与系统 I 的回油路 Q2(或 Q1)相通,经主滑阀的空心孔流回油箱。在大作动筒两腔压差的作用下,舵机壳体移动,并经传动连杆来操纵舵面偏转。

驾驶杆移动到某一位置后,由于固连于舵机壳体上的支点 A 和驾驶杆 H 与壳体一起移动,而主滑阀不随壳体运动,故其窗口重新关闭,舵机壳体也停止运动。当人工驾驶时,舵机壳体始终跟随驾驶杆的移动而按比例地移动。

在电磁转换机构通电时,转换机构的衔铁向左移动,堵住喷嘴 U,喷嘴内腔 V 的油压升高,推动滑阀左移。于是系统 I 的进油口到油路 T 和电液副舵机的通路与到油路 G,L 及环形槽 J 的通路均被打开。锁紧机构在高压油液的作用下向上移动,小作动筒的活塞处于自由状态。当驾驶杆不动时,电液复合舵机转入自动控制状态,控制电液副舵机小作动筒的活塞在控制信号的作用下运动。小作动筒活塞杆上的 A 点通过摇臂移动主滑阀,使舵机的壳体相应地按比例运动,如同人工驾驶一样。

如果驾驶员参与自动控制时的操纵,则电液复合舵机处于复合工作状态。驾驶杆的操纵运动和小作动筒活塞的运动通过摇臂在主滑阀处复合,共同操纵舵机运动。

在图 4-7 中作动筒的副滑阀在一般情况下是不动的,犹如一个固定的阀套。但主滑阀一旦卡死或出现其他紧急情况时,副滑阀将接替主滑阀的工作,使驾驶员能够应急操纵。

4.2.4 余度舵机

在电传操纵系统中,驾驶员只通过电气通道驱动舵面,操纵飞机的运动。由于系统没有机械通道,所以对其可靠性要求较高,否则一旦出现故障将会导致飞机毁损。目前,提高可靠性的主要措施是采用多余度技术。用几套相同的舵机组合在一起共同操纵舵面,构成所谓余度舵机。余度电液副舵机与余度主舵机原理相同,下面仅以余度电液副舵机为例,介绍余度舵机的工作原理。

如图 4-8 所示为三余度串联电液副舵机的原理方框图。该舵机有三套相同的电液副舵机(包括液压伺服阀和作动器),三套作动筒的活塞杆同时连接在一根杆上并一起运动。余度副舵机中配置三个监控器和两个逻辑转换控制开关、三个伺服阀位置传感器、三个压差传感器、三个副舵机位置传感器、三个信号整形器和三个旁通活门。每个监控器监控和检测各自通道的指令输入、电液伺服阀的位移、作动筒两腔的压力差(Δp)和作动筒活塞的位移等信号。旁通活门受监控器控制,工作时可连通作动筒的两腔。

指令 A 和主动通道构成主动回路,指令 B 和在线备份通道 1 构成在线备份回路 1,指令

C 和在线备份通道 2 构成在线备份回路 2。

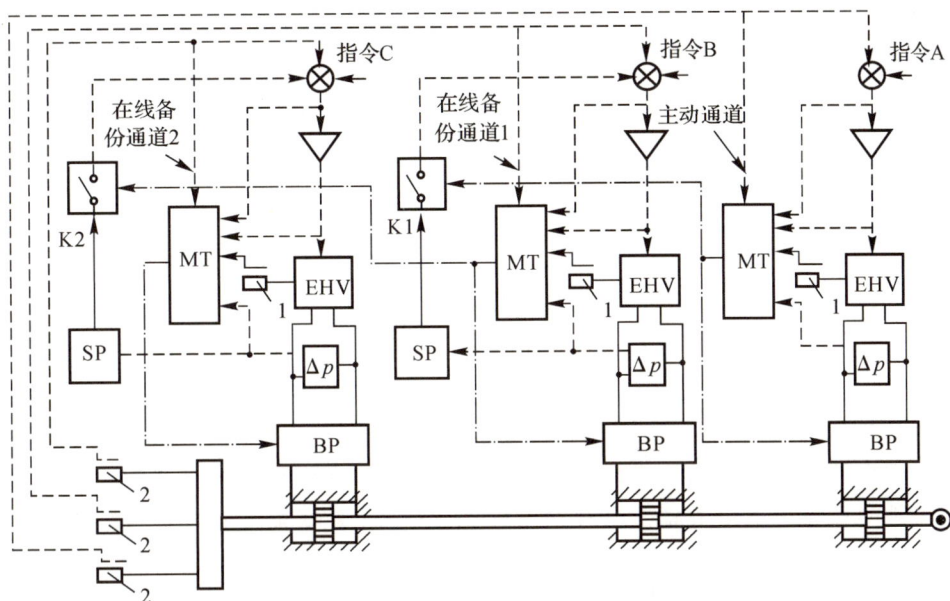

图 4 - 8　三余度串联电液副舵机的原理方框图

EHV—电流伺服器；　Δp—压差传感器；　BP—旁通活门；　SP—信号整形器；　MT—监控器
——— 机械及液压联系；　- - - - - 电子线路联系；　——·- 出现故障的电子线路联系；
K1,K2—控制开关；　1—伺服阀位置传感器；　2—副舵机位置传感器

　　在正常情况下的余度副舵机中,只有主动回路(图中最右边)的伺服阀处于"主动"状态,而其余两个伺服阀则处于静止状态。此时控制开关 K1 和 K2 闭合,压差传感器的输出信号经信号整形器 SP 和控制开关反馈到放大器,在线备份回路 1 和 2 各自构成压差回路,它们的伺服阀输出的压差正比于各自回路的指令信号。由于引入了压差深度负反馈,所以构成的压差回路的闭路增益值极低。在输入指令信号作用下,在线备份回路 1 和 2 的伺服阀输出的压差近于零。在正常情况下两个回路处于备份状态。

　　处于"主动"状态的主动回路,由于伺服阀没有压差反馈,因此力增益值较高。在输入信号作用下,主动回路的伺服阀输出压差,推动活塞移动,并承受几乎全部的舵机负载。在旁通活门打开后,作动筒两腔的油路直接沟通,作用于备份回路 1 和 2,活塞两端的压差近于零,它们的活塞杆与主动回路作动筒的活塞杆一起移动,实际上几乎不承受舵机的负载力。三套电液副舵机在输入信号作用下,协调地操纵一个舵面偏转,如同一个整体的舵机。在主动回路的副舵机回路中有位置负反馈,当稳态时,活塞杆的位移信号正比于输入信号。此外,各回路的监控器依据电液伺服阀的阀芯位移、输出的压差和活塞位移等信号,不断地监控和检测各自的工作情况。

　　主动回路的电液副舵机一旦出现故障,监控器会及时检测和判断,并发出逻辑控制信号打开本通道的旁通活门,同时断开控制开关 K1(假定备份回路 1 无故障),切断备份回路 1 的压差反馈和旁通活门的通路,使备份回路 1 的力增益值提高到正常值。此时备份回路 1 由原来的备份状态转为主动状态,接替主动回路的工作,承受舵机的全部负载力。若备份回

路1也出现故障,则检测后断开控制开关 K2,备份回路2的舵机转入主动状态,接替主动回路和备份回路1两回路的工作。因此,在三套舵机中即使有两套出现故障,余度舵机也能照常操纵舵面偏转。可见,三余度电液副舵机大大提高了系统的可靠性,可保证飞行器安全飞行。

4.3 舵 回 路

舵面的铰链力矩对舵机工作的影响很大。为了削弱铰链力矩对舵机工作的影响,并满足控制规律的要求,在飞行控制系统中均采用舵回路代替单个舵机来操纵舵面的偏转。

下面以磁粉离合器间接控制的电动舵机为例,介绍舵回路的组成原理、基本类型和特点。

1. 舵回路的构成

磁粉离合器间接控制的电动舵机是由恒速旋转的磁滞电动机带动磁粉离合器来工作的。这种舵机的特性主要由磁粉离合器的特性来决定,而磁滞电动机只起恒速动力源的作用。

飞行中铰链力矩的存在,相当于在舵机内部引入一个反馈,如图 4-9 所示,因而对舵机的工作产生很大影响,依据自动控制的原理,可以在舵机内部人为引入其他反馈,以抵消铰链力矩的影响。

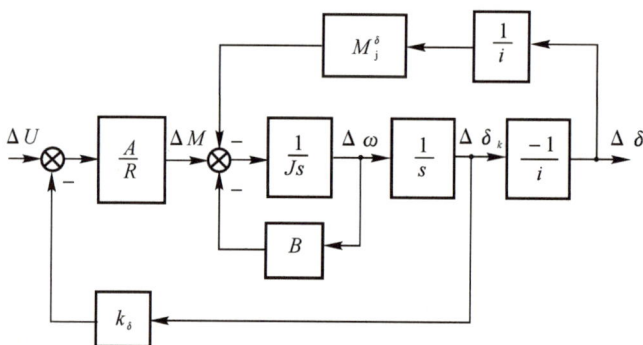

图 4-9 引入反馈 k_δ 的电动舵机工作原理图

根据图 4-9 可写出引入反馈 k_δ 后的电动舵机传递函数为

$$W(s) = \frac{\Delta \delta_k(s)}{\Delta U(s)} = \frac{A/R}{Js^2 + Bs + (A/R)\left[k_\delta - (M_j^\delta R/Ai^2)\right]} \tag{4-2}$$

对于各种飞行状态,如果取 $k_\delta > 0$,并且满足 $k_\delta \gg |M_j^\delta R/Ai^2|$,则式(4-2)可近似写为

$$W(s) = \frac{\Delta \delta_k(s)}{\Delta U(s)} = \frac{A/R}{Js^2 + Bs + (A/R)k_\delta} \tag{4-3}$$

根据式(4-3)可写出在常值电压作用下的鼓轮输出转角稳态值为

$$\Delta \delta_{k\infty} = \Delta U/k_\delta \tag{4-4}$$

可见,由于引入了反馈量 k_δ,舵机的传递函数在各种飞行状态下都是一个稳定的二阶振荡环节(忽略电感 L),且传递函数中的各系数值仅取决于舵机自身的结构参数和反馈量

k_δ 的大小,而与飞行状态无关。稳态时的鼓轮输出转角 $\Delta\delta_{k\infty}$ 正比于输入电压,反比于反馈量 k_δ,而与飞行状态无关。如图 4 – 10 所示为电动舵机的原理方框图。

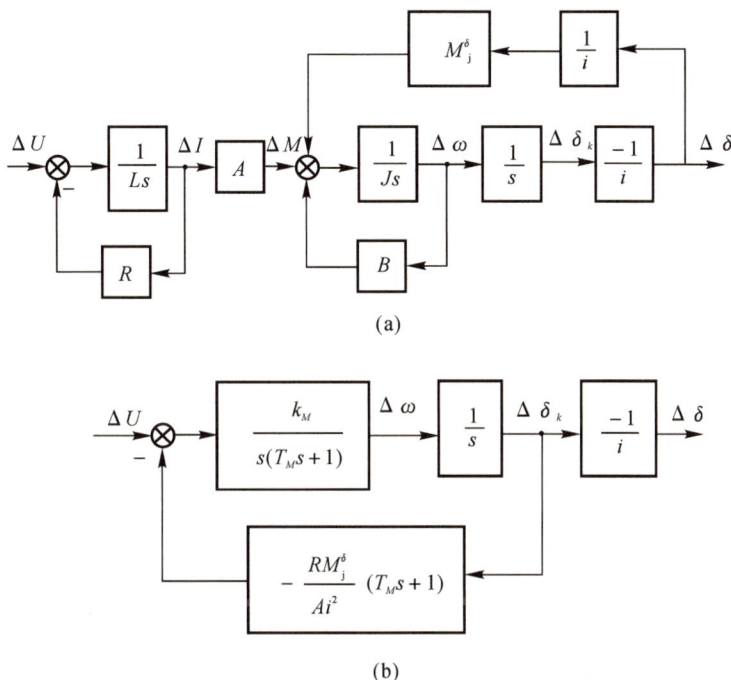

(a)

(b)

图 4 – 10　电动舵机的原理方框图

(a) 等效变换前; (b) 等效变换后

在图 4 – 10(a) 中引入舵机输出角速度的反馈 $k_{\dot\delta}$,如图 4 – 11 所示。

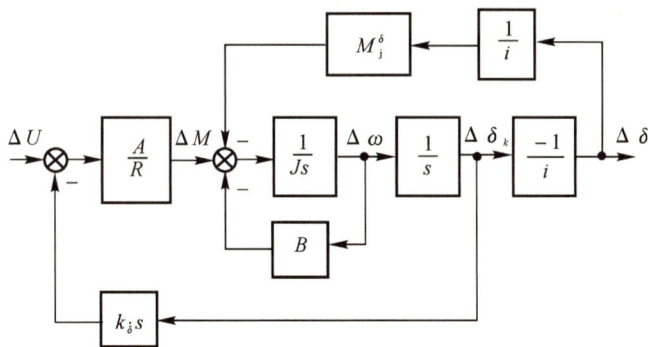

图 4 – 11　引入反馈 $k_{\dot\delta}$ 的电动舵机工作原理图

根据图 4 – 11 可写出引入 $k_{\dot\delta}$ 后的电动舵机传递函数为

$$W(s)=\frac{\Delta\delta_k(s)}{\Delta U(s)}=\frac{A/R}{Js^2+\left(B+\dfrac{Ak_{\dot\delta}}{R}\right)s-M_j^\delta/i^2} \tag{4-5}$$

假设反馈系数在各种飞行状态下均大于零,且满足 $\left(B+\dfrac{Ak_{\dot\delta}}{R}\right)^2\gg|M_j^\delta/i^2|$ 的条件,则

式(4-5)可近似写为

$$W(s) = \frac{\Delta\delta_k(s)}{\Delta U(s)} = \frac{A/R}{s\left[Js + \left(B + \frac{Ak_\delta}{R}\right)\right]} \quad\quad (4-6)$$

根据式(4-6)可写出在常值电压作用下的鼓轮转角稳态值为

$$\Delta\omega_{k\infty} = \frac{A/R}{B + Ak_\delta/R}\Delta U \quad\quad (4-7)$$

与引入 k_δ 类似,在反馈量 k_δ 相当大时,同样可以削弱铰链力矩对舵机的影响,且与飞行状态无关。这样构成的舵回路,其稳态时的鼓轮输出角速度 $\Delta\omega_{k\infty}$ 正比于输入电压。

综上所述,在舵机内部引入反馈后所构成的闭合回路,可以大大削弱铰链力矩对舵机工作的影响,并能控制舵机输出轴的转角或角速度,而与飞行状态基本无关。

前述的 k_δ 为舵机输出位置量(角度或线位移)的反馈,称为位置反馈,又称为硬反馈;k_δ 为输出速度量的反馈,称为速度反馈,又称为软反馈。反馈通路与舵机所构成的闭合回路称为舵回路。

在通常情况下,电位计、同位器、线性旋转变压器或线性位移传感器用来实现位置反馈,并输出正比于位置的电压;而测速发电机等速度传感器则用来实现速度反馈,输出正比于速度的电压。舵回路的输入电压与反馈电压相比较后,通过放大器实现电压(或电流)的综合比较、放大或变换,并输出一定功率的信号来控制舵机。

2. 舵回路的基本类型

按照被控物理量来划分,常用的舵回路有硬反馈式、软反馈式和弹性反馈式三种基本类型。如前所述,在舵机内部引入位置反馈的闭合回路称为位置反馈(又称硬反馈)舵回路;引入速度反馈的闭合回路称为速度反馈(又称软反馈)舵回路;同时引入弹性反馈环节而构成的闭合回路称为弹性反馈(又称均衡反馈)舵回路。

(1) 软反馈式(速度反馈)舵回路。如图 4-12 所示为软反馈式舵回路的原理图。这里速度反馈系数为 k_δ。

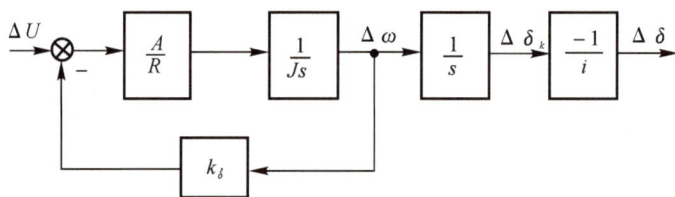

图 4-12　软反馈式舵回路的原理图

忽略铰链力矩的影响,图 4-12 可简化为图 4-13。

根据图 4-13 可得舵回路的传递函数为

$$W(S) = \frac{\Delta\delta_k(s)}{\Delta U(s)} = \frac{A/R}{\left(Js + \frac{A}{R}k_\delta\right)s} = \frac{K}{T_\delta s + 1}\frac{1}{s} \quad\quad (4-8)$$

式中:$K = \frac{1}{k_\delta}$;$T_\delta = \frac{JR}{Ak_\delta}$。

如果忽略时间常数 T_δ，则有

$$\frac{\Delta\delta_k(s)}{\Delta U(s)} = \frac{K}{s} \qquad (4-9)$$

由此可见，软反馈即速度反馈舵回路的传递函数近似为一个积分环节，其输出的舵偏角正比于输入电压的积分，也就是说，输出舵面的偏转角速度正比于输入电压，并近似与速度反馈系数 k_δ 成反比。因此，飞行自动控制系统的指令可按比例地控制舵面偏转角速度。

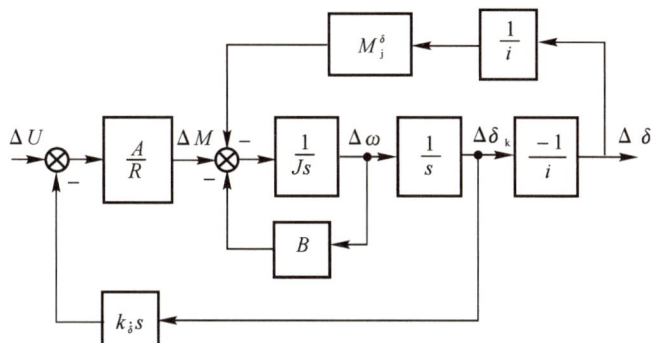

图 4-13　软反馈式舵回路的简化原理图

（2）硬反馈式（位置反馈）舵回路。如图 4-14 所示为硬反馈式（位置反馈）舵回路的原理图。这里，位置反馈系数为 k_δ。忽略铰链力矩的影响，图 4-14 可简化为图 4-15。

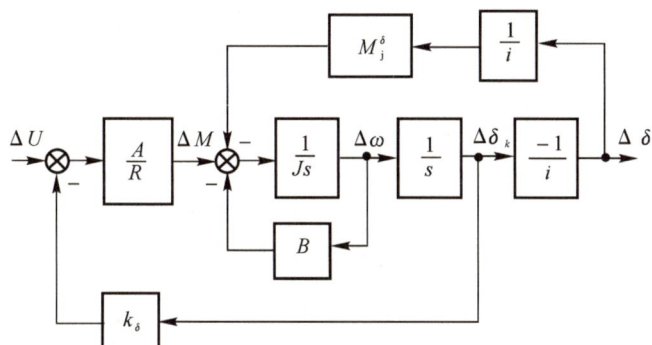

图 4-14　硬反馈式舵回路的原理图

根据图 4-15 可得舵回路的传递函数为

$$W(S) = \frac{\Delta\delta_k(s)}{\Delta U(s)} = \frac{A}{JRs^2 + BRs + Ak_\delta} \qquad (4-10)$$

即

$$W(S) = \frac{\Delta\delta_k(s)}{\Delta U(s)} = \frac{\dfrac{1}{k_\delta}}{\dfrac{JR}{Ak_\delta}s^2 + \dfrac{BR}{Ak_\delta}s + 1} \qquad (4-11)$$

调整 k_δ，当 $\dfrac{JR}{Ak_\delta} \leqslant \dfrac{BR}{Ak_\delta}$ 时，式（4-11）可以简化为

$$W(S) = \frac{\Delta \delta_k(s)}{\Delta U(s)} = \frac{\frac{1}{k_\delta}}{\frac{BR}{Ak_\delta}s + 1} \qquad (4-12)$$

即

$$W(S) = \frac{\Delta \delta_k(s)}{\Delta U(s)} = \frac{K}{T_\delta s + 1} \qquad (4-13)$$

式中：$T_\delta = \dfrac{RB}{Ak_\delta}$；$K = \dfrac{1}{k_\delta}$。

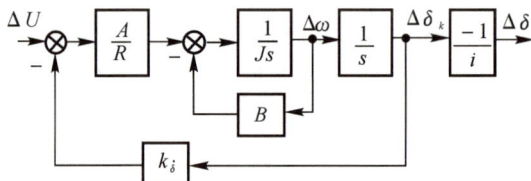

图 4 – 15 硬反馈式舵回路的简化原理图

由此可以得出

$$\Delta \delta_k(s) = \frac{K}{T_\delta s + 1} \Delta U(s) \qquad (4-14)$$

在这种情况下，硬反馈式舵回路的传递函数近似为一个惯性环节，其中系数 K 和 T_δ 值均与反馈系数成反比。这种硬反馈式舵回路的稳态输出舵偏角正比于输入电压，并近似与位置反馈系数 k_δ 成反比。飞行自动控制系统的指令可按比例地控制舵偏角的大小。

（3）弹性反馈式（均衡反馈）舵回路。第三种舵回路为弹性反馈式（均衡反馈）或均衡式舵回路。弹性反馈环节可由位置反馈环节串联一个均衡环节来实现，其传递函数为

$$W_f(s) = k_\delta \frac{T_e s}{T_e s + 1} \qquad (4-15)$$

式中：k_δ 为位置反馈系数；T_e 为均衡环节的时间常数。

弹性反馈式舵回路的原理图如图 4 – 16 所示。

根据图 4 – 16 可得弹性反馈式舵回路的传递函数为

$$W(s) = \frac{\Delta \delta_k(s)}{\Delta U(s)} = \frac{\frac{1}{k_\delta T_e}(T_e s + 1)}{s\left(\frac{R}{Ak_\delta T_e}(Js + B)(T_e s + 1) + 1\right)} \qquad (4-16)$$

如果忽略 B 的影响，并忽略时间常数 $\dfrac{RJ}{Ak_\delta}$ 的影响，而 T_e 一般又比较大，则式（4-16）可简化为

$$W(s) = \frac{\Delta \delta_k(s)}{\Delta U(s)} = \frac{1}{k_\delta} + \frac{1}{k_\delta T_e s} \qquad (4-17)$$

可见，若弹性反馈式舵回路工作在低频段，则舵回路的传递函数式（4 – 17）近似为一个积分环节。如果工作在高频段，则式（4 – 17）近似为一个比例环节。也就是说，弹性反馈式舵回路的低频特性接近于软反馈式舵回路的特性，而高频特性则接近于硬反馈式舵回路的

特性。

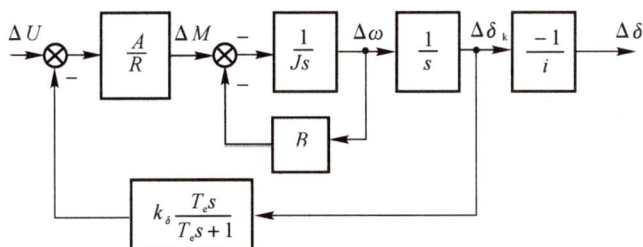

图 4 - 16　弹性反馈式舵回路的原理图

这种舵回路的鼓轮输出既正比于输入,又正比于输入的积分,是一种兼有硬反馈式舵回路特性与软反馈式舵回路特性的舵回路。

综上所述,引入不同形式的反馈可以构成特性不同的舵回路,它们的性能在很大程度上取决于反馈的性质和大小。三种不同特性的舵回路也为飞行控制系统提供了三种不同的控制规律。在飞行控制系统中用得最多的是位置伺服舵回路。

随着飞行控制技术的迅速发展,特别是电传飞行控制系统的出现,对舵回路的组成和工作的可靠性都提出了更高的要求,采用余度技术则是保证可靠性、满足先进飞行控制系统要求的必然途径。采用了余度技术以后,为了保证舵回路系统能够正确地完成其主要任务,必须相应增加诸如故障检测、故障诊断及信息处理等辅助功能。

3.舵回路的发展及其数字化

以上所述的硬反馈式、软反馈式和弹性反馈式舵回路是舵回路常用的三种基本类型。舵回路是飞行控制系统的重要子系统,它的发展与飞行控制技术的发展息息相关,并随着多种专业技术的发展而前进。经过几十年的迅速发展,至 20 世纪 90 年代,舵回路的发展已经进入了一个崭新的阶段。今天的舵回路系统具有以下特点。

(1)采用余度技术。随着对飞行的控制由机械操纵向电传操纵发展,采用余度技术是保障系统安全可靠性和提高电传操纵系统完成任务可靠性的最为有效的措施。目前采用最多的余度编排方式有两种,即并行工作配置的力综合式和工作/备用式。其中以力综合式更为普遍。

(2)采用辅助作动器方案。在有些飞行控制系统中采用辅助作动器方案。该方案的特点是在指令和动力作动器之间串入一级指令伺服系统,即辅助作动系统。在结构形式上,辅助作动系统和动力作动器可以是分离式或复合式的。在回路闭合方式上,如图 4 - 17 所示,在辅助作动系统中一般采用串联式;而在电传操纵系统中的作动系统则多采用嵌套式,即内、外回路配置的方式。

在电传飞行控制系统出现之前,舵回路多采用助力操纵系统。在飞行操纵系统由机械系统向电传系统发展的过程中,采用分离式结构布局,即将主作动器与辅助作动器分离的过渡形式。这种形式,在主、辅作动器之间采用机械杆系连接,大大影响了作动系统的性能,而且结构复杂,不利于减轻质量和降低成本。因此,在电传操纵系统的作动器系统中,多采用嵌套式布局的复合式作动器。

(a)

(b)

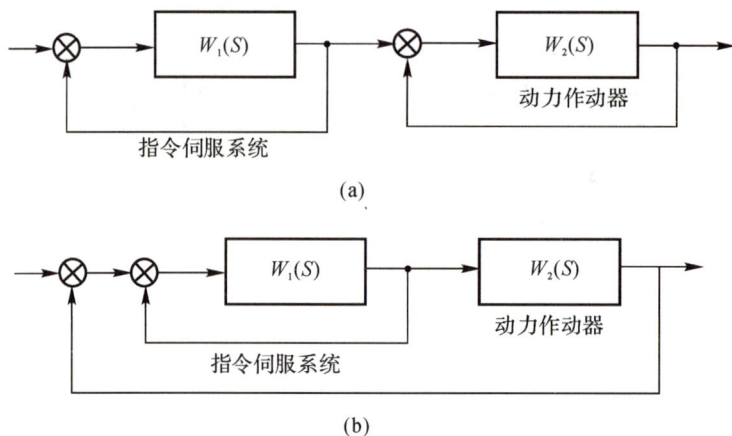

图 4-17　回路闭合方式原理图
(a)串联式；　(b)嵌套式

（3）模拟式电液伺服作动系统仍占主导地位。由于以电液舵机为执行机构的电液伺服系统（舵回路）具有输出功率大及输出阻抗高等优点。因此在现阶段，模拟式电液伺服作动系统仍占主导地位。如今数字计算机在飞行控制系统中已经获得了广泛应用，但截至目前，飞行控制系统仍采用模拟式控制回路。理论上，将舵回路系统的控制器数字化是可行的，在实现上并不存在技术上的困难。可是由于舵回路系统的频带较高，需要采用较高的采样频率，这对于余度等级较高的电传作动系统来说，会给主计算机带来很大的计算工作量。虽然如此，舵回路系统的控制器由模拟式向数字式方向发展却已成为主流。

虽然目前电液舵回路系统占主导地位，但其可靠性尚有待于提高。其中所使用的电液伺服阀是主要的故障源，是一个需要重点监控的对象，迫使设计者在这部分采用较多的余度数，以获得工作的可靠性。

随着计算机和数字技术的发展，未来的舵回路系统将向着智能化、集成化和数字化的方向发展。将嵌入式计算机系统与作动器组合在一起，组成集成式数字作动系统，不但使作动系统更加简单可靠，而且为系统综合、余度管理及各种先进飞行控制技术的应用提供了更加广阔的空间。

思政小课堂

2018 年 2 月 7 日，河北省唐山市古冶区公安分局接区武装部通报称，该区境内南范各庄附近出现无人机高空飞行，导致空军 2 架战机起飞。警情重大，接报后该分局主要领导高度重视，立即启动应急预案，局长孙晓忠迅速带领民警、消防官兵与区武装部人员第一时间赶到事发现场，及时控制 4 名无人机操作人员，当场缴获无人机 2 架。由于该航拍行为未向中部战区申请飞行空域、飞行计划，在航拍过程中被解放军空军雷达检测发现为不明空情，致使空军出动战斗机查证并将其迫降。此次空情导致民航多架次航班被迫修改航线。这 4 名犯罪嫌疑人触犯了《中华人民共和国刑法》第一百一十五条第二款之规定，涉嫌过失以危险方法危害公共安全罪,已经被人民检察院批准逮捕。

2019 年 12 月,河北某勘察公司承揽一段高速公路测绘工程,准备购买韩某所属测绘服务公司的 CW-15 无人机,并提出需测试该款无人机性能,为了证明无人机的性能,通过图片看效果。2019 年 12 月 19 日,韩某擅自指派公司员工凌某、刘某进行无人机试飞拍照。因该试飞活动未申请飞行空域、飞行计划,其航拍行为也未申请,当日下午 3 时许,当凌某、刘某在涞水县试飞拍照时,被雷达监测发现为异常空警,出动武装直升机查证并将其迫降。韩某、刘某、凌某违反航空管理法规,未申请飞行空域、飞行计划,放飞无人机,造成了严重后果,危害了公共安全。最终,法院以过失以危险方法危害公共安全罪,分别判处 3 人有期徒刑 1 年,缓刑 1 年。

近年来,随着小型无人机技术的日臻成熟,喜欢小型无人机的爱好者也越来越多,这种"低、慢、小"航空器在给人们的生产生活带来便利的同时,由于一些单位和个人的法律意识不足,违法飞行行为屡禁不止,有的甚至引发军、民航空中险情,对国家安全和公共安全造成严重影响。

《无人驾驶航空器飞行管理暂行条例》中明确,从事无人机飞行活动的单位或者个人实施飞行前,应当向当地飞行管制部门提出飞行计划申请,经批准后方可实施。飞行计划申请应当于飞行前 1 日 15 时前,向所在机场或者起降场地所在的飞行管制部门提出;飞行管制部门应当于飞行前 1 日 21 时前批复。今后,我国还将对无人驾驶航空器飞行管理办法作进一步的明确和规范。

习 题

1.按照所用能源划分,舵机可分为哪几类? 各自的特点有哪些?

2.舵回路有几种? 它们各自的特点和相互之间的区别是什么?

3.为什么一般采用舵回路而不是舵机直接驱动舵面偏转?

第五单元 固定翼无人机典型飞行控制系统分析

当前固定翼无人机无论是在民用领域还是军用领域都得到了广泛的应用,本单元以固定翼无人机典型飞行控制系统为例,分析固定翼无人机的控制方式。

(1)熟知飞行姿态控制系统;
(2)掌握飞行高度和速度的稳定与控制;
(3)熟悉电传操纵系统;
(4)掌握无人机飞行控制系统;
(3)培养学生具备严谨、细心、全面、追求高效、精益求精的职业素质;
(4)培养学生具备良好的道德品质、沟通协调能力和团队合作精神及极强的敬业精神。

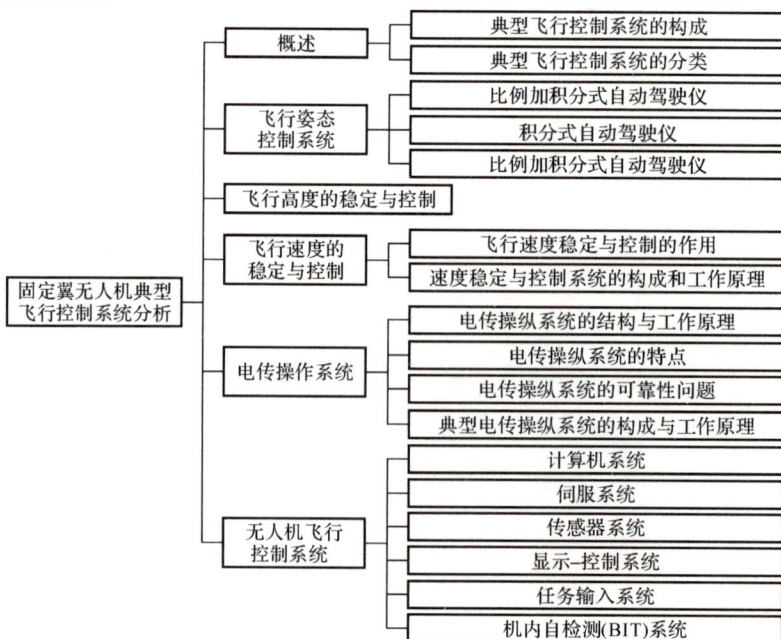

5.1　概　　述

本单元主要介绍固定翼飞机(无人机)的典型飞行控制系统。

5.1.1　典型飞行控制系统的构成

所谓的舵回路,就是为了改善舵机的性能以满足飞行控制系统的要求,通常将舵机的输出信号反馈到输入端,形成负反馈回路(或称为伺服回路),成为一个随动系统(或称为伺服系统)。舵回路一般包括舵机、反馈部件和放大器。典型舵回路的原理图如图5-1(虚线框内)所示。

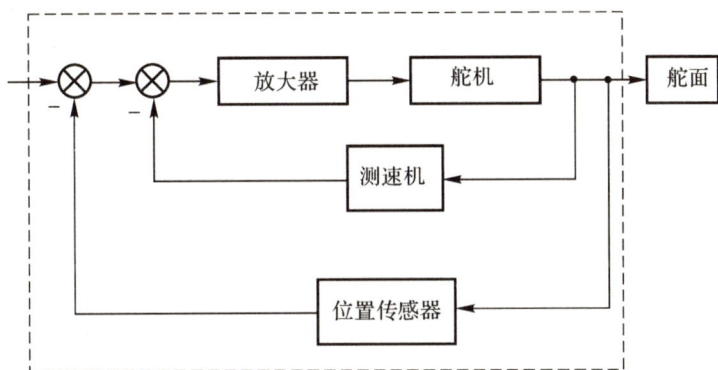

图5-1　典型舵回路的原理图

在图5-1所示的舵回路中存在两个负反馈回路:其一,由位置传感器测量的舵机输出的角位置信号反馈到舵回路的输入端,使控制信号与舵机输出信号形成比例关系(或其他函数关系);其二,由测速机测量的舵机输出的角速率信号反馈到放大器,以增大舵回路的阻尼,改善舵回路的动态性能。

如果测量部件测量的是飞行器的飞行姿态信息,则由姿态测量部件和舵回路构成了自动驾驶仪。由自动驾驶仪和被控对象(飞行器)又构成了稳定回路,主要起稳定和控制飞行器姿态的作用。典型稳定回路的原理图如图5-2(a)(虚线框内)所示。

由稳定回路和飞行器质心位置测量部件以及描述飞行器空间位置几何关系的运动学环节构成了控制(制导)回路,主要起稳定和控制飞行器的运动轨迹的作用。典型飞行控制系统的回路构成关系如图5-2(b)所示。

由图5-2(b)可见,因为控制(制导)回路是在稳定回路的基础上构成的,即是在飞行器的角运动稳定与控制回路的基础上构成的,因此具有图5-2(b)所示结构的飞行控制系统通过控制飞行器的角运动来改变飞行器质心的运动(即飞行轨迹)。这种通过姿态的变化来控制飞行轨迹的方式,是目前大多数航空器控制飞行轨迹的主要方式。

典型的飞行控制系统由以下几个基本部分组成。

(1)测量部件。这是飞行控制系统的信息来源,用来测量飞行控制所需要的飞行器运动参数。例如,常用的垂直陀螺仪、航向陀螺仪、速率陀螺仪以及加速度计等。

(2)信号处理部件。主要负责将测量部件的测量信号进行处理,形成符合控制要求的信号和飞行自动控制规律。例如,机载计算机等设备。飞行自动控制规律,是指自动控制器的输出信号与输入信号之间的动态关系,即自动控制器的静态和动态特性的数学表达式。

(3)放大部件。用来将信号处理部件的输出信号进行必要的放大处理,以便驱动执行机构。

(4)执行机构。根据放大部件的输出信号驱动舵面偏转。例如,常用的电动伺服舵机和电液复合舵机等。

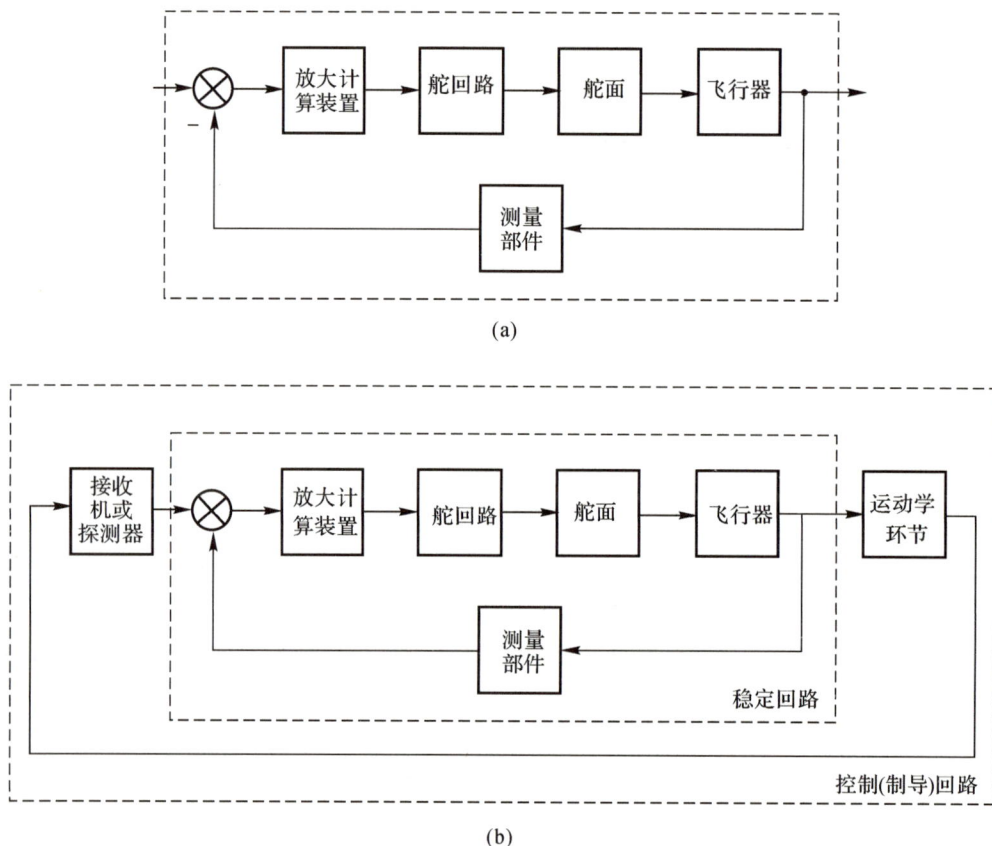

(a)

(b)

图 5-2 典型飞行控制系统的回路构成关系

(a)稳定回路; (b)控制(控导)回路

5.1.2 典型飞行控制系统的分类

根据飞行控制系统的功能和作用,基本的飞行自动控制系统包括阻尼器(damper)、增稳系统、控制增稳系统和自动驾驶仪(autopilot)等。

1.阻尼器与增稳系统

由于对飞行器所执行任务的要求越来越高,使得飞行速度和高度的变化范围(飞行包线,如图 5 - 3 所示)在不断扩大,飞行器的性能在飞行包线范围内很难满足飞行任务的要求。例如,随着飞行高度的增加,空气越来越稀薄,由此而导致飞行器自身的阻尼力矩越来越小,这样一来,飞行器自身角运动的阻尼将下降,飞行器会出现摆动现象,使得瞄准和射击等任务难以准确地完成或者脱靶量增大。为了改善飞行器的角运动性能,仅靠气动布局和结构设计已经不能满足实现大包线飞行的要求,因此,在 20 世纪 50 年代前后,在运输机和轰炸机上普遍安装了简单的飞行控制系统,例如,阻尼器和增稳系统。

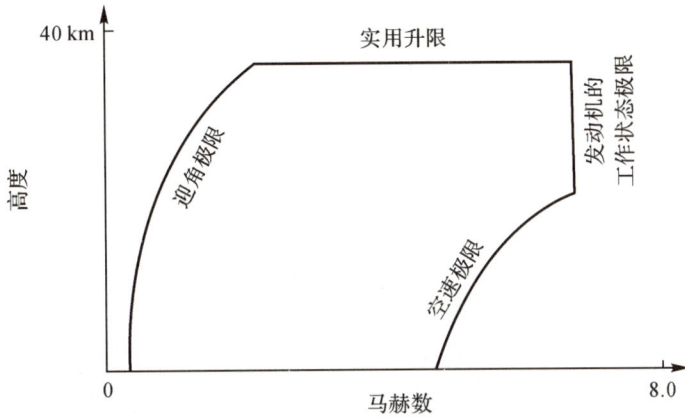

图 5 - 3　现代高性能飞行器的典型飞行包线

在飞行器起飞时就已经接入阻尼器和增稳系统,而不需要像自动驾驶仪那样,首先需要建立基准工作状态。对于有人驾驶的飞机,这种增稳系统与驾驶员共同操纵飞机,是有人驾驶情况下的自动控制问题。

由自动控制理论可知,为了改善飞行器角运动的阻尼特性,直接引入姿态角的变化率形成反馈回路,就可以调节飞行器角运动的阻尼比,从而改善飞行器的运动品质。由于姿态运动可以分解为绕三个机体轴的角运动,因此,以姿态角变化率为被控变量的阻尼器也相应地有俯仰阻尼器、滚转阻尼器和偏航阻尼器三种。

典型的飞行器俯仰阻尼器系统的原理图如图 5 - 4 所示。图 5 - 5 为某有人飞机的滚转阻尼器与其有关装置的结构图。

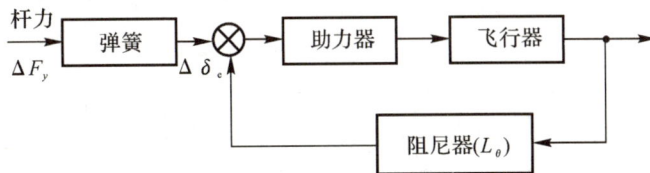

图 5 - 4　飞行器俯仰阻尼器系统的原理图

前面讨论了采用阻尼器提高飞行器阻尼比的方法和原理,但是阻尼器对固有频率的影响却不大。现代飞行器往往在大迎角状态下飞行,而纵向静稳定性又随着迎角的变化而变化,甚至会使飞机变成静不稳定的。若飞行器不稳定,飞行器便难以操纵,因此仅靠阻尼器已经不能满足要求,为解决这一问题发展出了增稳系统(SAS),能更好地改善飞行器的静稳定性和动稳定性。因为增稳系统的性能优于阻尼器,所以被广泛应用于高性能飞行器。实际上,增稳系统就是在控制系统中引入更多的反馈,不仅改善飞机的阻尼比,还改善飞机的振荡特性,提高飞机的稳定性,使飞机能在飞行包线范围内都具有良好的飞行性能。图 5 - 6 为某型无人机的横侧增稳系统原理图。

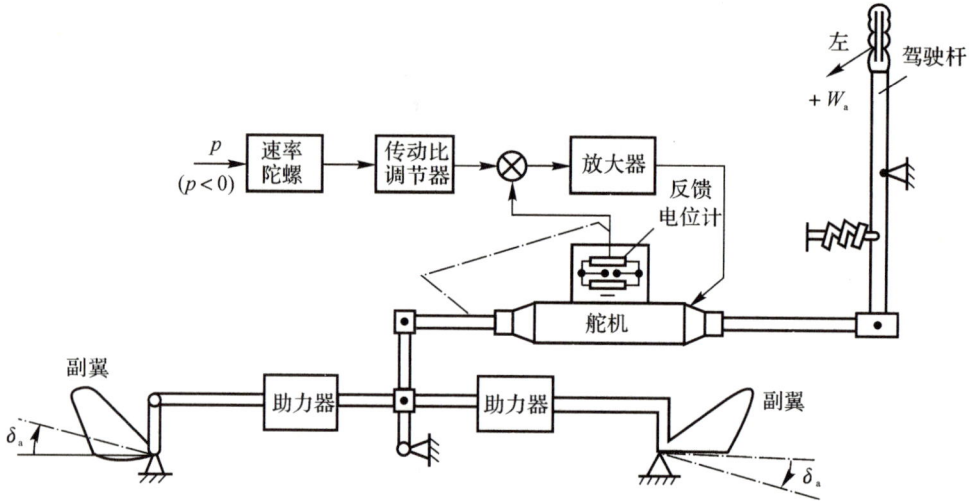

图 5 - 5　某有人飞机的滚转阻尼器与其有关装置的结构图

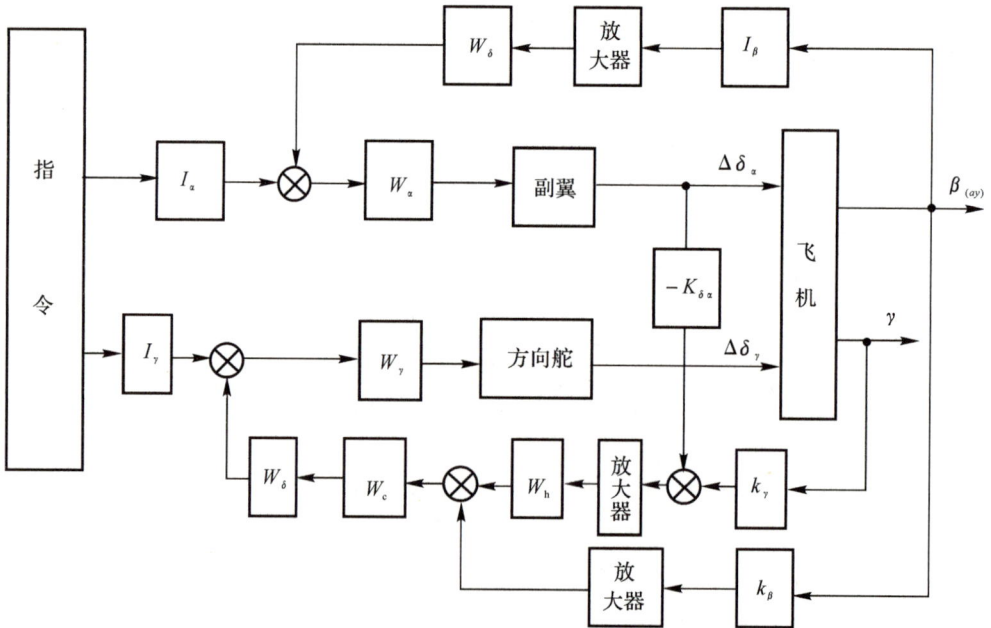

图 5 - 6　某型无人机的横侧增稳系统原理图

2.控制增稳系统

通过上面关于阻尼器和增稳系统的讨论可知仍存在两方面问题。

(1)阻尼器和增稳系统能够提高飞行器的阻尼比和固有频率,但却牺牲了操纵性。

(2)阻尼器和增稳系统无法解决非线性操纵指令问题,即当飞行器进行大机动飞行时,要求飞行器具有较高的操纵灵敏度;而当作小机动飞行时,则要求有较小的操纵灵敏度。

因此,对于阻尼器和增稳系统而言,很难解决上述两个问题。为了找到既可以不牺牲操纵性来提高飞行器的阻尼比和固有频率,又可以解决非线性操纵指令问题的方法,在阻尼器和增稳系统的基础上,自然出现了兼顾以上两方面要求的控制增稳系统(CAS)。

以下面典型的俯仰控制增稳系统为例,来分析控制增稳系统的构成与工作原理,其结构图如图5-7所示。

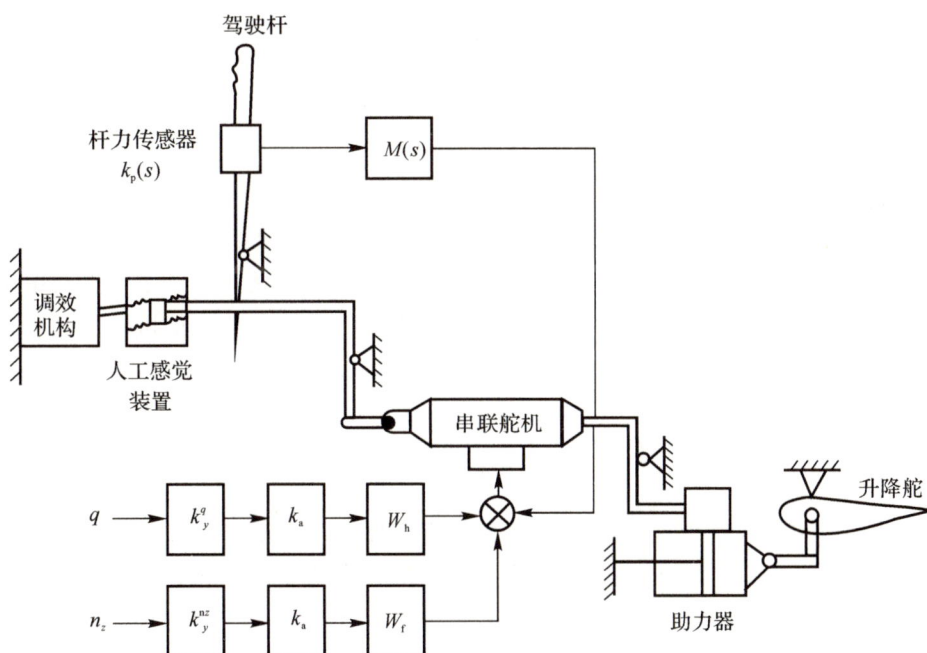

图5-7　俯仰控制增稳系统的结构图

根据图5-7可以画出俯仰控制增稳系统的原理图,如图5-8所示。

由图5-8可见,俯仰控制增稳系统主要由三大部分构成:机械通道、包含杆力传感器 $k_p(s)$ 和指令模型 $M(s)$ 的前馈电气通道以及增稳反馈回路。

俯仰控制增稳系统的基本工作原理如下。

(1)驾驶员的操纵信号经由不可逆助力操纵系统构成的机械通道使升降舵面偏转 $\Delta\delta_M$。

(2)驾驶员的操纵信号同时又经前馈电气通道,由杆力传感器 $k_p(s)$ 产生电压指令信号,通过指令模型 $M(s)$ 形成满足操纵要求的电信号,再与增稳回路的反馈信号综合后使升降舵面偏转 $\Delta\delta_E$。

(3)因为机械通道与前馈电气通道产生的操纵信号是同号的,所以总的升降舵面偏转

应为 $\Delta\delta_e = \Delta\delta_M + \Delta\delta_E$。由此可见，前馈电气通道显然可以使驾驶员的操纵量增强。

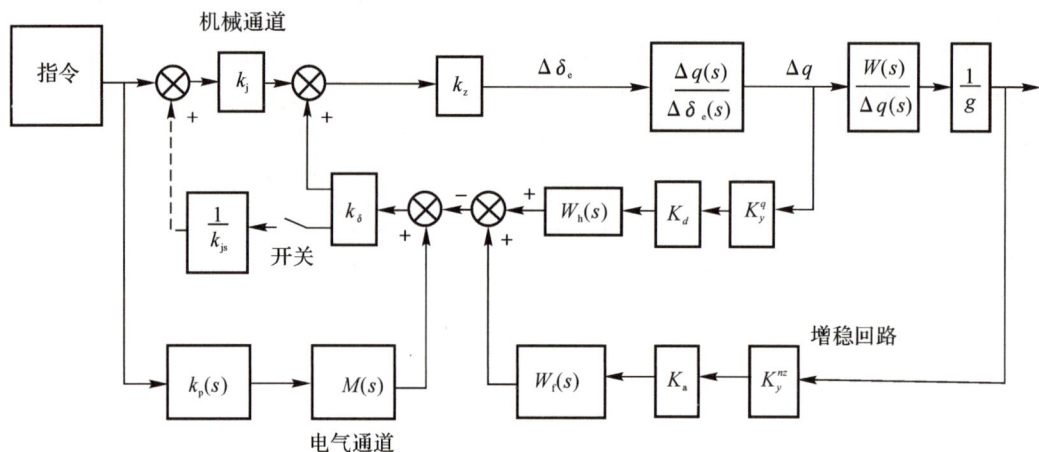

图 5-8　俯仰控制增稳系统的原理图

$$W_h(s) = \frac{\tau s}{\tau s + 1} \text{——高通滤波器（清洗网络）}; \quad W_f(s) = \frac{\tau_1 s + 1}{\tau_2 s + 1} \text{——滤波器}$$

由于电气通道采用前馈形式，因此可以使系统的开环增益取得很高，同时又不会因减小了系统的闭环增益而降低静操纵性，这是俯仰控制增稳系统的显著特点之一。利用这一特点可以通过提高前馈电气通道的增益，来解决因增稳反馈回路的增益 k_a 和 k_δ 取得很大而造成的系统闭环增益减小的问题，从而改善系统的静操纵特性。

5.2　飞行姿态控制系统

在飞机自动控制系统中，控制和稳定飞机姿态主要是由自动驾驶仪来完成的。本小节主要分析、讨论自动驾驶仪（autopilot）在姿态控制过程中的工作原理。其中包括比例式自动驾驶仪、积分式自动驾驶仪和比例加积分式自动驾驶仪（均衡反馈式自动驾驶仪）。

5.2.1　比例式自动驾驶仪

1.控制规律

由垂直陀螺与舵回路构成了俯仰角 θ 自动控制系统，即纵向自动驾驶仪，如图 5-9 所示。若不计舵回路的惯性，则舵回路的传递函数可简化为 k_δ，自动驾驶仪的控制律为

$$\Delta\delta_e = k_\delta(\Delta U_{\Delta\theta} - \Delta U_{\Delta\theta_g}) = k_\delta k_1\left(\Delta\theta - \frac{\Delta U_{\theta_g}}{k_1}\right) = k_\delta k_1(\Delta\theta - \Delta\theta_g) \tag{5-1}$$

将自动驾驶仪控制律式（5-1）简写成

$$\Delta\delta_e = L_\theta(\Delta\theta - \Delta\theta_g) \tag{5-2}$$

式中，$L_\theta = k_\delta k_1 > 0$，$\Delta\theta_g = \dfrac{\Delta U_{\Delta\theta_g}}{k_1}$。

基于关系式（5-2）和垂直陀螺以及舵回路就构成了比例式控制律的姿态角自动控制器。

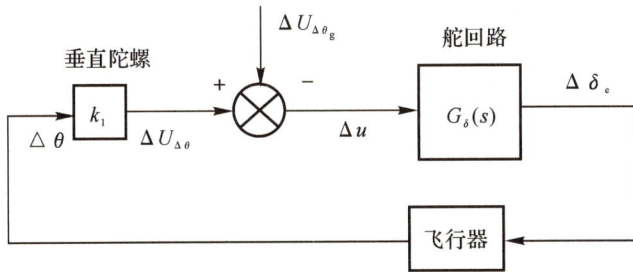

图 5 - 9　俯仰角 θ 自动控制系统原理图

2.工作原理

纵向自动驾驶仪的基本功能之一,就是能将飞行器保持于给定的参考姿态 $\Delta\theta_g$,此参考姿态是由驾驶员根据某种飞行状态(水平飞行、爬升、下滑)的需要而建立的。在控制系统接通后就力图保持于给定的参考姿态。工作在保持状态的飞行控制系统又称为角位移控制系统。

自动驾驶仪系统的工作原理是当飞行器处于自动飞行(例如等速水平直线飞行)状态时,受到紊流干扰后,出现俯仰角偏差 $\Delta\theta=\theta-\theta_0>0$,假定初始俯仰角为 $\theta_0=0$,则垂直陀螺仪测出俯仰角偏差 $\Delta\theta$ 后,输出电压信号 $k_1\Delta\theta$。如果外加的控制信号 $\Delta U_{\Delta\theta_g}=0$,则通过信号综合与舵回路后,按照控制律式(5-1)驱动升降舵向下偏转 $\Delta\delta_e=k_\delta k_1\Delta\theta>0$,使飞行器产生低头力矩,减小俯仰角偏差 $\Delta\theta$,最后实现姿态保持的功能。修正俯仰角偏差 $\Delta\theta$ 的过程如图 5 - 10 所示。相应的控制俯仰角的原理也相同,控制俯仰角的过程如图 5 - 11 所示。

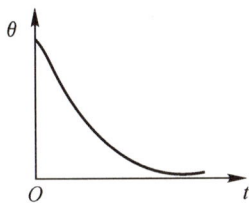

图 5 - 10　修正俯仰角偏差 $\Delta\theta$ 的过程

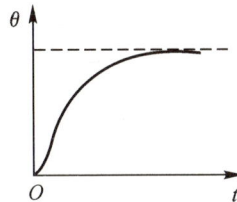

图 5 - 11　控制俯仰角的过程

如果突然操纵飞行器达到新的姿态(例如,为了防撞突然改变飞行方向),则自动驾驶仪的姿态保持功能自动解除,垂直陀螺仪有自动同步装置,使 $\Delta\theta_g$ 与新的姿态值同步,当驾驶员重新接通姿态保持模态的功能时,驾驶仪将保持于最后的姿态。

5.2.2　积分式自动驾驶仪

上面讨论的比例式自动驾驶仪是一种具有硬反馈舵回路形式的自动驾驶仪,在常值干扰力矩的作用下存在着角位移静差问题,为了平衡掉常值干扰力矩,操纵舵需要相应地偏转一个恒定的偏角来产生操纵力矩。如果想消除这种角位移静差,那么采用速度反馈(即软反馈)舵回路形式的自动驾驶仪是一种解决方案。

在舵回路中采用速度反馈(软反馈)形式的信号后,就组成了积分式自动驾驶仪。

软反馈式舵回路的系统原理图如图 5 - 12 所示。

由图 5-12 可以得到具有速度反馈式舵回路的闭环传递函数为

$$G_{\mathrm{B}}(s) = \frac{\dfrac{k_{\mathrm{M}}}{1 + k_{\mathrm{M}}k_{\dot{\delta}\mathrm{f}}}}{\dfrac{T_{\mathrm{M}}}{1 + k_{\mathrm{M}}k_{\dot{\delta}\mathrm{f}}}s + 1} = \frac{k_{\dot{\delta}}}{T_{\dot{\delta}}s + 1} \tag{5-3}$$

利用闭环传递函数式(5-3)不难画出具有速度反馈舵回路形式的自动驾驶仪即积分式自动驾驶仪的原理图,如图 5-13 所示。

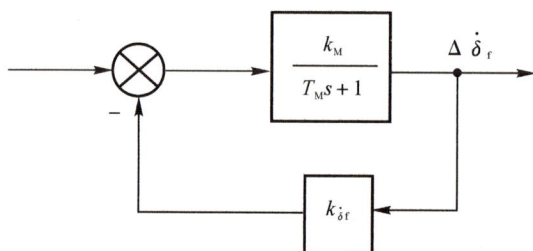

图 5-12　软反馈式舵回路的系统原理图

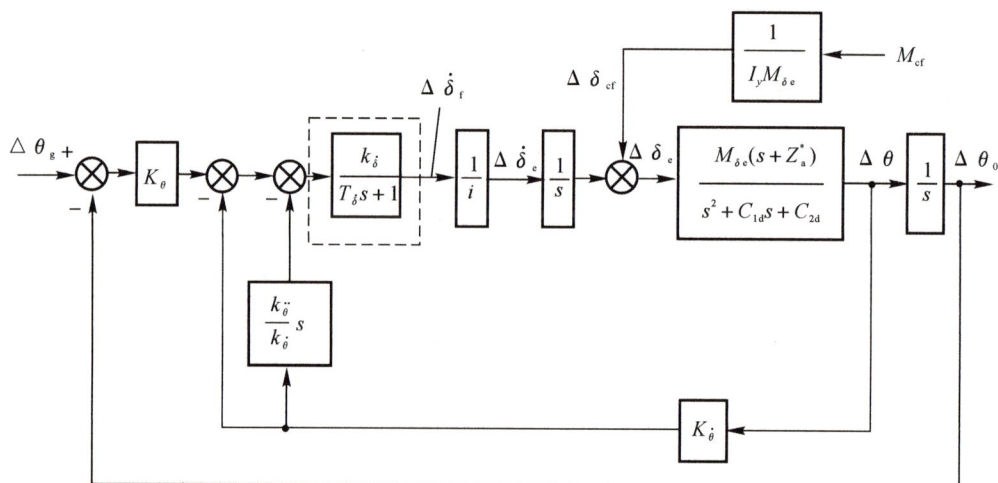

图 5-13　舵回路采用速度反馈的自动驾驶仪原理图

在图 5-13 中,K_{θ} 为俯仰角位移回路的反馈增益,$K_{\dot{\theta}}$ 为俯仰角速率回路的反馈增益,$K_{\ddot{\theta}}$ 为俯仰角加速度回路的反馈增益,$K_{\dot{\delta}}$ 为软反馈舵回路的增益。

如果暂不考虑俯仰角速率的反馈作用及舵回路的动态特性,首先从系统的稳态情况讨论,即系统工作在稳定状态,则有

$$\Delta\dot{\delta}_{\mathrm{e}} = \frac{K_{\theta}K_{\dot{\delta}}}{i}(\Delta\theta - \Delta\theta_{\mathrm{g}}) \tag{5-4}$$

当指令输入 $\Delta\theta_{\mathrm{g}} = 0$ 时,式(5-4)可写为

$$\Delta\dot{\delta}_{\mathrm{e}} = L_{\theta}\Delta\theta \tag{5-5}$$

式中,$L_{\theta} = \dfrac{K_{\theta}K_{\dot{\delta}}}{i} > 0$,是单位俯仰角偏离角度所产生的升降舵偏转角速率。

由关系式(5-5)可以看出,升降舵偏转角速率与俯仰角偏差成正比。将关系式(5-5)两边积分,得

$$\Delta\delta_e = L_\theta \int_0^t \Delta\theta(\tau)\mathrm{d}\tau \tag{5-6}$$

式(5-6)表明,升降舵偏转角与俯仰角偏差的积分成正比。也就是说,在系统进入稳态后,是依据俯仰角偏差 $\Delta\theta$ 来产生升降舵偏转角,从而消除俯仰角的静差的。

由于舵回路采用了速度反馈而形成了积分形式的控制律式(5-6),所以也称其为速度反馈式自动驾驶仪。

值得指出的是,由于飞行器在飞行过程中,舵机的负载是舵偏转角产生的气动铰链力矩,而气动铰链力矩对舵机的影响相当于加上了硬反馈的作用,因此采用速度反馈而引出的上述积分关系似乎是不存在的。但基于以下几个原因,实际上这种积分关系是存在的。

(1)当以亚声速飞行时,气动铰链力矩的硬反馈作用与舵机本身的软反馈作用相比是很弱的。

(2)因为现代飞行器往往采用助力器,而舵机只是控制助力器而不是直接控制舵面,所以即使是超声速飞行,气动铰链力矩对舵机也没有直接影响。

(3)由于现代飞行器均装有自动配平系统,因此可以很好地抵消基准舵偏转角的影响。

现在考虑动态性能的要求。

(1)由前面对于阻尼器系统的分析可知,为了提高系统的稳定性,引入俯仰角速率的信号构成负反馈,是改善系统阻尼特性的重要手段之一。

(2)为了使系统的动态特性进一步改善,可以采用前面讨论过的"提前反舵"原理,使舵面的偏转相位超前于俯仰角的偏移。

为了形成"提前反舵"的一阶微分信号,需要引入俯仰角加速度信号 $\Delta\ddot\theta$ 。

这样,关系式(5-5)被改造为

$$\Delta\dot\delta_e = L_\theta \Delta\theta + L_{\dot\theta}\Delta\dot\theta + L_{\ddot\theta}\Delta\ddot\theta \tag{5-7}$$

对式(5-7)两边进行积分,且令 $\Delta\theta_0 = \Delta\dot\theta_0 = \Delta\ddot\theta_0 = \Delta\delta_e(0) = 0$,则系统工作在控制状态的控制律为

$$\Delta\delta_e = L_\theta \int(\Delta\theta - \Delta\theta_g)\mathrm{d}t + L_\theta\theta + L_{\dot\theta}\dot\theta \tag{5-8}$$

式中,$L_\theta, L_{\dot\theta}, L_{\ddot\theta}$ 分别为单位俯仰角产生的升降舵偏转角速率、单位俯仰角速率产生的升降舵偏转角速率和单位俯仰角加速度产生的升降舵偏转角速率。

可见,控制律式(5-8)属于PID控制律的形式,利用该控制律可以画出具有速度反馈式舵回路的原理图,如图5-14所示。

由图5-14可知,积分式自动驾驶仪仍存在两个方面的缺陷。

(1)由于飞行器传递函数中的积分环节,已被速率陀螺构成的反馈回路($L_{\dot\theta}$)所包围(见图5-14中虚线框),因此不再对控制信号起积分作用。当控制信号 $\Delta\theta_g$ 为斜坡信号时,积分式自动驾驶仪将仍然存在控制静差。

(2)积分式自动驾驶仪虽然能消除常值干扰力矩所导致的静差,但是其结构较复杂,并且需要俯仰角加速度的信号。因为用无源网络来获得较好质量的二次微分信号通常是困难

的,且常常因线路复杂而引发噪声,使系统出现小抖动,所以为了保证飞行控制系统的品质,可考虑采用角加速度陀螺传感器。

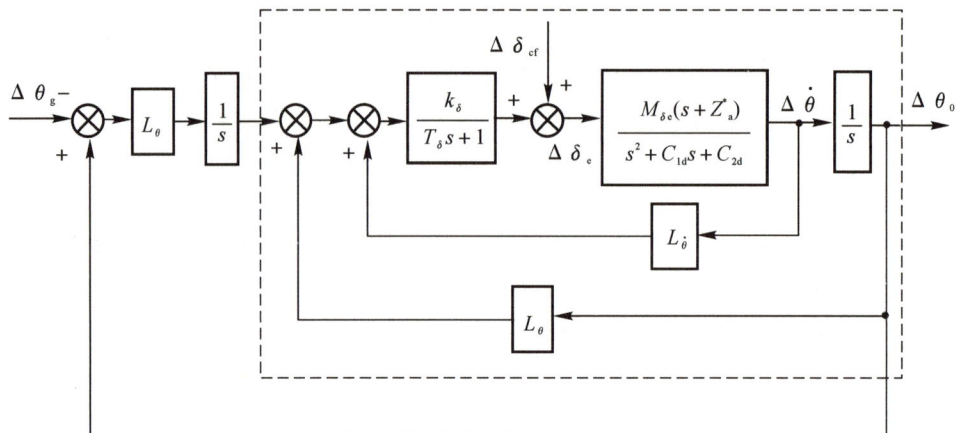

图 5 - 14   舵回路采用速度反馈的角位移控制系统等效原理图

5.2.3   比例加积分式自动驾驶仪

比例加积分式自动驾驶仪又称为均衡反馈式自动驾驶仪,其原理图如图 5-15 所示。为了解决积分式自动驾驶仪存在的问题,近年来已广泛采用比例加积分式自动驾驶仪,尤其在像自动着陆等控制精度要求较高的飞行阶段应用得较多。

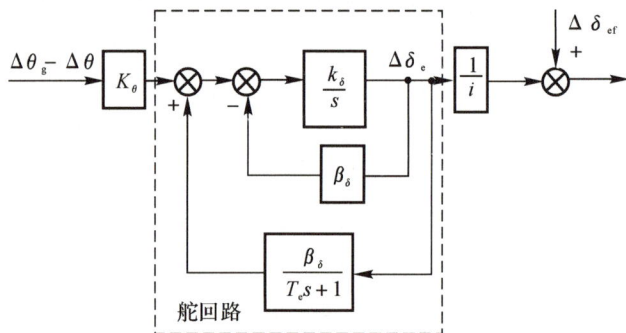

图 5 - 15   采用均衡反馈式舵回路的原理图

将原理图 5 - 15 做等效变换后,得到如图 5 - 16 所示的等效原理图。

均衡反馈式就是在舵机硬反馈 β_δ 的基础上,再加上一个时间常数 T_e 很大的非周期环节 $\dfrac{\beta_\delta}{T_e s+1}$ 的正反馈,其中 T_e 为几秒直至十几秒,在姿态的控制和稳定过程中,因为舵回路的动态过程时间很短(仅零点几秒),所以相对于舵回路的时间常数而言,T_e 的作用类似于一个开关,即只在稳态时接通,最终将使正反馈量与硬反馈所得的负反馈量相抵消。这样,舵回路的传递函数变为 $\dfrac{k_\delta}{s}$,相当于增加一个积分环节,从而可以消除系统的静差。

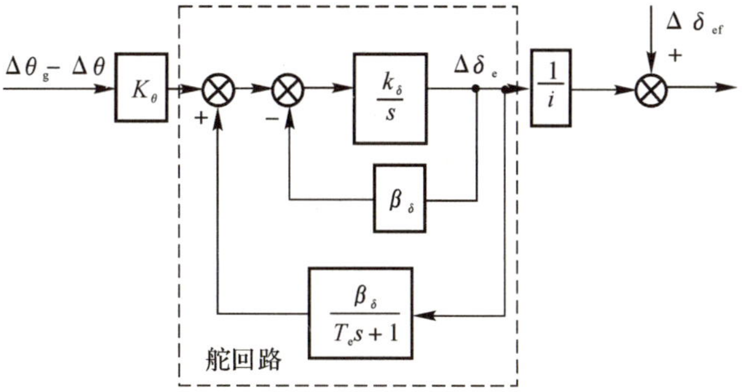

图 5 - 16　采用均衡反馈式舵回路的等效原理图

图 5 - 16 所示的舵回路的传递函数可等效为

$$G_\delta(s) = k_{\delta_e} + \frac{k_{\delta_e}}{T_e s} \tag{5-9}$$

由式(5 - 9)可画出如图 5 - 17 所示的均衡反馈式舵回路的角位移控制系统原理框图。

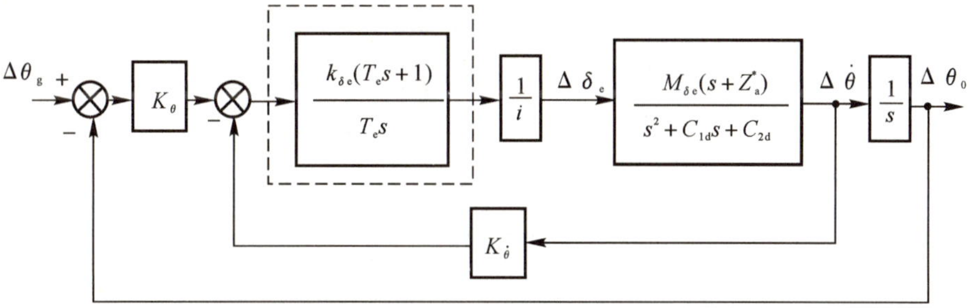

图 5 - 17　均衡反馈式舵回路的角位移控制系统原理框图

则可得出均衡反馈式舵回路的角位移控制系统的控制率

$$\Delta\delta_e = \frac{L_\theta}{T_e}\int(\Delta\theta - \Delta\theta_g)\mathrm{d}t + L_\theta(\Delta\theta - \Delta\theta_g) + L_{\dot\theta}\dot\theta \tag{5-10}$$

从自动驾驶仪的控制率上来看,均衡反馈式和积分式驾驶仪基本相同,但是在驾驶仪实现的要求上却有较大的差别。

5.3　飞行高度的稳定与控制

飞行高度控制在飞机编队、执行轰炸任务、远距离巡航飞行,以及进场着陆的初始阶段的飞行中,具有十分重要的作用。

飞行高度的稳定与控制不能由俯仰角的稳定与控制来完成。正如前面已经指出的那样,当飞机受到纵向常值干扰力矩作用时,硬反馈角稳定系统存在俯仰角及航迹倾斜角静差,不能保持高度。角稳定系统虽能保持飞机在垂直风气流作用下的俯仰角稳定,但几秒钟后飞行速度向量将偏离原方向,产生高度漂移。另外在俯仰角稳定过程中,如果航迹倾斜角变化量的平均值不为零,也会引起高度的改变。

从原理上讲,可通过控制升降舵或发动机推力来控制飞行高度。但借助于控制推力来控制飞行高度并不是很有效,因推力改变使飞行速度改变后,飞行高度才开始变化。由于惯性,飞行速度的变化是缓慢的,故高度变化的过程也是缓慢的。为此,下面仅讨论利用控制升降舵的高度控制系统。

高度稳定系统必须有测量相对于给定高度偏差的测量装置(称为高度传感器,例如气压式高度表、无线电高度表或大气数据传感器)。将高度偏差信息输入俯仰角(θ)控制系统,用来改变航迹倾斜角(γ),控制飞机的升降,直至高度差为零,飞机回到原来的预定高度为止。图5-18飞行为高度稳定系统原理图。单独实施角控制时,应将高度差传感器与系统断开。

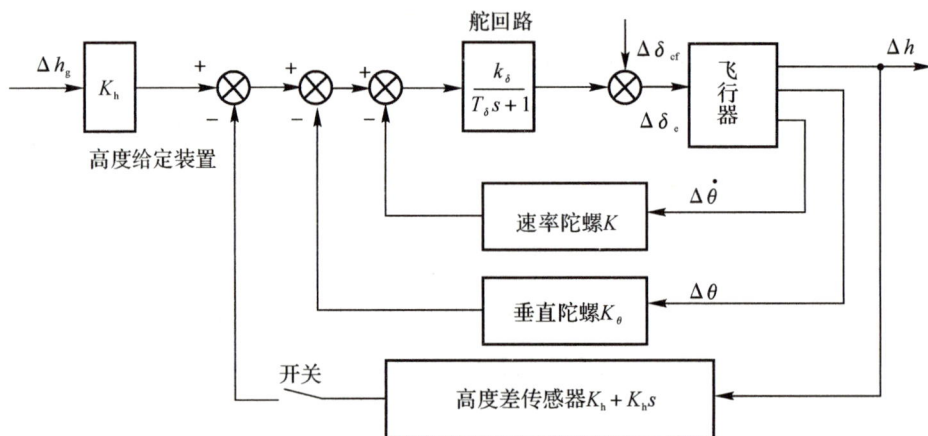

图 5-18　飞行高度稳定系统原理图

由图 5-18 可列出高度稳定系统的控制规律

$$\Delta \delta_z = k_z^\theta \Delta\theta + k_z^{\dot\theta}\Delta\dot\theta + k_z^h \Delta H + k_z^h \Delta\dot H \tag{5-11}$$

式中,ΔH(单位:m)为相对给定高度 H_g 的偏差。

即
$$\Delta H = H - H_g \tag{5-12}$$

超过给定高度时 ΔH 为正,如图 5-19 所示。

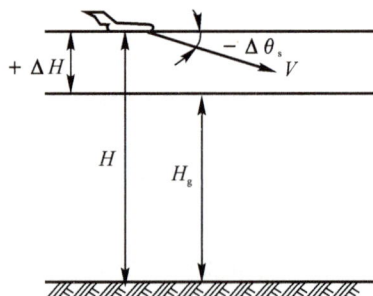

图 5-19　飞机对给定高度的稳定姿态

高度差传感器一般能输出高度差 ΔH 及高度变化率 $\Delta\dot H$ 的信号。与其相应的传递系数

为 $K_H(V/m)$ 及 $K_H[V/(m \cdot s^{-1})]$。$K_z^h = K_H K_\delta(°/m)$ 为 1 m 高度差所产生的舵偏转角，$K_z^h = K_H K_\delta[°/(m \cdot s^{-1})]$ 为 1 m/s 的高度差变化率所产生的舵偏转角。

控制律指出，若飞机低于预定高度（ΔH 为负），则 $\Delta \delta_z$ 为负值，舵面上偏，飞机爬升，返回预定高度。控制规律中的极性是符合要求的。

现以高度稳定系统纠正起始偏离为例，进一步阐述控制规律中其他信号的作用。

起始高度偏离 $-\Delta H_0$ 的稳定过程可用图 5-20 说明。

状态 1：飞机起始偏离 $-\Delta H_0$，高度稳定系统未接通，飞机以 $\alpha = \alpha_0$ 作水平飞行，其升力等于重力，舵处在平衡角 $\Delta \delta_{z0}$。

状态 2：高度稳定系统接通，高度偏差信号使升降舵上偏 $-\Delta \delta_{z2}$ 它与高度差 ΔH_0 成正比。迎角增加 $\Delta \alpha_2$，并与 $\Delta \delta_{z2}$ 成比例。升力增加 ΔY_2，并与 $\Delta \alpha_2$ 成比例。

状态 3：在 ΔY_2 的作用下，产生正的航迹倾斜角速度 $\Delta \dot{\theta}_s$，使航迹向上弯曲。随着 $\Delta \theta_s$ 的增大，$\Delta \theta$ 也逐渐增大。由控制规律可知，由于 $\Delta \theta$ 的增大和 ΔH 的减小，舵偏角也减小。与状态 2 相比，迎角增量、升力增量也减小。

状态 4：系统中的俯仰角偏离信号与高度差信号相平衡，使舵面回到 $\Delta \delta_{z0}$ 位置，故 $\alpha = \alpha_0$，$\Delta Y = 0$。但飞机仍以一定的 $\Delta \theta$ 爬高。

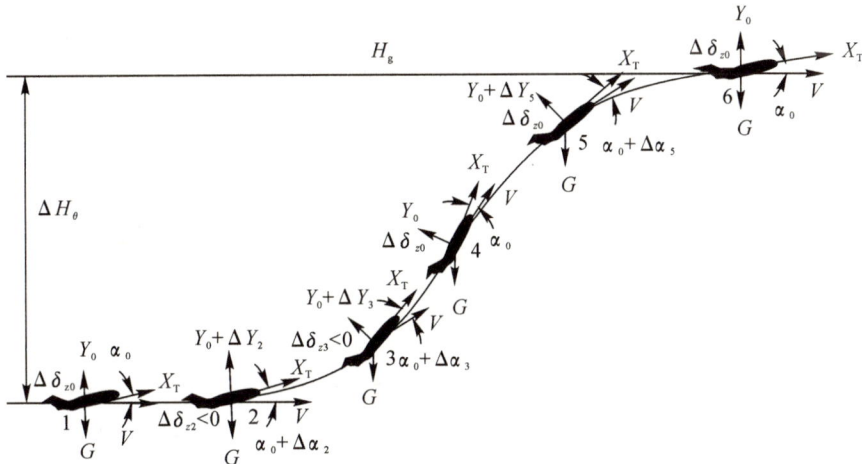

图 5-20　高度稳定系统纠正起始偶离的过程

状态 5：高度差信号小于俯仰角偏离信号，使舵回路的输入信号极性反号，舵向下偏转，即 $\Delta \delta_{z5} > 0$。从而使迎角增量 $\Delta \alpha_5$、升力增量 ΔY_5、航迹倾斜角速度增量 $\Delta \dot{\theta}_5$ 都出现负值。飞机的航迹逐渐向下弯曲。

状态 6：由于高度差 $\Delta H = 0$，$\Delta \theta = 0$，舵又回到 $\Delta \delta_{z0}$ 位置，速度向量回到水平位置，飞机在给定高度上作水平飞行。

由以上稳定过程看出，对于给定高度的偏差信号及俯仰角偏离信号是十分重要的，若控制规律中无俯仰角偏离信号，则在高度稳定过程中舵面总是向上偏转，导致升力增量总为正，航迹总向上弯曲。当飞机达到给定高度时，由于速度向量不在水平位置而飞越给定高度，出现正的 ΔH。到了这时舵面才向下偏转，这样就不可避免地出现在给定高度线上的振荡运动。引入俯仰角偏离信号后,飞机在未达到给定高度时,就提前收回舵面,如状态 4 和 5,它减小了飞机的上升率,对所说振荡起阻尼作用。可见俯仰角偏离信号是高度稳定系统的阻尼信号,所以高度稳定系统通常就是要在俯仰角控制系统的基础上形成的。

为进一步增加高度稳定系统的阻尼,仅靠 $\Delta\theta$ 往往是不够的,因为 $\Delta\theta$ 信号的强度 k_θ^h 在设计稳定回路时已确定,不宜再变。因此,需再引入高度微分信号 $\Delta\dot H$。

定高系统减小静差,提高稳态精度的常见形式有以下几种。

(1)在系统中引入高度差积分信号。

(2)断开垂直陀螺,增加 k_θ^h 值,以补偿动态阻尼的不足。

(3)在垂直陀螺后加高通滤波器清洗网络,使系统在进入稳态后相当于断开垂直陀螺。

(4)采用具有均衡式反馈的舵回路或具有 Ⅰ 型系统(Ⅰ 型系统的概念参看相关自动控制理论参考资料)的角稳定系统,以减小干扰力矩作用下的高度静差。

在实际情况中,针对不同类型的飞机,对于不同的高度稳态精度的要求,采用的方法稍有区别,但其总体思路是相同的,都是在角稳定系统基础上发展起来的。

5.4 飞行速度的稳定与控制

5.4.1 飞行速度稳定与控制的作用

1.飞行速度的保持与控制是航迹控制的必要前提

飞行速度控制的最终目的是使飞机以足够的精度保持在预定的航迹上。要实现这个目的,就必须控制飞机的飞行速度(包括大小和方向)以及飞行高度,以足够的精度保持这两个量。

2.当以跨声速飞行时能够保持速度的稳定性

根据飞机稳定性的设计原则,飞机在亚声速飞行时,飞行速度具有较强的稳定性。但当飞机由亚声速进入超声速飞行时,由于飞机焦点后移,会造成飞行速度的不稳定性,在速度控制时,飞行员需要"反操纵",容易操纵失当,危及飞行安全。

5.4.2 速度稳定与控制系统的构成和工作原理

纵向运动的控制量一般有两个,即升降舵偏转角和油门位移量。根据飞机的结构和工作原理升降舵的偏转可改变飞机的俯仰姿态,从而达到改变飞机的飞行速度;而油门的变化实际上就是改变发动机的推力,改变飞机的飞行速度。因此,有控制飞机升降舵和油门两种控制速度的常用方案。

1.升降舵控制的速度控制方案

通过升降舵偏转来改变俯仰角,从而实现控制速度的方法,其实质是通过调整重力在飞行速度方向上的投影来控制速度的。

采用空速传感器与俯仰角自动控制系统构成内回路的连接,以实现飞行器的重力在飞行速度方向上投影的变化,方案实现原理图如图 5-21 所示。

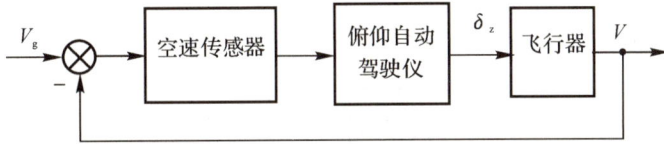

图 5-21　通过升降舵改变俯仰角以控制速度的方案原理图

如果将图 5-21 中的空速传感器换成马赫数传感器,就可以实现马赫数的自动控制。在这个方案中,由于油门固定不变,只通过升降舵来控制飞行速度,因此飞行速度的调节范围是有限制的,该方案多用于远距离巡航飞行的飞机上。

2.控制发动机油门的速度控制方案

自动油门系统就是通过控制油门的大小来改变发动机的推力,从而实现控制速度的目的。但是仅改变发动机的推力还达不到飞行速度控制的预期目的。结果是使俯仰角和航迹倾斜角显著变化,空速却变化不大,而飞行高度却发生变化。如果升降舵和油门同时变化,则可使俯仰角和空速均显著变化。因此油门控制飞行速度必须与俯仰角稳定系统相结合,才能达到控制和稳定飞行速度的目的,如图 5-22 所示。在图 5-22 中,自动驾驶仪有两种工作方式,一种方式工作于高度稳定的状态,另一种方式工作于俯仰角稳定的状态。

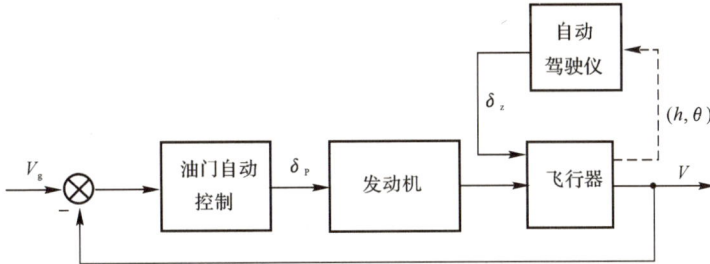

图 5-22　通过控制油门来改变发动机的推力以控制速度的方案

因为自动驾驶仪有两种不同方式的工作状态,所以这两种控制速度的方案存在着下列差异。

(1)若自动驾驶仪工作在高度保持状态,空速向量处于水平方向,则重力在切向上的投影为零。如果增大油门,则发动机的推力增量将全部反映在增大空速上。

(2)若自动驾驶仪工作在俯仰角保持状态,则通过控制油门产生的发动机推力的变化,只有一部分反映在空速中。因为当进行无滚转角飞行时,俯仰角 $\Delta\theta$ 与迎角 $\Delta\alpha$ 和航迹倾斜角 $\Delta\theta_s$ 满足关系式 $\Delta\theta = \Delta\alpha + \Delta\theta_s$,所以除了反映在空速变化中的发动机推力之外,其余部分的发动机推力只引起了迎角 $\Delta\alpha$ 和航迹倾斜角 $\Delta\theta_s$ 的变化和高度的变化。

5.5　电传操纵系统

在控制增稳系统中,操纵指令(杆力或杆位移)经电气通道使舵面偏转,实现对飞机运动的操纵。不过,在这种系统中,操纵权限的绝大部分是属于机械操纵系统的,电气通道的操纵权限通常不会大于 30%（指相应的操纵舵面的偏转范围）。这样做主要是出于安全性的考虑，一般来讲，机械系统的可靠性要比电气系统的可靠性高 2 至 4 个数量级，因此，人们在解决可靠性问题之前不愿把过多的操纵权限交给电气通道，随着可靠性理论、余度技术及微电子技术的发展，可靠性问题已基本得到解决。在这种情况下，全权限的电气操纵系统〔电传操纵系统(Fly-By-Wires，FBW)〕由于其明显的优点越来越为人们所重视，现代无人机中一般采用的都是电传操纵系统，本节以有人机为例主要介绍电传操纵系统的基本知识，实际上用指令设备（指令发送和接受）取代驾驶员，有人机就变成了无人机。

5.5.1　电传操纵系统的结构与工作原理

电传操纵系统是将飞行员操纵装置（驾驶杆、脚蹬）发出的信号，经过变换器变成电信号，通过电缆直接传输到舵机的一种系统。其纵向电传操纵系统的典型结构如图 5-23 所示。

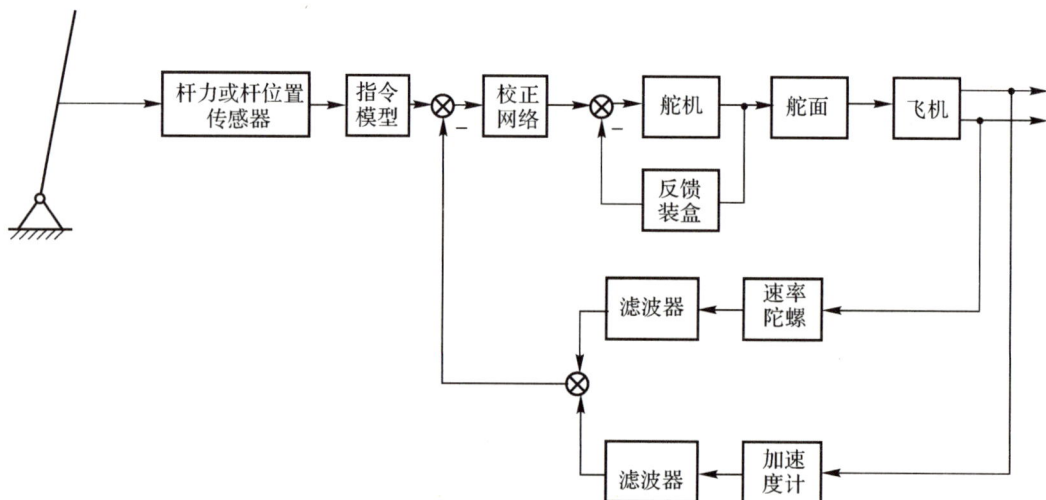

图 5-23　纵向电传操纵系统的典型原理结构

与控制增稳系统相比，电传操纵系统给人的直观感觉是其去掉了传统飞行操纵系统中布满机身内部的驾驶杆（脚蹬）到舵机间的机械传动装置，这种系统的主要组成部分为运动传感器、信号处理和计算装置、作动器和动力源（电源、液压源）。从结构上看，它似乎是由通常的操纵系统（前向通道）和增稳系统（反馈通道）组成，但是由于电传操纵系统处理和应用的都是电信号，对有关信号的计算和综合非常方便，因此，几乎所有电传操纵系统都通过相应的飞机运动传感器与飞机构成闭环系统。

从系统工作原理讲，电传操纵系统并没有很特殊之处。事实上，在控制增稳系统中，如果逐步加强电气通道的操纵权限，直至将全部操纵权限交给电气通道，这个系统也就演变成电传操纵系统了。

电传操纵系统的核心是信号处理和计算装置，如果这种装置由模拟电路构成，则称系统为模拟式电传操纵系统；若计算装置的功用由数字计算机来实现，则称系统为数字式电传操纵系统。两者相比而言，数字式电传操纵系统具有更大的优越性，因为它可以实现相当复杂的控制律,使系统具有更好的特性,且抗干扰能力强。而用模拟电路来处理一些复杂信号通常是困难的,易受到其他信号的干扰,形成错误指令,影响对飞机的操纵。

有的学者把电传操纵系统明确地规定为具有下列特征的系统。

(1)主要靠电信号传递飞行员操纵指令,因此在这种系统中不再含机械操纵系统。

(2)把控制增稳系统作为这一系统不可分割的一个组成部分,由于电气系统要完全代替机械操纵系统,必然是全权限的,显然优于传统的控制增稳系统,因为它可以利用全权限来改善飞行品质。

(3)由于要全靠电传操纵系统来取代机械操纵系统,因此它必须配备多余度,以保证不低于机械操纵系统的可靠性,而且应保证二次故障下正常工作。目前一般军用飞机要求失效率不大于 10^{-7} 次/飞行小时。

5.5.2　电传操纵系统的特点

人们为什么选择电传操纵系统作为飞行操纵系统的发展方向呢? 我们知道,传统的机械操纵系统存在这样一些缺点:质量大、占据空间大、存在非线性(摩擦、间隙等)和弹性形变、保证飞机合适的操纵性的机构相当复杂。更重要的是,机械操纵系统由于上述缺点而难以有多套系统备份,从而使飞机的生存率降低。有资料表明,美军在越南战争中被地面炮火击落的战斗机中有 30% 是由于操纵系统被击坏而使飞机坠毁的。而电传操纵系统则有以下显著的优点。

(1)减轻操纵系统的质量。按飞行操纵系统的质量百分比来考虑,据估计,在战斗机上使用电传操纵系统可使操纵系统的质量减轻 60% 左右,而在大型轰炸机或直升机上使用电传操纵系统可使操纵系统质量减轻 85% 左右。

(2)减小体积。据估计,在战术战斗机上使用电传操纵系统可使操纵系统体积减小约 0.02 m³,而在大型轰炸机上,这个数据可达数立方米。

(3)节省设计和安装时间。

(4)改善飞机的操纵品质。使用电传操纵系统消除了诸如静摩擦和迟滞等机械系统的非线性,因此很容易调整飞机响应与杆的函数关系,使其在所有飞行状态下满足操纵要求。

(5)机械操纵系统对挠曲、弯曲、热膨胀等引起的飞机结构变化是非常敏感的,而电传操纵系统因采用电缆传送信号,对上述结构变化就不敏感了。

(6)使飞机具有一些特殊的飞行性能。由于电传操纵系统可以实现复杂的控制律,因此,飞机的布局可以打破常规,为任务需要而形成新的结构,在稳定性及多舵面协调控制进行复杂机动飞行方面具有机械操纵系统所没有的突出优点。

(7)便于与飞机上的其他控制系统,如导航系统、火力控制系统推力控制系统交联。

(8)电传操纵系统通常都含有自检装置,可以很快发现故障并加以隔离,便于维护。

与机械操纵系统相比,电传操纵系统也有一些明显的缺点:首先是单通道电传操纵系统的可靠性明显劣于机械操纵系统;其次是电传操纵系统易受到雷电和环境电磁干扰的影响;最后是为了提高可靠性而使电传操纵系统的成本较高。

5.5.3　电传操纵系统的可靠性问题

系统的可靠性为系统在规定的条件下,在规定的时间内,完成规定功能的能力。对飞机而言,就是能够保证飞机连续工作而不发生故障的时间。

通常,用故障率作为飞行操纵系统的可靠性的定量指标。美军军标 MIL-F-9490D 规定,对于战术战斗机而言,由于飞行操纵系统故障所引起的飞机最大损失率应为 62.5×10^{-7}/飞行小时,而英国标准为 1×10^{-7}/飞行小时。这些指标是根据对机械操纵系统失效引起的事故所做的统计得到的。根据这些指标,美国空军飞行动力实验室提出,军用飞机电传操作系统的安全可靠性指标为 2.3×10^{-7}/飞行小时,即每飞行一千万小时允许发生 2.3 次致命故障,这项指标已成为电传操纵系统设计的通用标准。

机械操作系统的故障率可达 10^{-7}/飞行小时量级,两单通道电传操纵系统的故障率目前只能达到 10^{-3}/飞行小时量级。从安全性讲,电传操纵系统不能满足飞行安全的要求。

一个相同的可靠性是由其组成部件的可靠性决定的。而且不可能高于其中最低可靠性的部件。表 5-1 给出了电传操纵系统主要部件的可靠性参数。

表 5-1　电传操纵系统主要部件的可靠性参数

部件名称	故障率/飞行小时
陀螺	8×10^{-5}
加速度计	3.5×10^{-5}
数字计算机	3.3×10^{-4}
计算机接口	$(1.0\sim1.5)\times10^{-4}$
液压系统	3×10^{-4}
阻力器(双重)	5×10^{-7}

由于部件故障率远低于系统要求的故障率,而单纯提高不见得可靠性又是很困难的,因此实际上都采用余度技术来解决这一问题。

余度技术是一种用于提高系统可靠性的技术。利用余度技术构成的系统被称为余度系统。这种系统的特点是利用多套(重)系统来执行同一指令或完成同一项工作。余度系统满足如下三个条件。

(1)对组成系统的各个部分具有故障监控能力;

(2)一旦系统或组成系统的某个部分出现故障后,必须具有故障隔离能力,也就是说,在该系统发生故障的情况下,系统安全可靠性不受影响;

(3)在系统出现一个或数个故障后,系统具有重新组织余下完好的部分,继续承担任务而系统性能指标不发生衰减或只有少量的削弱的能力。

如图 5-24 所示是一个典型的四余度电传操纵系统结构图。

从图中可以看出,有四套相同的系统并联工作,只不过这种"并联"不是传统意义上的并联,而是按一定的规律并联工作。在这样的系统中,表决器是核心部件,它起着选择信号和监控故障的作用。

常见的信号表决的方式有多数表决(如四中取三、三中取二等)、限幅平均(输出为所有输入的平均值,各输入设有限幅,当某个输入达到限幅值后则输入信号脱选)中值选择逻辑方式等。而故障监控则有跨通道监控和跨表决器监控及在线监控等方式,前两种用于模拟式电传操作系统,其方法是从两个或两个以上的通道中引出信号用于故障检测,后一种方式用于数字式电传操纵系统,由软件实现,在这种方式中,部件在一个通道内被监控,不涉及其他通道。

图 5-25 是逻辑方式表决器的原理框图。输入为 A,B,C,输出为 D。设"1"为有效信号,"0"为无效信号,则输出 D 总是等于多数为"1"或多数为"0"的输入。我们设某时刻 $A=B=1,C=0$,则根据图中的逻辑关系,可得 $D=1$;若 $A=C=1,B=0$ 或 $B=C=1,A=0$,同样可得$D=1$;若 $A=B=0,C=1$,或 $A=C=0,B=1$,或 $B=C=0,A=1$,则 $D=0$。因此是那个数表决器实现了"三中取二"的少数服从多数的表决原则。

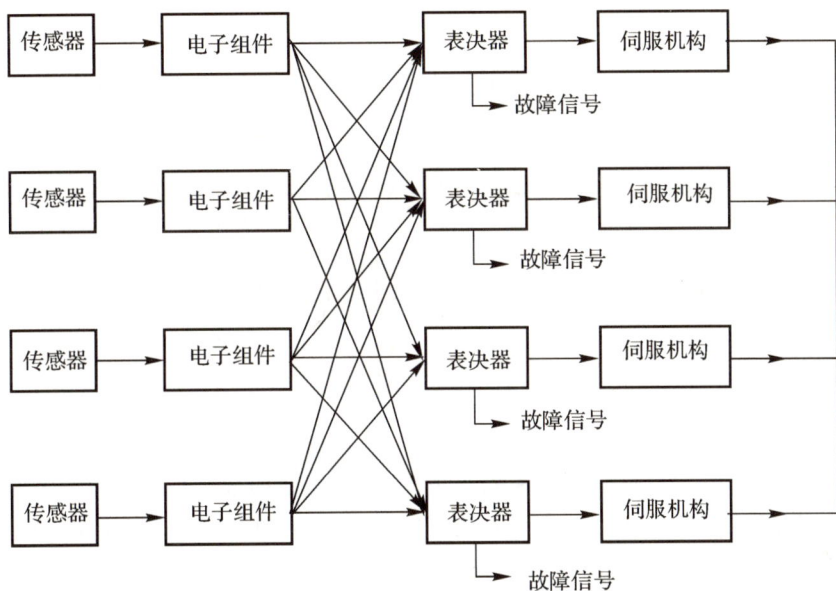

图 5-24　典型的四余度电传操纵系统结构图

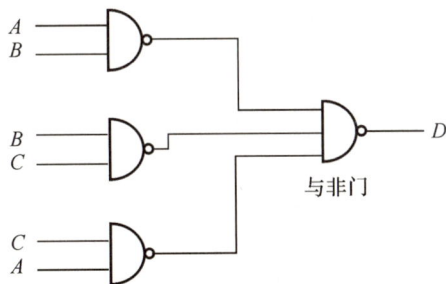

图 5-25　逻辑方式表决器的原理框图

再看一种跨表决器的比较监控方式的原理框图。如图 5-26 所示。

这种故障监控的工作原理是把 A,B,C 三路信号通过表决器的表决,选择一个正确的信号 D 输出。然后,每个通道的输入信号再与输出 D 相比较(即计算 $A-D,B-D,C-$

D),哪个差值超过阈值,便认为该通道发生故障,加以切除。

从上面的分析可知,在余度系统中,表决监控装置是关键部件,在系统各环节上适当增加表决监控装置有助于提高系统的可靠性。

从图 5-24 可以看出,在传感器与电子组件之间、伺服机构与舵机之间均可设置表决监控装置。当然这可增加系统的复杂性,但与系统的可靠性相比,这是值得的,因此在实际的系统中,都已采用这种增加监控表决器来保证系统的可靠性。

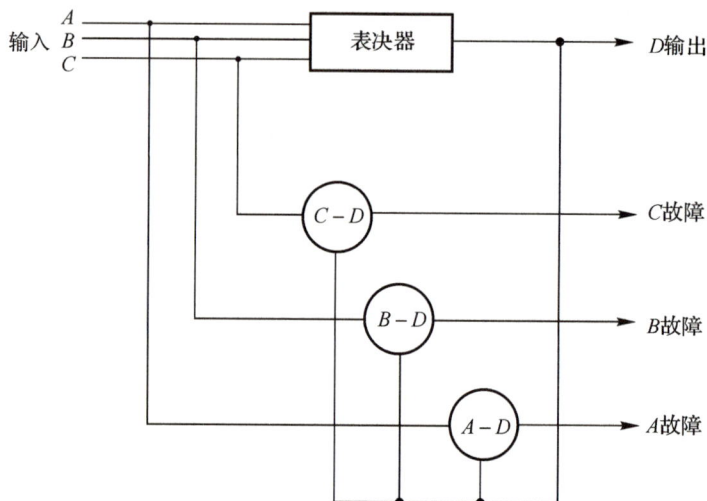

图 5-26　跨表决器的比较监控方式的原理框图

目前,飞行操纵(控制)系统一般采用双余度、三余度或四余度系统。双余度系统可保证单通道故障时系统仍是安全的;三余度系统可保证单通道故障时系统仍能完成任务;四余度系统可保证两个通道出现故障时仍可完成任务。表 5-2 给出了余度等级与故障适应水平,可靠性的关系。即余度等级越高,可靠性越高。

表 5-2　余度等级与故障适应水平,可靠性的关系

余度等级	故障适应水平	系统平均无故障工作时间/h
单余度		1 000
双余度	单故障—安全	5 000
三余度	单故障—工作	30 000
四余度	双故障—工作	250 000 000

5.5.4　典型电传操纵系统的构成与工作原理

从控制功能上来说,电传操纵系统实质上是一种控制增稳系统,因此,应该按控制增稳系统的实现要求构成电传操纵系统,由于不同飞机的控制增稳性能要求不同,系统的硬件组成亦有所不同,下面以美国的 F-16 电传操纵系统为例加以说明。

F-16飞机是世界上第一架带电传操纵系统的飞机,它的主要信号通道包括传递驾驶员指令的四余度驾驶杆信号传感器、四余度速率陀螺及加速度计、二余度气流传感器、大气数据传感器、大气数据计算机及其相应组件、飞行控制计算机与伺服放大器,以及由其信号控制的各个控制面的复合作动器。此外电子组件还把动静压、迎角及动静压比送入飞行控制计算机,以调节系统增益。如图5-27所示。

图5-27表示这种四余度电传操纵系统纵向通道的余度管理框图,由图可见,这个四余度电传操纵系统的电子线路,共有A,B,C,D四套,每套有两个输出,每四个输出作为一组,上下两组经信号选择器选出两个好的信号,作为驱动左、右两平尾复合舵机的信号。每个选择器都接受收来自A,B,C,D四个电子支路的输出,并按中值表决器原理选择中值信号。把各电子支路的输出与这个中值信号进行比较,当差值超过允许值便判断为故障通道,立即把检出的故障通道断开。在无任何故障之前,每个选择器只用A,B,C三个通道的输出选择中间值,以这个中间为驱动复合舵机的指令,同时用中间值来判断系统有无故障。通常情况下,四通道的电子支路的信号应该是极其相近的,其公差大小由生产厂家根据实际情况定出。D通道的输出处于备份状态。一旦在A,B,C三通道中检测出一个故障通道,设为C,则C通道被断开后,自D通道替代。中值表决可继续根据A,B,D进行判断。如果再出现一次故障,设故障出现在A通道,便只剩B,D两通道了。这时便改为从B,D两通道中取一最小值输出,保证第二次故障后的正常工作。采用这种方法后,即使出现第三次故障,也不会有过强指令出现(实际上一次飞行中连续出现三次故障是极其罕见的),这种四余度模拟式电传操纵系统,用来驱动控制面的是一种设计较完善的复合舵机。由于考虑到液压系统及助力器的可靠性比较高,只采用具有双腔及两活塞串接的逐步作动筒。此外还采用了三余度伺服阀。因为复合舵机内部具有完善的自监控器,在电子故障情况下,可以做到两次故障—工作;在作动器故障情况下,做到一次故障—工作;二次故障—安全。为了检测作动器的工作是否正常,应用了一个电子模型与其对比,如果在第二次故障情况下,可以使舵机回中以保证故障安全。

以上扼要地介绍了F-16电传操纵系统的主要组成部分与余度配置及余度管理问题。由于它所采用的是相似余度,对于控制增稳系统只要了解其中一套的结构方块图,就可以举一反三。

5.6　无人机飞行控制系统

飞行控制系统是现代飞机特别是无人机的核心系统,只有飞控系统正常工作,无人机才可能完成既定的飞行任务。本节主要介绍无人机飞控系统的通用原理和基本结构。

无人机的工作就是基于自动控制原理来实现的,即在无人直接参与的条件下,飞行自动控制系统可自动完成对飞机的控制。与一般自动控制系统一样,飞行自动控制系统也由被控对象(飞机)和自动控制器组成。一般情况下,无人机飞控系统包括五大部分:飞控计算机系统、伺服系统(又称为执行机构)、传感器系统、控制显示系统和任务指令系统,另外还包含机内自检测(Build In Test,BIT)子系统,如图5-28所示。

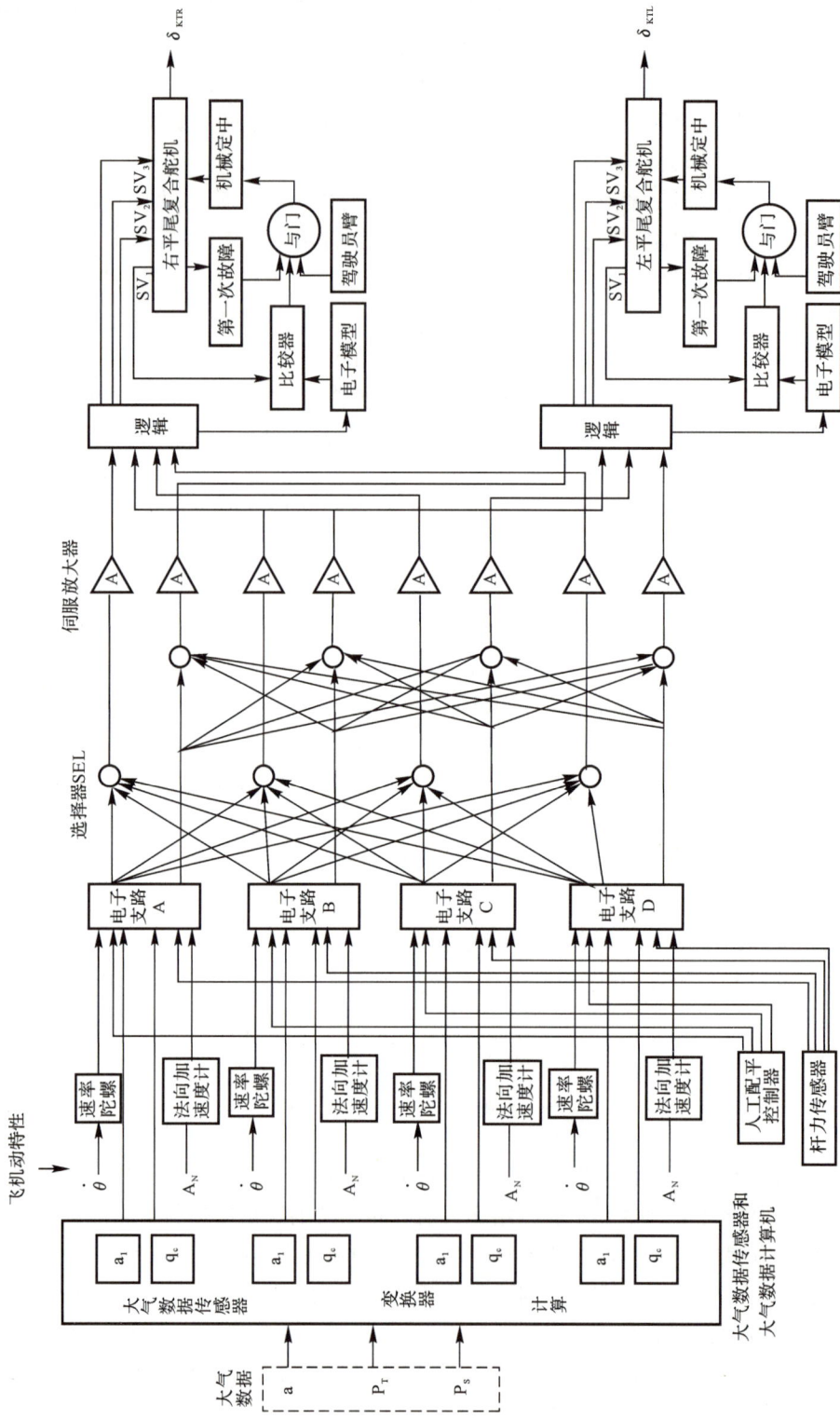

图 5-27　F-16A 电传操纵系统纵向通道原理方框图

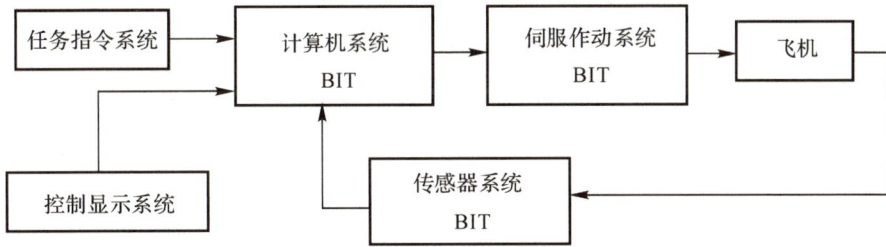

图 5 - 28　无人机飞控系统基本结构图

5.6.1　计算机系统

计算机系统是飞控系统的核心,它担负着系统数据采集、余度管理、控制律计算、导航计算以及控制指令的输出,是飞机上唯一一个与其他四个分系统均有信息交换的分系统。一般的计算机系统有两种类型:模拟式与数字式,现在多为数字式,模拟式一般作为备份系统存在。

飞控计算机接收加载的飞行任务指令及飞行参数后,按既定的控制算法及逻辑产生控制指令,通过伺服系统控制飞机的运动,完成预定的飞行任务。

典型的飞控计算机的主要功能主要包括以下几方面。

(1)采集任务数据及飞机运动参数;

(2)对各类数据进行交换、管理和处理;

(3)飞控系统工作棋态的管理、故障申报及隔离;

(4)控制律计算,控制指令的输出;

(5)各分系统及部件机内 BIT 激励、判断及报告。

为了完成上述功能,飞行控制计算机通常是由一些功能模块构成,分别执行各自的功能。不同飞控计算机的构成方案不同,功能模块的划分亦不同,但计算机所应完成的功能大致是类似的。

5.6.2　伺服系统

伺服系统执行机构是无人机飞行控制系统中一个不可缺少的重要组成部分。它是控制器的一个施力装置,根据控制器的指令产生相应的力或力矩,来操纵飞行器的舵面或推动导向机构,从而使飞行器的姿态或轨迹作相应的变化。伺服系统通常都是一个控制回路,它由伺服放大器、舵机和反馈元件构成。舵回路中舵机是关键性的组成部件。在有些简单的控制装置中,执行机构就是一个舵机,而没有伺服回路。

常用的执行机构中,舵机一般分为电动式、液压式、气动式三种。另外,在卫星和航天飞行器中也常用惯性飞轮和磁力矩器作为姿态控制执行机构。在无人机上,一般应用电动舵机作为飞控系统的执行机构,按照飞控计算机的指令驱动舵面的偏转,以完成对飞机的控制。

5.6.3 传感器系统

要实现自动飞行的控制,就要实时地知道飞机状态,这就需要实时获得飞机的各种参数,飞机运动的参数有三个姿态角、三个角速度、两个气流角、三个线性位移和三个线速度,以及飞机的位置参数。这些参数的获得就需要由相应的设备提供,这些设备就是各种传感器,总称为传感器系统。该系统负责采集飞机的各种飞行参数,提供给飞控计算机用于飞行控制律的计算,由飞控计算机发出相应的控制指令到执行机构和显示控制系统,以控制飞机的飞行,并为地面控制中心提供飞机的实时状态信息。另外还将飞机的相关信息存储到相应的设备中,以便于飞行后的检查,一般需要的飞行参数包括飞机的姿态角、气流角、角速率、过载、飞行高度、速度、方向、位置等。与之对应的传感器包括垂直陀螺、迎角传感器、速率陀螺、加速度计、高度传感器、导航传感器等。

5.6.4 显示-控制系统

显示-控制系统负责显示飞控系统的工作状态。接收飞控计算机给出的各种相关信息,对无人机而言,主要为地面控制中心和地面检查提供相应的信息。

5.6.5 任务输入系统

任务输入系统用于在地面对飞控系统加载飞行任务或者在飞行过程中接收地面的遥控指令,该系统又称为任务加载系统。无人机的飞行任务就是通过该系统由地面控制中心直接或遥控加载的。

5.6.6 机内自检测(BIT)系统

机内自检测系统是现代飞机飞控系统不可或缺的组成部分。机内自检测是依靠系统内本身固有的运算、检查等测试能力,在不需要外界干预(或极少干预)的条件下,对系统自身的硬件进行检测,并得出系统工作是否正常、有无故障的明确结论。

BIT 的主要目的是在起飞前或维护时对全系统进行全自动或交互检测,确保的完好性。

机内自检测(BIT)分为上电自检测(PUBIT)、飞行前自检测(PBIT)、维护自检测(MBIT)和飞行过程自检测(IFBIT)。其中前三种是在地面完成,而 IFBIT 则是系统及部件的在线监控,不参与系统控制,只是按照一定的时间间隔向飞控计算机提供各分系统及部件的状态。BIT 的激励信号由飞控计算机提供。

实际上,根据不同的需要,无人机的飞控系统的组成会有所不同,有的子系统由于在有的无人机上没有实际的作用而不存在。现在常见的多旋翼等民用无人机一般没有包含显示控制系统和 BIT 系统,而军用无人机一般都包含这五大系统。

图 5-29 为某型无人机飞控系统的结构框图。该图包含飞行控制和任务管理两大部分。

从图 5-29 中可以看出,无人机能否完成飞行任务的关键是飞控系统的工作情况。

飞控计算机的作用是接收地面或加载指令,采集各类相关传感器输出的信号,进行飞控控制率计算,最后将控制信号输出到执行机构,完成对飞机的操纵和控制。另外,飞控计算机将无人机的相关信息进行存储,并实时输送给地面监控站。传感器的功能是实时测量飞机的各种飞行参数,传输到飞控计算机,用于控制率计算。而执行系统是接受来之飞控计算机的指令然后根据指令驱动舵面偏转,完成对飞机的控制,实现飞行任务。

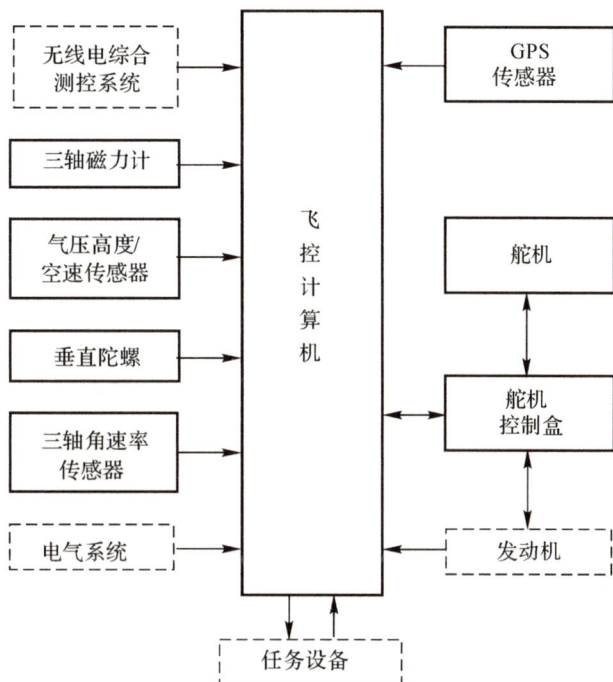

图 5 - 29　某型无人机飞控系统的结构框图

思政小课堂

随着科技的发展,传统的农业种植现在也逐步因为科技而改变。当无人机成为新农具,许多"新农人"也出现了。

李新玲,是江苏省徐州市马王村的一位农民,也是一位植保无人机女飞手。2014 年,他们家在村里包几十亩地,种地的辛苦让李新玲始料未及,最苦的还是打农药。她清楚地记得2015 年夏天,从没背过药桶的她背着喷雾器给 50 亩小麦打药,一桶药三四十斤重,天热田里又不好走,汗哗哗直流,毛巾都擦不过来。一下午打了十几桶药,李新玲累得瘫在地上,肩被勒得生疼,手都抬不起来。晚上她想想忍不住流眼泪,"自己怎么想着种地呢,太累了! 受这种罪!"

2018 年 9 月,听说村里有人请来一台无人机打药,李新玲赶忙跑去看稀奇。看到无人机打药又快又均匀,李新玲也把无人机请到自家地里,还兴奋地拍视频连发了三条朋友圈,"我也用无人机打药了!"

"打完明显看到虫子都死了,效果很好,这无人机以后肯定很多人用!"见识到无人机的神奇后,李新玲敏锐地意识到,这是一个非常有前景的行业,她决定购买一台无人机。

要买无人机,首先需要考取无人机操作证。李新玲通过自己的努力拿到了睢宁县第一张无人机操作证。

2018年底,李新玲在镇政府的帮助下花费近八万元买了一套大疆植保机,成为了县城里第一位植保无人机女飞手。

无人机打药真的有那么好吗?一开始,村里的人半信半疑。那时无人机作业还没有普及,价格同人工作业又差不多,而无人机比人工快十几倍的工作效率让很多人怀疑,出来的效果会一样吗?

李新玲开始钻研。药剂喷洒时确实看不出什么端倪,但在使用过除草剂后,人工喷洒的农田可能还会有小部分死角,无人机喷洒的农田却是干干净净、一株杂草都没有的。无人机的药滴细腻均匀,用量少药效高,好处其实远远大于人工。

这样的小发现被李新玲拍成了短视频发布在网络上,向大家分享无人机植保作业的好处。慢慢地,越来越多的人请她带飞机来作业。就这样,经过口口相传,渐渐打开了市场。一年以后,无人机八万多的成本已经通过植保作业赚了回来,李新玲又购入第二台无人机。

无人机旋转了一下羽翼,一个个改变就悄然发生——土地还是以前的土地,农业早已不是以前的农业。以无人机为代表的科技力量的注入,对农业生产方式不断进行革新和赋能,让农业不再是"面朝黄土背朝天、汗珠掉地摔八瓣"的落后面貌。

它们也重塑着新农人的面貌,让土地更有价值和吸引力,让智慧农业变得触手可及,让种地也可以变得"高大上",更多的"李新玲"们可以在农村施展才干,奋斗打拼,收获价值和抵达梦想。

习　　题

1. 说明典型飞行控制系统的基本组成。
2. 说明阻尼器、增稳系统和控制增稳系统的功用和三者的区别。
3. 说明控制增稳系统和电传操纵系统的特点和二者之间的区别。
4. 按控制率来区分,自动驾驶仪有哪几种?他们各自的特点和之间区别是什么?
5. 实现飞行高度稳定控制的方案有哪几种?
6. 实现飞行速度稳定控制的方案有哪几种?画出各自的原理框图。
7. 飞机的航迹控制是指对什么的控制?
8. 简述用升降舵稳定/控制飞机飞行高度的过程。
9. 画出电传操纵系统的原理框图,并说明电传操纵系统与机械操纵系统的区别。
10. 电传操纵系统如何保证飞机的安全?
11. 简述余度的概念。
12. 画出无人机飞行控制系统的结构框图,并说明各部分的功用。

第六单元 多旋翼无人机及其控制

内容提示

近年来,多旋翼无人机作为航空产品领域的一枝新秀,以新颖的结构布局、独特的飞行方式和广泛的用途引起了人们越来越多的关注和重视,风行全球航空业界,迅速成为国际上新的研究热点。本单元主要介绍多旋翼无人机的相关内容。

教学要求

(1)熟知多旋翼无人机的基本知识;
(2)掌握多旋翼无人机的飞行原理和控制方式;
(3)熟悉多旋翼无人机的动力装置;
(4)掌握多旋翼无人机飞行控制技术;
(5)使学生对从事无人机方面的技术工作充满热情;
(6)使学生养成热爱科学、实事求是的学风。

内容框架

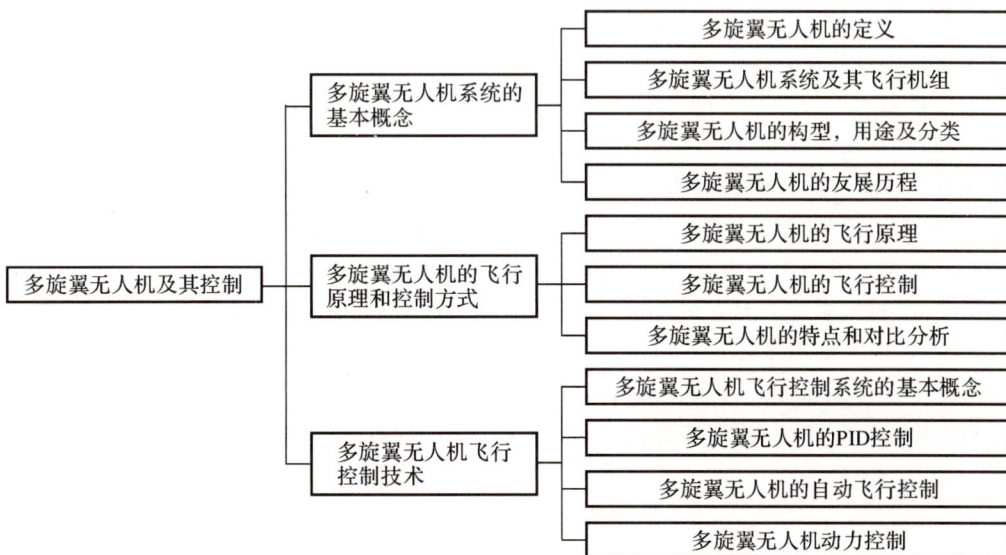

6.1 多旋翼无人机系统的基本概念

6.1.1 多旋翼无人机的定义

旋翼飞行器是利用旋翼转动产生升力的飞行器,它是一个大家族,包括传统的旋翼机、单旋翼直升机和多旋翼飞行器等。

1.旋翼驱动方式的分类

旋翼飞行器如果按照旋翼驱动方式(有无发动机驱动)来分类,可以分为两大类。

(1)旋翼由发动机驱动的旋翼机。如单旋翼直升机和多旋翼飞行器,其旋翼由发动机(汽油发动机或电动机)直接驱动,优点是可以垂直起降及在空中悬停。

(2)旋翼无发动机驱动的旋翼机。它是一种利用前飞时的相对气流吹动旋翼自转以产生升力的旋翼航空器。它的前进力由发动机带动螺旋桨直接提供,而旋翼没有连接发动机,即它的旋翼无发动机驱动,必须靠航空器向前滑跑加速产生相对气流吹着旋翼旋转才能起飞。这种旋翼机实际上是一种介于直升机和固定机翼飞机之间的飞行器,外形与直升机相似。它与直升机的最大区别是旋翼旋转无发动机驱动,而是在向前飞行的过程中,由前方气流吹动旋翼旋转产生升力。在飞行中,直升机的旋翼面向前倾斜,而这种旋翼机的旋翼面则是向后倾斜的。它的机动性远逊于直升机,既不能垂直起降,也不能在空中悬停不动,更不能倒飞,没有直升机所具备的优点,却具有直升机的大部分缺点,如速度慢、载荷小等。本部分内容除了本小节以外,所有提到旋翼机的地方指的都是"旋翼由发动机驱动的旋翼机",本书其他任何地方都不涉及"旋翼无发动机驱动的旋翼机"的问题。

2.多旋翼无人机的定义

多旋翼无人机的英文为 Multi - rotor Unmanned Aerial Vehicle,缩写为 Multi - rotor UAV,或者 MUAV,就是多旋翼无人驾驶航空器,简称为多旋翼无人机或多旋翼无人直升机。它是一种没有搭载驾驶人员的旋翼飞行器,具有垂直起降、空中悬停、低空飞行和原地回转等独特飞行技能,在军用和民用市场上都大有用武之地。

多旋翼无人机的第一大特点是具有多个旋翼,它采用旋翼旋转变速或桨叶变总距(无周期变距)的方式改变旋翼升力的大小,因此取消了传统单旋翼直升机操纵系统中必不可少的自动倾斜器。多旋翼无人机通常都有 4 个或更多个旋翼,如 4 旋翼式、6 旋翼式、8 旋翼式、16 旋翼式、32 旋翼式等,其中 4 旋翼式是结构最简单、最流行的一种,英文为 Quad-rotor。

多旋翼无人机的第二大特点是飞机上没有搭载驾驶员,即机上无人驾驶。事实上,与固定翼无人机一样,多旋翼无人机并不是真正离开了人的驾驶,虽然多旋翼无人机上确实没有人驾驶操纵,但它却离不开身在地面或船舶上的驾驶员对它进行操纵控制。

驾驶操纵多旋翼无人机的人称为多旋翼无人机驾驶员(又称为飞手),他与多旋翼无人机之间构成一个完整的人-机系统,是一种闭环控制回路系统。因此,多旋翼无人机具有"机上无人,人在系统"的特点。

6.1.2　多旋翼无人机系统及其飞行机组

1. 多旋翼无人机系统的定义

多旋翼无人机要想真正完成一项特定的任务，光靠能在天空中自由飞行的旋翼机本身还是不够的，除了需要旋翼机及其携带的任务设备外，还需要有地面控制设备、数据通信设备、维护设备，以及指挥控制及其必要的操作、维护人员等。因此，完整意义上的多旋翼无人机应称为多旋翼无人机系统，它是一个高度智能化的闭环反馈控制系统。

多旋翼无人机系统包括旋翼机系统、地面系统、任务载荷和综合保障系统，其中旋翼机系统由飞行器平台、动力系统、飞行控制系统、导航系统、避让防撞系统、起降着陆装置、数据链路机载终端等组成。地面系统包括地面指挥控制系统、数据链路地面终端、地面辅助设备系统等。任务载荷是多旋翼无人机完成任务所需的设备，如航拍摄影、空中监视、电力架线、灾难救援、气象观测、地理测绘、资源勘探、管道巡检及农林植保等领域的各种专用设备。综合保障系统是保证多旋翼无人机系统能够正常工作的支援保障系统，主要包括人员及其使用培训、维护维修设备、通信和机场设施等。

目前，多旋翼无人机系统的概念已经获得了航空业界、学术界和工程界的全面认可，大家都是从系统的角度来研究、运用和管理多旋翼无人机的，因此多旋翼无人机的规范称呼应该是"多旋翼无人机系统"。然而，考虑到在民间大多数人都已经非常熟知"多旋翼无人机"的提法，习惯了用多旋翼无人机来称呼多旋翼无人机系统，所以"多旋翼无人机"和"多旋翼无人机系统"等价使用，不进行明确区分。

2. 多旋翼无人机飞行机组

在多旋翼无人机系统所有的要素中，人是决定性因素，因为多旋翼无人机设计生产和应用飞行所需要的资金、设备、原材料、科学技术等都是靠人去掌握、组织和运用的，要提高多旋翼无人机的飞行性能和使用效率，也必须通过人的努力去实现，特别是大中型多旋翼无人机系统。在实际应用飞行过程中，为保障能顺利完成任务，需要有一个飞行机组来执行其飞行任务，其主要组成人员包括以下几类。

（1）驾驶员。多旋翼无人机驾驶员是经过正规培训，并取得了驾驶资格的"飞手"，每次执行具体的操纵多旋翼无人机飞行任务时要由运营人任命指派。他是在多旋翼无人机飞行期间适时操纵飞行控件的人，对多旋翼无人机的飞行负主要职责。

（2）机长。多旋翼无人机系统的机长是指在多旋翼无人机系统飞行时间内，全面负责整个系统飞行和安全的驾驶员。机长对多旋翼无人机的运行直接负责，并具有最终决定权。在飞行中遇有紧急情况时，机长必须采取适合当时情况的应急措施。

（3）观测员。多旋翼无人机观测员的任务是通过目视观测多旋翼无人机的飞行状况，协助驾驶员安全实施飞行。观察员由运营人指定训练有素的人员担任。

（4）运营人。运营人是指从事或拟从事多旋翼无人机运营的个人、组织或企业。

3. 载人多旋翼飞行器和旋翼自转状态

虽然多旋翼无人机最大的特点是机上无人操纵驾驶，即机上没有搭载驾驶员，依靠本身的自动控制系统自主控制飞行，但并不是说这种机型就不适合用作载人（旅客）的客机。在设计和制造载重能力足够大（足以安全承载旅客重量）的大中型多旋翼无人机时，只要在机体上加上供人乘坐的客舱和保障人员安全所有必备的设施,多旋翼无人机就能成为真正的载人客机,可以作为空中交通运输工具,用来载人飞行。它具有无须人为操作便能自动起降、自动驾驶、自动避开障碍、按照目的地自动规划航线飞行及方便快捷等优点。人们通常把这种用于载客(人)的多旋翼无人机称为载人多旋翼飞行器,简称为多旋翼客机。从发展的眼光来看,今后载人多旋翼飞行器必将成为多旋翼无人机发展的新热点。

确保人员安全是任何载人飞行器飞行中最重要、最基本的要求。对于载人多旋翼飞行器,当飞行中出现自动控制或动力系统发生故障,无法正常工作的紧急情况时,可以采取与传统直升机相同的旋翼自转方式进行紧急着陆。其操控方法和原理是载人多旋翼飞行器上安装有红色的紧急按钮,飞行中一旦发生旋翼失去动力的危急情况,机上乘员可立即按下该红色紧急按钮,打开自转离合器使旋翼与发动机脱钩,旋翼处于无动力的自转状态,利用其原有的旋转动能和飞行高度的势能,保持旋翼稳定旋转。由于旋翼没有动力,处于失速情况下,飞行器下坠过程中所产生的相对气流会从下往上吹动旋翼旋转,就好像风车一样,从而重新产生升力,使飞行器能在空中进行滑翔,并实现比较平稳的着陆。

6.1.3 多旋翼无人机的构型、用途及分类

常见的无人驾驶飞机主要有两大类:无人固定翼飞机和无人旋翼飞行器。两者相比较而言,无人固定翼飞机具有续航时间长、飞行速度快、飞行效率高和载荷大等优点,缺点是起飞降落时机场需要有长距离跑道。多旋翼无人机(多旋翼无人直升机)具有无须机场跑道、垂直起降及在空中悬停不动等许多优点。

1. 多旋翼无人机的外形结构

多旋翼无人机的外形结构多种多样,通常有以下几种构型。

(1)以旋翼数量划分。根据多旋翼无人机所具有的旋翼数量,其可分为 4,6,8,12,16,18,24,36 旋翼等多种类型。不同旋翼数量的构型,其空气动力学特性也各具特色,其中 4 旋翼无人机结构简单,机动性很好,能够做出 3D 特技,是许多无人机爱好者的最爱;而 6 旋翼、8 旋翼无人机则稳定性更好,是航空摄影摄像的良好平台;还有其他旋翼数量的构型也深受需求各异的用户喜爱。

(2)以旋翼分布位置划分。根据最前与最后两个旋翼轴的连线与机体前进方向是否在同一直线上,可将多旋翼无人机划分为 I 型(或称为＋型)和 X 型两种。如果连线与前进方向是在同一直线上,则多旋翼无人机呈 I 型,否则呈 X 型。由于 X 型结构的实用载荷前方的视野比 I 型的更加开阔,所以在实际应用中,多旋翼无人机大多采用 X 型外形结构。除了这两种类型以外,还有其他类型的结构外形,包括 V 型、Y 型和 IY 型等,如图 6-1 所示。

(3)以共轴发动机数量划分。为了在不增大体积的情况下使多旋翼无人机的马力(总功率)更大,最简单的办法是把两台发动机上下叠放。上下两台发动机分别驱动两个大小相同、转向相反的旋翼转动(见图 6-2),使它们产生的反扭矩相互抵消。其构型如图 6-1 所示,包括 IY 型共轴双桨 3 轴 6 旋翼、Y 型共轴双桨 3 轴 6 旋翼、V 型共轴双桨 4 轴 8 旋翼等类型。这种构型虽然能节省空间,但由于上下叠放的两个旋翼之间存在着较大的空气动力干扰,会导致效率下降 20%。

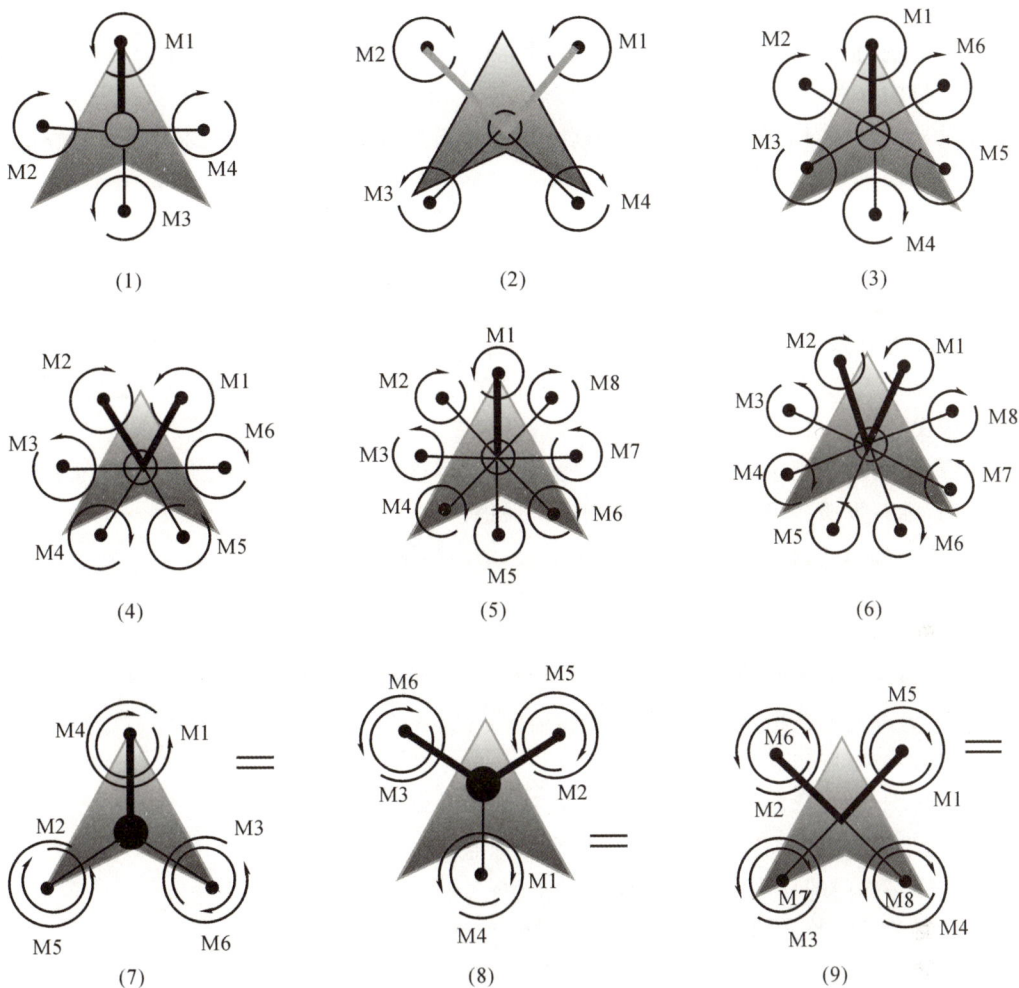

图 6-1　多旋翼无人机外形结构的类型

(1)I 型 4 旋翼；　(2)X 型 4 旋翼；　(3)I 型 6 旋翼；　(4)V 型 6 旋翼；　(5)I 型 8 旋翼；　(6)V 型 8 旋翼；
(7)IY 型共轴双桨 3 轴 6 旋翼；　(8)Y 型共轴双桨 3 轴 6 旋翼；　(9)V 型共轴双桨 4 轴 8 旋翼

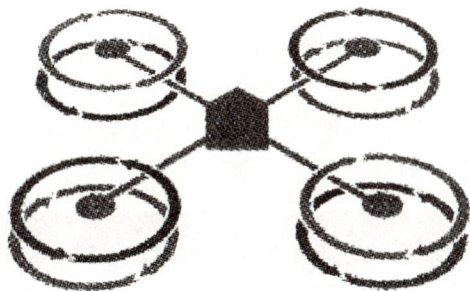

图 6-2　共轴双桨 4 轴 8 旋翼无人机的外形结构示意图

(4)以旋翼能否倾转划分。倾转 4 旋翼无人机是一种将固定翼无人机和单旋翼无人直升机的特点融为一体的多旋翼无人机。其机身和普通固定翼无人机基本相似,两个机翼分别位于机身的前后,位于机翼两端的 4 个螺旋桨发动机可以向上和向前转动。当 4 个螺旋桨发动机从水平状态转到垂直状态时,就可以像普通直升机一样实现垂直起降和悬停;当 4 个螺旋桨发动机处于水平状态时,就能产生一个向前的拉力,使它能像固定翼飞机一般向前快速飞行;当 4 个螺旋桨发动机处于这两种状态之间时,既产生了升力,又产生了拉力,能使它以低速飞行。与普通无人直升机相比,倾转 4 旋翼无人机飞行速度快,航程远,升限高,噪声小,降落和起飞更迅速;与固定翼无人机相比,它能够垂直起降和空中悬停。

2.多旋翼无人机的用途

多旋翼无人机具有垂直起降、空中悬停、低空飞行和原地回转等独特飞行技能,可广泛应用于国民经济建设的各个领域。它可搭载各种专业设备仪器,承担和完成各种危险、单调的工作,在恶劣环境下进行全天候作业。其应用范围极为广泛,主要包括以下几个方面。

(1)石油开发服务、输油管路监测和安全保护;

(2)消防部门的火情探查、监视,消防灭火、消防抢险、灾害救援;

(3)林业部门的护林防火、播种和病虫害防治;

(4)物流快递公司送货;

(5)交通部门的道路交通检测、疏导与控制,海港的接送引航员服务;

(6)电力部门的输电线路建设、巡查和维护;

(7)新闻及电影摄制的航空摄像及照相;

(8)农牧业的农作物监测、喷洒农药、牧群监测与驱赶;

(9)海岸警卫的海面搜寻、海岸巡逻、海界标监测;

(10)环保部门的环境污染及土地状况监测;

(11)海关与税收部门的非法走私监视、边界巡逻;

(12)海洋渔业部门的渔业保护、海洋资源调查;

(13)地方政府的大气参数采集与检测、分析,灾害普查、抢险和救援;

(14)警察部门的反恐、失踪人员搜寻、落水人员救生、安全与突发事件监视、现场处理;

(15)普查机构的地理、地质、考古勘定;

(16)河道管理部门的水路和水情监测、洪水与污染控制;

(17)水务部门的水务与水管道监测、维护;

(18)实现载人化,搭乘旅客,作为便捷的交通运输工具等。

3.多旋翼无人机的分类

依据多旋翼无人机的总体结构、外形、操纵方法、使用需求等的不同,多旋翼无人机可以有不同的分类方法,其中最主要的分类方法是按其动力装置的类型进行分类。多旋翼无人机的旋翼桨叶旋转所产生的升力和需要克服阻力产生的阻力力矩的大小,不仅取决于旋翼的转速,还取决于旋翼桨叶的桨距。从旋翼空气动力原理上讲,调节旋翼转速(变速)和桨距(变距)都可以调节升力的大小。如果多旋翼无人机以电动机作为动力来源,采用电调方式改变旋翼转速来调节升力的大小就非常简单方便;如果多旋翼无人机以燃油发动机作为动力来源,由于燃油发动机的最佳功率对应的转速是固定不变的,因此就不能采取变速的方法,只能采取改变旋翼桨叶桨距的方法来调节升力的大小。

依据多旋翼无人机动力装置的类型,可将多旋翼无人机划分为最基本的两大类。

(1)依据多旋翼无人机的动力装置主要分类。

1)油动多旋翼无人机。以燃油发动机作为动力来源,包括活塞发动机、定轴涡轮发动机、自由涡轮发动机等机型。油动多旋翼无人机属于旋翼桨距可控类,即旋翼变距类。这里有一点需要特别强调的是虽然它与单旋翼直升机一样具有旋翼桨距操纵系统,但它与单旋翼直升机最大的区别是只操纵旋翼总矩,取消了旋翼周期变矩控制和尾桨,即取消了单旋翼直升机旋翼桨距操纵系统中结构复杂的自动斜倾器、液压系统和尾桨,从而大大简化了总体结构。油动多旋翼无人机大多是大、中、小型的无人旋翼飞行器,属于工业级或商业级类。

2)电动多旋翼无人机。以电动机作为动力来源,采用直流电机作为驱动旋翼旋转的发动机,发动机类型大多为无刷直流电机,也有部分使用有刷直流电机的情况,所有电机运转所需的能量由聚合物锂电池或新能源方式(如燃料电池)提供。电动多旋翼无人机属于旋翼桨距不可控类,即旋翼变速类。电动多旋翼无人机空气螺旋桨的桨矩是固定的,其向上的升力大小取决于空气螺旋桨的转速,转速越大,升力越大,转速越小,升力越小。电动多旋翼无人机大多是微微型、微型和轻型的无人旋翼飞行器,属于消费级类(航模),比较适合个人使用,特别适合个人自己动手组装。

(2)多旋翼无人机的其他分类方法。多旋翼无人机的其他分类方法,包括按照旋翼数量、用途、重量、控制方式和市场定位等分类方法。下面按常用的几种分类方法对多旋翼无人机进行分类。

1)按外形结构划分。根据多旋翼无人机所具有的旋翼数量可将其分为 4,6,8,12,16,18,24,36 旋翼等类型;按照旋翼分布位置可将其划分为 I 型、X 型、V 型、Y 型和 IY 型等类型;根据共轴引擎数量可将其分为 3,4,6,8,12,16 轴双桨多旋翼等类型。

2)按用途划分。多旋翼无人机依据其用途分类有民用和军用两类。

· 民用多旋翼无人机:多旋翼无人机在民用方面应用范围极为广泛,可以细分为农林植保、电力巡检等多种类型。

· 军用多旋翼无人机:多旋翼无人机在军事方面的应用主要有边防巡逻,空中侦察、监视,排爆扫雷,对地攻击、空中格斗、拦截导弹、实施精确打击和自杀性攻击,以及伤员救助等。

3)按重量划分。多旋翼无人机依据其重量分类有以下 5 种。

· 微微型多旋翼无人机(I 类):空机重量和起飞全重小于 1.5 kg。

· 微型多旋翼无人机(II 类):空机重量介于 1.5~4 kg 之间,起飞全重介于 1.5~7 kg 之间。

· 轻型多旋翼无人机(III 类):空机重量介于 4~15 kg 之间,起飞全重介于 7~25 kg 之间。

· 小型多旋翼无人机(IV 类):空机重量介于 15~116 kg 之间,起飞全重介于 25~150 kg 之间。

· 大中型多旋翼无人机:空机重量大于 116 kg,起飞全重大于 150 kg。

4)按控制方式划分。多旋翼无人机的飞行控制方式一般有半自主控制和全自主控制两种方式。

• 半自主控制方式:半自主控制方式是指自动驾驶仪的控制算法能够保持多旋翼无人机的姿态稳定(或定点)等,但无人机还是需要通过人员遥控操纵。半自主控制方式多旋翼无人机的飞行需遥控操纵,无需地面站,大多属于航模范畴或玩具类。

• 全自主控制方式:全自主控制方式是指自动驾驶仪的控制算法能够完成多旋翼无人机航路点到航路点的位置控制以及自动起降等。在这种控制方式下,多旋翼无人机可以在无人驾驶的条件下完成复杂的空中飞行任务和搭载各种负载任务,可以被看作是"空中机器人"。全自主控制方式多旋翼无人机的飞行可完全自主驾驶,其特点是载重大、航程远、升限高、操控复杂,需地面站支持,广泛应用于国民经济建设和国防军事领域,属于传统概念中所谓"真正的"无人机范畴。

5)按市场定位划分。多旋翼无人机按其应用市场定位级别,包括机型、动力、航时、载重和售价等,可以划分为以下三种。

• 工业级:大中型多旋翼无人机,大多为油动变距型,旋翼直径较大,具有大续航时间和大载重,主要用于包括农业、林业、物流、电力、安防、警用、消防、测绘、巡逻、搜救、监测,以及排爆扫雷、对地攻击等民用和军用的广泛应用领域,售价为几十万、几百万或几千万元。

• 商用级:大中小型多旋翼无人机,大中型大多为油动变距型,小型大多为电动变速型,航时、载重和售价介于工业级和消费级之间,售价为十几万或几十万元。

• 消费级:微微型、微型和轻型多旋翼无人机,大多为电动变速型,空气螺旋桨直径小,结构简单、造价低、航时短、载重小,属于航模和玩具性质,比较适合个人使用,售价为几千或几万元。

6)按有无载客能力划分。按这种方法可将多旋翼无人机划分为可载人和不可载人两类,其中可载人的类型称为载人多旋翼飞行器,或称为多旋翼客机,主要用作便捷的空中交通运输工具,特别适合于山区、草原、农牧场、海岛等交通不便利的地区,以及用来解决大城市地面道路拥堵的难题。

6.1.4 多旋翼无人机的发展历程

在人类航空史上,多旋翼无人机从概念到应用,经历了一段漫长的发展过程。近年来,多旋翼无人机受到人们越来越多的关注和重视,掀起了一股研发和广泛应用多旋翼无人机的热潮。特别是属于消费级的微微型和微型机,其操作简单、价格便宜,市场有众多适合个人自己动手组装的成套软硬配件出售,只要经过简单的组装,就能实现自己自幼就有的"飞行梦想"。现在,每天都有成千上万架多旋翼无人机在空旷的田野上、在风景怡人的旅游胜地、在居民自家的后院或客厅中腾空而起,承载着人们的"飞行梦想"自由飞翔。现在,多旋翼无人机商机无限,这股热潮还可看作是载人多旋翼飞行器大规模发展的前奏。

1. 探索阶段:20 世纪 90 年代初之前

在人类航空事业发展史上,多旋翼飞行器概念的提出是非常早的。从 1903 年莱特(Wright)兄弟创造的固定机翼飞机滑跑起飞成功,到 20 世纪 90 年代初之前,多旋翼飞行器经历了漫长的技术探索过程。在此期间,人们在发展能垂直起降的飞机方面付出了很多的努力。在旋翼飞行器升空后,为实现其可控稳定飞行,第一个需要解决的问题是配平旋翼旋转所引起的反扭矩,因此,早期能垂直起降的飞机设计方案大多是多旋翼式,靠多个旋翼彼此反转来解决相互间的反扭矩配平问题。

1907 年 8 月,法国 C. Richet 教授指导 Breguet 兄弟进行了他们的 4 旋翼式飞机的飞行试验,这是世界上第一架多旋翼飞行器。1920 年,法国人 E. Oemichen 设计了一个 4 旋翼飞行器的原型,但是第一次试飞失败了,在经过改进设计后,于 1924 年实现了首飞,飞行时间为 14 min。1921 年,B. G. De 在美国建造了另一架大型 4 旋翼飞行器,除飞行员外可承载 3 人,原本期望的飞行高度是 100 m,但是最终只飞到 5 m。

1956 年,M. K. Adman 设计的一架 4 旋翼飞行器试飞取得成功,这架飞机重达 1 t,依靠两个 90 马力的发动机实现了悬停和机动。然而,由于操作这架飞机的工作量繁重,且飞机在速度、载重量、飞行范围、续航性等方面无法与传统单旋翼直升机竞争,因此该研究工作被迫停止。

4 旋翼飞行器的机体结构属于非线性、欠驱动系统,多个旋翼之间升力大小的协调平衡要想完全依靠人手来调控,几乎是不可能的,因此只能用自动控制器来控制其飞行姿态。早期多旋翼飞行器的设计方案受困于惯性导航体积重量过大,传感器、微控制器等软硬件技术不成熟,多旋翼飞行器的姿态检测和控制等受到局限,即受限于当时电子、计算机及自控水平,结果所有的设计方案和产品都未能进入实用阶段,致使多旋翼飞行器的实际应用工作一直停滞不前。在“此路不通”的情况下,人们另辟蹊径,发明了设计精巧、结构复杂的旋翼自动倾斜器,它由与操纵线系相连的不旋转件和与桨叶变距拉杆相连的旋转件组成,使欠驱动 4 旋翼飞行器系统变成了完整驱动的单旋翼直升机系统,从而使旋翼飞行器的复杂操纵得以实现。1939 年春,美籍俄罗斯人 Igor Sikorsky(埃格·西科斯基)采用旋翼自动倾斜器及尾桨平衡旋翼反扭矩的方法,设计制造了世界公认的第一架实用的单旋翼直升机 VS－300,被称为航空界的“直升机之父”。

归纳起来,多旋翼飞行器在技术探索阶段遇到的主要障碍有以下几方面:

(1)惯性导航系统体积庞大,重达数十千克,难以应用在小型飞行器上;

(2)电子自动控制系统不成熟;

(3)电子计算机体积大,运算速度慢。

2. 奠基阶段:20 世纪 90 年代初至 2005 年

在此阶段,微机电系统(MEMS)技术获得高速发展,为多旋翼飞行器的实用化发展奠定了坚实基础。微机电系统相对于传统的机械,尺寸更小,最大的不超过一个厘米,甚至仅仅为几个微米,其厚度就更加微小。重量只有几克的 MEMS 惯性导航系统被开发运用,使制作多旋翼飞行器的自动控制器成为现实。此外,由于 4 旋翼飞行器的概念与军事试验渐行渐远,它开始以独特的方式通过遥控玩具市场进入消费领域,结构简单、价格便宜、使用方便。

在这一阶段,相关的重大成果主要有以下几方面:

(1)MEMS 惯性导航系统成熟,重量只有几克;

(2)MEMS 去噪声的数学算法成熟;

(3)出现了运算速度快、体积小、重量轻的电子计算机(单片机)。

3.起步阶段:2005 年至 2010 年

2005 年是多旋翼飞行器发展的重要转折点。在这一年,稳定可靠的多旋翼无人机自动控制器研制成功,有关多旋翼飞行器的学术研究开始获得了人们广泛的关注,更多的学术研究人员开始研究多旋翼,并搭建自己的多旋翼无人机系统。

2006 年,德国 Microdrones GmbH 公司正式推出 md4 - 2004 旋翼无人机系统,开创了电动多旋翼无人机在专业领域应用的先河,并于 2010 年推出 md4 - 10004 旋翼无人机系统,在全球专业无人机市场取得成功。另外,德国人 H. Buss 和 I. Busker 在 2006 年主导了一个 4 轴开源项目,从飞控到电调等全部开源,推出了 4 旋翼无人机最具参考的自驾仪 Mikrokoptor。2007 年,配备 Mikrokoptor 的 4 旋翼像"空中的钉子"停留在空中。很快他们又进一步增加了组件,甚至使多旋翼无人机实现了半自主飞行。美国 Spectroltltions 公司在 2004 年推出了 Draganflyer Ⅳ 4 旋翼无人机,并随后在 2006 年推出了搭载 SAVS(稳定航拍视频系统)的版本。

之前一直被各种技术瓶颈限制住的多旋翼无人机系统突然出现在人们的视野中,大家惊奇地发现居然有这样一种小巧、稳定、可垂直起降、机械结构简单的飞行器存在。当这种简单而又现实的可能糅合进了人们头脑中总也挥之不去的飞行梦想时,就极大地激发起了大家对翱翔于蓝天白云的渴望和激情。一时间研究者、投资者和广大的航模爱好者接踵而至,纷纷开始多旋翼飞行器的研发、投资和使用,经过 5 年起步阶段的实验研究、技术积累和市场摸索,多旋翼无人机大规模发展的序幕逐步被拉开。

4.飞速发展阶段:从 2010 年开始

2010 年是多旋翼无人机大发展的元年。在这一年,法国的 Parrot 公司经过 6 年努力(2004—2010 年)发布了世界上第一款真正受到大众关注的 4 旋翼无人机 AR. Drone,它不仅控制简单,可实现悬停,还可以通过 Wifi 将所搭载相机拍摄到的图像传送到手机上,并开放了 API 接口供科研人员开发应用。AR. Drone 性能非常优秀,轻便灵活、操作便捷,最终大获成功。

实际上,对促使多旋翼无人机大发展具有重大意义的事件还有开源飞控代码的公布和发展,因为多旋翼无人机研制最核心的知识在于飞行控制算法的设计和程序编写。2007—2009 年,德国最早公布了自己比较完善的 MK 飞控代码,引来众多爱好者开始研究和制作飞控。2010 年,法国人 Alex 在模型网站 Regrotlps 发布了他的 Multiwii 飞控程序,彻底地将多旋翼无人机的制作拉到了大众化水平。Multiwii 使用数字传感器,通过 ⅡC 数据总线传输数据,因此比之前的模拟传感器飞控更加方便且小型化,其使用的控制器也是非常大众化的 Arduino。虽然 Multiwii 程序写得并非特别易读,但在硬件方面,直到今天也是最简单、坚实的飞控之一。此后,之前不具备多旋翼控制功能的开源自驾仪纷纷增加了多旋翼这一功能,同时也有新的开源自驾仪不断加入,这极大地降低了初学者的门槛,使制造多旋翼无人机在飞控硬件制作或购买配件组装方面变得比较容易,成本进一步降低。饮水思源,客观地说,正是开源飞控为多旋翼无人机产业大发展铺垫好了广阔深厚的群众基础。

2013 年 1 月,中国大疆创新公司(DJI)推出精灵(Phantom)4 旋翼无人机,它最大的优点是控制简便,新手学习半个多小时就可以自由飞行。它具有优雅的白色流线型外形,尺寸比 AR. Drone 大得多,抗风性更好,还具有内置 GPS 导航功能,可以在户外很大的范围内飞行。更重要的是,当时利用 GoPro 运动相机拍摄极限运动已经成为欧美国家的时尚,而 Phantom 提供了挂载 GoPro 的连接架,让用 GoPro 相机的人们有了从天空向下的拍摄视角。此外,DJI 还发明了精准的相机消抖云台,让 S800 的航拍影像质量达到了电影级别,在好莱坞的电影拍摄者中建立了良好的口碑,也带动了"航拍公司"这个产业的形成;发明了 4 旋翼系统的黑匣子 IOSD,让飞行数据可以被记录、分析,增加飞行的安全性;开发了优秀的图传系统,提高了远程实时图像传输的质量等。从 2013 年开始,中国 DJI 的产品作为"会飞的相机",迅速成为世界上销量最大的 4 旋翼无人飞行器,每月销量成千上万,占领了全球 70% 以上的市场。

与此同时,学术界也开始高度重视和关注多旋翼飞行器技术。2012 年 2 月,美国宾夕法尼亚大学的 Vijay Kumar 教授在 TED 上进行了 4 旋翼飞行器发展历史上里程碑式的演讲,展示了 4 旋翼飞行器的灵活性以及编队协作能力。这一场充满数学公式的演讲大受欢迎,它让世人看到了多旋翼飞行器的内在潜能。自此之后,多旋翼飞行器受到的关注度迅速提升,成为新的商业焦点,在全球范围内掀起了一股将多旋翼飞行器商业化的热潮,引导多旋翼飞行器进入大规模快速发展期。

随着多旋翼无人机的生产和应用在国内外蓬勃发展,特别是低空、慢速、微轻型多旋翼无人机数量的快速增加(占到民用无人机市场的绝大多数份额),以及多旋翼无人机技术的快速进步和商业销售市场的迅速扩展,人们开始将目光转向大型、快速、便捷、航程大的载人多旋翼飞行器的开发研制,近年来国内外企业先后推出了几种不同的设计方案,并都取得了试飞成功。载人化将是多旋翼无人机今后最重要的转型发展趋势,发展前景极其光明远大。目前,中国的 DJI、零度以及美国的 3DRobotics 和法国的 Parrot 等已经成为这一市场的龙头企业。

6.2　多旋翼无人机的飞行原理和控制方式

多旋翼无人机与单旋翼无人直升机同属于无人旋翼飞行器的范畴,它们既有相同之处,也有不同的地方。本节内容主要讨论多旋翼无人机飞行的基本原理、飞行控制方式、特点等基本概念和基础知识。

6.2.1　多旋翼无人机的飞行原理

1. 竹蜻蜓的飞行原理

(1)竹蜻蜓的结构。竹蜻蜓又叫"飞螺旋"和"中国陀螺",这是我们祖先的奇特发明。有人认为,中国在公元前 400 年就有了竹蜻蜓,另一种比较保守的估计说它是在明代(公元 1400 年左右)流行的民间玩具,一直流传到现在。

竹蜻蜓的结构十分简单,由一根竹棒和一个竹片两部分构成,竹片被削成了向同一方向的倾斜面。竹片前面圆钝,后面尖锐,上表面比较圆拱,下表面比较平直,如图 6-3 所示。

(2)竹蜻蜓的升力来源。竹蜻蜓为什么能在空中飞起来?其升力主要来自两部分。

首先当孩子们用双手夹住竹棒使劲一搓时,竹蜻蜓就会旋转起来,当气流经过竹片圆拱的上表面时,其流速快而压力小;当气流经过平直的下表面时,其流速慢而压力大。根据伯努利定律,竹片上下表面之间形成了一个压力差,便产生了向上的升力。当升力大于它本身的重量时,竹蜻蜓就会腾空而起,旋转着飞向空中。在空中自由自在地飞行一会儿后,随着惯性减弱,转速降低,竹蜻蜓又会旋转着稳稳地落回地面。

其次竹片的斜面也起了关键作用,当转动棍子使得竹片旋转起来的时候,旋转的竹片将空气向下推,形成一股强风,而空气也给竹蜻蜓一股向上的反作用升力,这股升力随着叶片的倾斜角而改变。

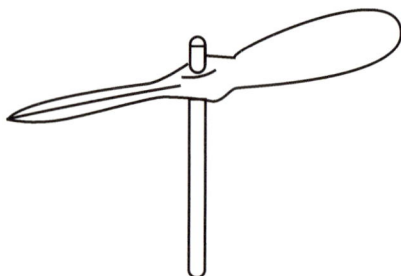

图 6 - 3　竹蜻蜓的结构示意图

2. 多旋翼无人机的飞行原理

现代多旋翼无人机尽管比竹蜻蜓复杂千万倍,但其飞行原理却与竹蜻蜓有相似之处,多旋翼无人机的旋翼或空气螺旋桨产生升力的道理与竹蜻蜓是相同的。旋翼或空气螺旋桨的桨叶就好像竹蜻蜓的竹片,旋翼轴就像竹蜻蜓的那根细竹棍儿,带动旋翼的发动机就好像孩子们用力搓竹棍儿的双手。

多旋翼无人机采用固定桨距或可变桨距(只变总距,无周期变距)的旋翼作为升力系统装置,因此其飞行原理也与竹蜻蜓竹片基本相同。多旋翼无人机靠旋翼旋转来产生空气动力,包括使机体悬停和上升的升力,旋翼的桨叶平面形状细长,相当于固定翼飞机大展弦比的梯形机翼,当它以一定迎角和速度相对于空气运动时,就产生了空气动力,如图 6 - 4 所示。

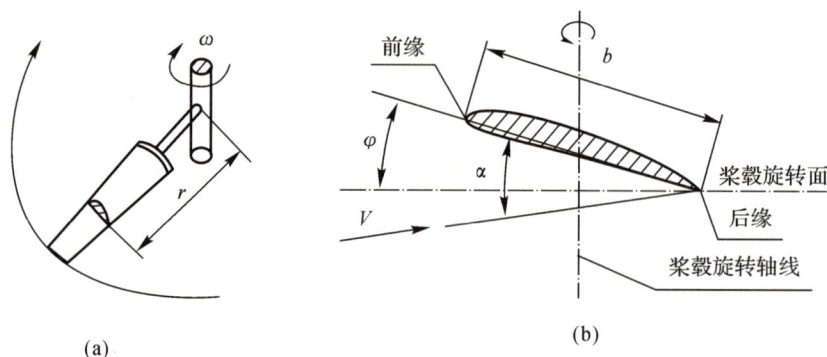

图 6 - 4　旋翼桨叶示意图

旋翼绕轴旋转时,每片桨叶类同于一个机翼,桨叶与发动机(或变速器)轴相连接的部分称为桨毂。旋翼桨叶的截面形状称为翼型,翼型弦线与垂直于桨毂旋转轴平面之间的夹角称为桨叶的安装角,也称为桨距(总距),地面驾驶员通过遥控操纵系统来改变旋翼的转速或总距,从而改变旋翼向上的升力的大小。根据不同的飞行状态,总距的变化范围为2°~14°。沿半径方向每段桨叶上产生的空气动力在桨轴方向上的分量为旋翼总升力,在旋转平面上的分量产生的阻力将由发动机所提供的功率来克服。

旋翼系统是多旋翼无人机最重要的部件或分系统,因为旋翼无人机飞行所需的升力是靠旋翼旋转产生的。同时,通过处于机体不同位置上的多个旋翼之间相互协调地改变各自升力的大小,使所有升力合成形成的总升力倾斜,产生一个水平面上的分力(拉力),可实现整个机体的前进、后退和侧飞。

6.2.2 多旋翼无人机的飞行控制

1. 单旋翼直升机的操纵系统

单旋翼直升机的飞行控制与固定机翼飞机的飞行控制不同,单旋翼直升机的飞行控制是通过直升机旋翼的倾斜实现的。如图6-5所示的是单旋翼直升机旋翼系统与操纵系统连接的示意图。

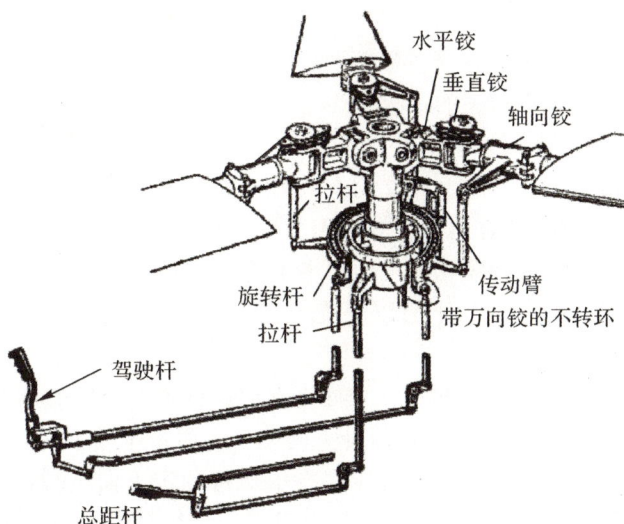

图6-5 单旋翼直升机旋翼系统与操纵系统连接的示意图

自动倾斜器是单旋翼直升机旋翼操纵系统必不可少的装置,它将经直升机飞行操纵系统传递过来的驾驶员或自动驾驶仪的指令转换为旋翼桨叶的受控运动。因为旋翼是旋转的,自动倾斜器被用于将驾驶员的指令从不旋转的机身传递到旋转的桨叶。它由两个主要零件组成:一个不旋转环(又称不动环)和一个旋转环(又称动环)。不旋转环(通常位于外侧)被安装在旋翼轴上,并通过一系列推拉杆与周期变距和总距操纵装置、液压系统相连。它能够向任意方向倾斜,也能垂直移动。旋转环(通常位于内侧)通过轴承被安装在不旋转环上,能够同旋翼轴一起旋转。扭力臂用于保证旋转环与桨叶一起同步旋转。防扭臂则用于阻止不旋转环旋转。这两个环作为一个单元体同时倾斜和上下。旋转环通过拉杆与变距摇臂相连,另外,不旋转环还有蜘蛛式和万向节式等不同形式。

通过操纵杆与自动倾斜器的连接,单旋翼直升机旋翼桨叶的桨距调节可以按两种方式进行。第一种方式是各桨叶同时增大或减小桨距,称为总距操纵,从而增大或减小直升机起飞、悬停、垂直上升或下降飞行所需要的拉力。第二种方式是周期性调节各个桨叶的桨距,称周期性桨距操纵。例如打算前飞,就将驾驶杆向前推,推动旋转斜盘(称为自动斜倾器)向前倾斜,使各个桨叶每旋转一圈时,其桨距发生相应的周期变化。旋翼的每个桨叶转到前进方向时,它的桨距减小,产生的拉力也跟着下降;反之,当桨叶转到后方时,它的桨距增大,产生的拉力也跟着增加。结果,各个桨叶梢运动轨迹构成的叶端轨迹平面或旋翼锥体,将向飞行前进方向倾斜,旋翼产生的总拉力也跟着向前倾斜,旋翼总拉力的一个分量就成为向前飞行的拉力,从而实现了向前飞行。单旋翼直升机旋翼桨毂及其操纵机构的主要缺点是自动斜倾器旋转器件多,液压操纵系统结构复杂笨重,维护工作量大等。

单旋翼直升机旋翼由发动机带动在空气中旋转,给其周围的空气以作用力矩,根据作用力和反作用力原理,空气也以大小相等、方向相反的反力矩作用于旋翼,该力矩从旋翼传到机体上,将使机体发生逆向旋转,这个反作用力矩通常称为反扭矩。为了克服这种反扭矩,最简单的办法是安装一个尾桨,由尾桨旋转所产生的平衡力矩来抵消旋翼力矩,保证单旋翼直升机的平衡飞行。通过调节尾桨的桨距,使尾桨拉力变大或变小,从而改变平衡力矩的大小、实现单旋翼直升机机头转向或转弯操纵。单旋翼直升机有一个明显的缺点是尾桨要耗费一部分能量(约为发动机功率的 15%)。

2. 多旋翼无人机的飞行控制方式

与单旋翼直升机情况一样,多旋翼无人机的旋翼旋转产生升力的同时,空气对旋翼的反作用也形成一个与旋翼旋转方向相反的作用力矩,驱使机体反向旋转。为了克服旋翼旋转产生的反作用力矩问题,多旋翼无人机运用多个旋翼按照不同方向转动来克服彼此的反扭矩,使总扭矩为零(见图 6-6)。下面以 4 旋翼无人机为例,说明多旋翼无人机的飞行控制问题。

如图 6-6 所示,4 旋翼无人机有 4 个处于同一高度平面旋转的旋翼,前后旋翼(1 和 3)顺时针方向旋转,左右旋翼(2 和 4)逆时针方向旋转。由位于两个轴向的旋翼反方向旋转方式抵消彼此扭矩,从而使 4 旋翼无人机能在空中保持预定方向飞行或悬停不动。4 旋翼无人机在空中飞行时有 6 个自由度,它们分别是沿三个坐标轴做平移和旋转动作。在图 6-6 中,规定沿 X 轴正方向运动称为向前运动,垂直于旋翼运动平面的箭头向上表示此旋翼升力提高。向下表示此旋翼升力下降,没有箭头表示升力不变。

(1)垂直运动:当同时增加或减小 4 个旋翼的升力时,4 旋翼无人机便会垂直上升或下降;当 4 旋翼产生的升力等于机体的自重时,4 旋翼无人机便保持悬停状态,如图 6-6(a)所示。

(2)俯仰运动:改变旋翼 1 和旋翼 3 的升力,保持旋翼 2 和旋翼 4 的升力不变,产生的不平衡力矩使机身绕 Y 轴旋转,实现 4 旋翼无人机的俯仰运动,如图 6-6(b)所示。

(3)滚转运动:改变旋翼 2 和旋翼 4 的升力,保持旋翼 1 和旋翼 3 的升力不变,产生的不平衡力矩使机身绕 X 轴旋转,实现 4 旋翼无人机的滚转运动,如图 6-6(c)所示。

(4)偏航运动:当旋翼 1 和旋翼 3 的升力增大、旋翼 2 和旋翼 4 的升力下降时,旋翼 1 和旋翼 3 对机身的反扭矩大于旋翼 2 和旋翼 4 对机身的反扭矩,机身便在富余反扭矩的作用下绕 Z 轴转动,实现 4 旋翼无人机的偏航运动,如图 6-6(d)所示。

(5)前后运动:改变旋翼 3 和旋翼 1 的升力,同时保持其他两个旋翼升力不变,4 旋翼无人机首先发生一定程度的倾斜,从而使旋翼升力产生水平分量,实现 4 旋翼无人机的向前和向后运动,如图 6-6(e)所示。

(6)侧向运动:在图 6-6(f)中,由于结构对称,所以侧向飞行的工作原理与前后运动完全一样。

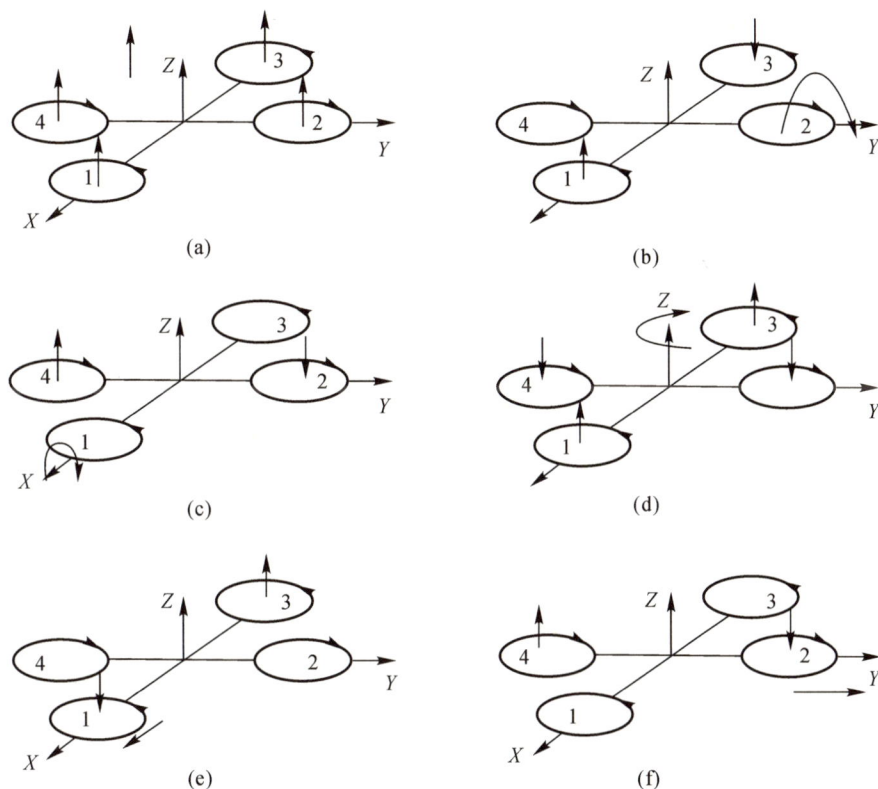

图 6-6　旋翼无人机飞行控制示意图
(a)垂直运动;　(b)俯仰运动;　(c)滚转运动;
(d)偏航运动;　(e)前后运动;　(f)侧向运动

3.旋翼无人机飞行控制的特点

如图 6-6 所示,由于在控制 4 旋翼无人机飞行时,只能通过控制 4 个旋翼的升力来改变它 6 个飞行姿态,所以 4 旋翼无人机是一个 4 输入 6 输出的欠驱动系统。欠驱动系统是指系统的独立控制变量个数小于系统自由度个数的一类非线性系统,在节约能量、降低造价、减轻重量、增强系统灵活度等方面都比完整驱动系统优越。欠驱动系统结构简单,便于进行整体的动力学分析和试验,同时由于系统的高度非线性、参数摄动、多目标控制要求及控制量受限等原因,欠驱动系统又足够复杂。当驱动器故障时,可能使完整驱动系统变成欠驱动系统,欠驱动控制算法可以起到容错控制的作用。下面通过 4 旋翼无人机与固定机翼飞机、单旋翼直升机的比较,来了解多旋翼无人机飞行控制的特点。

(1)固定机翼飞机。固定机翼飞机是通过改变机翼空气动力学结构来实现姿态控制的,它是自稳定系统。它在天空中飞翔,发动机稳定工作之后,不需要怎么控制,就能自己抵抗气流的干扰保持稳定。此外,固定机翼飞机的姿态控制是完整驱动系统,它在除了失速状态外的任何姿态下都可以调整到另外一个姿态,并且保持住这个姿态。

(2)单旋翼直升机。单旋翼直升机是通过改变旋翼的空气动力学结构来实现姿态控制的,它是不稳定系统,但它具有完整驱动系统,它的旋翼桨叶既能产生向上的升力,也能产生向下的推力。飞行中,机体可以自由调整姿态,而且没有失速的问题,什么时候都能调整姿态,可以在天上如散步一般自由运动。因此单旋翼直升机虽然不稳定、很难控制好,但是姿态翻转的时候完全可以控制回到正常的姿态。

(3)4旋翼无人机。4旋翼无人机是通过协调改变各旋翼升力的大小来实现姿态控制的,需要对旋翼旋转转速或总距进行精准的同步调制,它是不稳定系统,也是欠驱动系统。它的旋翼桨叶只能产生向上的升力,不能产生向下的推力,所以它不稳定,很难控制好,飞行器翻过来之后基本没办法控制回来,就坠机了。历史的经验证明:4旋翼飞行器的非线性、欠驱动系统结构让人手来控制难度实在太高,只能用自动控制器来控制飞行姿态才能解决问题。

6.2.3 多旋翼无人机的特点

发动机特性的优劣对多旋翼无人机的飞行性能有很大的,甚至是决定性的影响。多旋翼无人机发动机类型和型号的选择,要求能够保证在多旋翼无人机飞行包线范围内具有足够的功率,要考虑发动机在各种外界条件的有效功率,以适应各种使用状态,并在设计中尽量提高功率利用系数。

1.油动多旋翼无人机的特点

油动多旋翼无人机通常采用涡轮轴发动机或活塞式发动机作为动力装置,旋翼转速取决于发动机的主轴转速。发动机转速有一个最有利的值,在这个转速附近工作时,发动机效率高、寿命长。因此油动多旋翼无人机在飞行中发动机转速基本上是不变的,旋翼升力的改变主要靠调节桨叶总距来实现。由于桨距变化将引起阻力力矩变化,所以,在调节旋翼桨距的同时还要调节发动机油门,保持转速尽量靠近最有利转速工作。虽然油动多旋翼无人机的旋翼桨距是可变的,但它只进行总矩操控,没有周期变距,取消了无人直升机旋翼操控系统中结构复杂的自动斜倾器及液压系统,从而大大简化了总体结构,提高了飞行可靠性和定性。

2.电动多旋翼无人机的特点

电动多旋翼无人机的旋翼系统采取定矩变速调节升力方案,能克服无人直升机旋翼桨毂及其操纵系统结构过于复杂的缺点,从而具有结构简单、重量轻、故障率低、维护简便等诸多优点,其缺点是旋翼直径小、载重小、续航时间短、电池消耗大等。

电动多旋翼无人机大多都采用直流电动机作为驱动旋翼旋转的发动机,由聚合物锂电池或燃料电池提供能量。电动机是一种旋转式电动机器,它将电能转变为机械能。多旋翼无人机在飞行中为了实现前进、后退、侧飞和转弯等,采用电调控制直流电机的转速。对直流电机转速的控制既可采用开环控制,也可采用闭环控制。这两种转速控制系统相比较,后者的机械特性比前者高;当理想空载转速相同时,后者的静差率(额定负载时电机转速降落值与理想空载转速之比)比前者要小得多;当要求的静差率相同时,后者的调速范围可以大大提高。无刷直流电机的转速控制方案如图 6-7 所示。

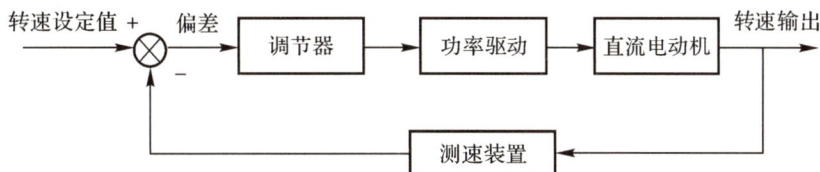

图 6-7　无刷直流电机的转速控制方案

6.2.4　多旋翼无人机的对比分析

1. 油动多旋翼无人机与电动多旋翼无人机的比较

油动多旋翼无人机与电动多旋翼无人机都是目前市场上广泛受到青睐的两种多旋翼无人机类型,其中油动型大多属于工业级,电动型大多属于消费级。针对不同的用途和使用环境,它们都大有用武之地。从性能和特点上对比分析,两者各有千秋。

(1)续航能力。油动型优于电动型。一般情况下,电动多旋翼无人机采用聚合物锂电池作为能源,只能飞行 20 min 或 0.5 h 左右就需更换电池,但如果采用燃料电池则可以飞行 3 h;油动多旋翼无人机的飞行时间基本上不受限制,主要由机上携带的油量来决定,一般可达几个小时或更长时间。

(2)旋翼尺寸。油动型优于电动型。由于旋翼直径越大越难改变其转速,因此电动型采用变速来改变旋翼升力大小的方法限制了旋翼直径不能太大。如果旋翼直径太大,旋翼桨叶的转动惯量会很大,想调节桨的转速反应就会很慢,这时飞机就不便于控制,甚至不能控制。油动型采用变距来改变旋翼升力大小的方法就没有这种限制。

(3)载重能力。油动型优于电动型。一般情况下,电动多旋翼无人机载重量只有几千克;油动多旋翼无人机载重量可达几百、几千千克或更多。

(4)操控性。油动型优于电动型。油动型采用旋翼桨叶变总距来改变升力大小,其操控响应速度要比电动型采用变速改变升力大小的方法快。

(5)安全性。油动型优于电动型。对于油动型载人多旋翼飞行器,当飞行中出现自动控制或动力系统发生故障,无法正常工作的紧急情况时,操控员可立即按下应急按钮,使机翼与发动机脱钩,让旋翼处于无动力的自转状态。由于旋翼没有动力,飞行器下坠过程中所产生的相对气流会从下往上吹动旋翼旋转,就好像风车一样,从而重新产生升力,使飞行器可以比较平稳地着陆。

(6)抗风能力。油动型优于电动型。多旋翼无人机旋翼变距的操控动作要比改变电机转速的动作灵活很多,飞行中遇到风时,其反干扰的响应速度也就快很多;另外,电动多旋翼无人机大多是微小型的,总体结构轻轻巧巧,本身就有点"弱不禁风",相比之下,油动多旋翼无人机的抗风能力则要强得多。

（7）价格和成本。油动型优于电动型。电动多旋翼无人机购买价格便宜，但使用成本高。因为它靠聚合物锂电池飞行，电量消耗大，充电一次只能飞 20 min，需经常充电及更换电池，而电池价格高、寿命短。油动多旋翼无人机购买价格高，但使用维护成本低。按照总体拥有成本（购置费用加上使用维护费用）计算，总成本油动型优于电动型。

（8）载客特性：油动型优于电动型。载人多旋翼飞行器因为要载人，所以必须要有更强大的承载能力。驱使旋翼转动不论使用电机还是燃油发动机，主要看使用的是什么能源，如果使用电池，首先要解决的就是续航时间的问题，电动型采用锂电池，续航时间只有 20 min 左右，显然安全保障系数太低。例如飞到目的地但没法降落，那就需要有更大的续航余量，才能保障飞行器的安全性，这一点尤为重要。如果采用燃料电池，续航时间能达到 1 h 则没有问题；油动型多旋翼无人机由于动力装置的功率足够大，载重量和航程大，且续航时间长，因此可以制造成能乘坐多人、甚至几十人的大型客机。电动型因受到旋翼直径不能太大限制，其载重能力小，只能制造成能乘坐很少人的轻小型客机。

2. 多旋翼无人机与单旋翼无人直升机的比较

从 1939 年至今，几十年来单旋翼直升机一直占据着旋翼飞行器家族的"霸主"地位，世界上 90% 以上的直升机都是单旋翼直升机，其他类型的直升机（共轴式、横列式、纵列式）加起来也占不到 10% 的比例。将多旋翼与单旋翼两种无人直升机进行比较，可以看出多旋翼无人机所具有的一些特点或优点。

（1）飞行效率高。单旋翼无人直升机飞行时，尾桨要白白损耗发动机 15% 左右的功率。相比之下，多旋翼无人机因为省去了多余的尾桨，所以它比单旋翼无人直升机飞行效率要高。

（2）飞行控制方式独特。单旋翼无人直升机与多旋翼无人机两者之间最大的区别在于旋翼系统有无自动斜倾器，前者旋翼采用自动斜倾器来实现桨叶周期变距，后者旋翼取消了自动斜倾器，桨叶没有周期变距，旋翼采取变速（电动）或变总距（油动）的方法来改变升力大小。对于载客的单旋翼直升机和多旋翼飞行器而言，前者借助于自动斜倾器可以实现人工驾驶操纵，而后者则不行，必须要有现代先进的自动控制器才能进行操控。智能化的自动控制系统可避免人（驾驶员）为错误，所以更安全。

（3）结构简单。多旋翼无人机取消了结构复杂、活动零部件比较多的自动倾斜器及其液压操纵系统，而且没有长长的后尾巴，因而其机械结构简单，维护比较方便。

（4）操控性好。多旋翼无人机操控简单，操控器 4 个遥感操作对应多旋翼无人机前于左右、上下和偏航方向的运动，自动驾驶仪控制方法和控制器参数调节都很简单方便，转向和变线更灵活。

（5）可靠性高。多旋翼无人机活动部件少，故障率低，可靠性高。

（6）安全性好。由于多旋翼无人机的旋翼多，当某个旋翼出现故障时，其余旋翼可起到保障飞行安全的作用，因而其安全性更好。

（7）维护性好。多旋翼无人机传动结构简单，维护简便；采用通用、标准化零部件多，互换性好。

（8）耦合特性。多旋翼无人机具有高度的耦合特性，一个旋翼升力发生变化时，会引起其他旋翼及整个系统做出相应的调整。为了及时、准确无误地响应这种调整要求，需要使用可靠的自动控制器。

6.3 多旋翼无人机飞行控制技术

6.3.1 多旋翼无人机飞行控制系统的基本概念

飞行控制技术是多旋翼无人机的核心技术部分,多旋翼无人机各项性能在很大程度上都取决于其自动飞行控制系统的设计。飞行控制系统的基本任务是保持多旋翼无人机姿态与航迹的稳定,自主导航飞行与航迹控制,起飞着陆控制,以及按照地面操控指令的要求,改变姿态与航迹等。

6.3.1.1 多旋翼无人系统的基本概念

1.多旋翼无人机人-机系统

多旋翼无人机在天空中飞翔时机上没有搭载驾驶员,看似无人驾驶,但实际上它并不是真正离开了人的驾驶,只不过它的驾驶员不在机上,而是在地面上对它进行远程操纵控制。为了使多旋翼无人机能够在机上没有驾驶员操控的情况下仍然保持正确飞行,就必须使它具有一定的自主飞行能力,也就是说,多旋翼无人机上需要有一套自动飞行控制系统,能够控制它按照期望的要求飞行。同时,多旋翼无人机的飞行情况还要能被地面监视和操控,以保证位于地面上的驾驶员能够实时地了解它的飞行状态,并在需要的时候,例如多旋翼无人机的飞行出现异常状态时,地面上的驾驶员能够及时干预它的飞行,确保飞行安全。因此,对于多旋翼无人机来说,虽然机上无人操作,但地面必须有人对它进行监控。

在这种模式下,有关多旋翼无人机飞行与任务状态的遥测信息应当实时地传送到地面,供地面人员掌握其工作状况;另外,地面人员对多旋翼无人机的操控要求、干预措施等也应当能以遥控指令的方式发给它,并由它执行,这就构成了一个完整的人-机系统,这是一种闭环控制回路系统,简称多旋翼无人机系统。在这种人-机系统中,多旋翼无人机上接收并执行指令、负责控制其飞行及发送状态信息的功能模块就是飞行控制系统,而地面上承担监视视多旋翼无人机状态、操控飞行的设备被称为地面指挥控制系统,在多旋翼无人机和地面遥控系统之间传送遥控遥测信息的即是测控链路系统。因此,机载自动控制系统、地面遥控系统和测控链路就成为多旋翼无人机系统闭环信息控制物理实体。

2.多旋翼无人机飞行状态与飞行姿态的关系

控制多旋翼无人机发生运动的改变,需要改变所有旋翼所受到的气动力和气动力矩,即通过协调改变各旋翼升力的大小来实现姿态控制的,需要对旋翼旋转转速或总距进行精准的同步调制,采用俯仰、滚转和偏航三种运动方式中的一种或多种组合,首先改变其飞行姿态,然后实现其不同的飞行状态。多旋翼无人机飞行状态与其飞行姿态的关系如下。

(1)垂直飞行状态。当旋翼飞行器悬停、垂直上升或下降时,机体保持与地面平行。

(2)前后飞行状态。通过向前或向后倾斜机体来实现向前飞或向后飞。

(3)侧向飞行状态。通过向左或向右倾斜机体来实现左右侧飞。

3.多旋翼无人机的飞行平衡、稳定性和操作性

(1)平衡。多旋翼无人机的平衡与固定翼飞机相同,指作用于机体上的各力之和为零,

各力重心所构成的各力矩之和也为零。多旋翼无人机处于平衡状态时,其飞行速度的大小和方向都保持不变,也不绕重心转动。它包括俯仰平衡、航向平衡和滚转平衡。

1)俯仰平衡:作用于多旋翼无人机的各俯仰力矩之和为零,机体不绕横轴转动,俯仰角保持不变。

2)航向平衡:作用于多旋翼无人机的各偏转力矩之和为零,机体不绕立轴转动,倾斜角保持不变。

3)滚转平衡:作用于多旋翼无人机的各滚转力矩之和为零,机体不绕纵轴滚转,滚转角保持不变。

(2)稳定性。多旋翼无人机的稳定性是指它在飞行中,受微小扰动(如阵风、发动机工作不均衡、机体重心的偶尔偏转等)而偏离原来的平衡状态,并在扰动消失后,不需要通过飞控系统操纵就能自动恢复原来平衡状态的特性(稳定的概念)。多旋翼无人机的稳定性包括俯仰稳定性、方向稳定性和滚转稳定性。其稳定性的强弱,一般由摆动衰减时间、摆动幅度、摆动次数来衡量。当多旋翼无人机受到扰动后,恢复原来平衡状态时间越短,摆动幅度越小,摆动次数越少,稳定性就越强。但稳定性越强,带来的问题是飞机的机动性(操纵性)变弱,所以在设计时需要综合考虑。

(3)操纵性。多旋翼无人机的操纵性是指它在飞控系统协调操纵各个旋翼升力大小时,改变其飞行状态的特性。多旋翼无人机除应有必要的稳定性外,还应有良好的操纵性。这样才能保证其有意识的飞行。多旋翼无人机飞控系统操纵动作协调、简单、省力,多旋翼无人机反应快,操纵性就好,反之则不好。多旋翼无人机的操纵性包括俯仰操纵性、方向操纵性和滚转操纵性。影响多旋翼无人机操纵性的因素有总体布局、机体结构、重心位置、飞行速度、飞行高度、迎角等。

6.3.1.2 多旋翼无人机飞行控制的基本概念

1.多旋翼无人机系统的操控方式

根据多旋翼无人机系统的空地闭环控制结构,对多旋翼无人机的操控方式分类通常有如下几种。

(1)自主飞行方式。自主飞行方式也称程序控制方式,是指由机载自动控制系统控制多旋翼无人机按照预先设定的航路自动完成飞行,期间不需要人的参与。工作在程序控制方式下时,机载计算机解算出待飞距、偏航距,并判断当前航段是否结束等制导信息,选择自动驾驶模态。

(2)指令控制方式。指令控制方式是指由多旋翼无人机驾驶员通过地面指令输入设备发送遥控或遥调指令,控制多旋翼无人机飞行的方式。这是一种非连续的操控方式,多旋翼无人机通过飞控系统来响应这些指令,实现对多旋翼无人机飞行的控制。

遥控指令通常可分为多旋翼无人机的飞行模态控制、任务设备控制、发动机控制以及航路操作等指令。飞行模态控制包括纵向和横向侧飞模态两类,其中纵向遥控指令包括悬停、平飞、爬升、下滑等指令,横向遥控指令包括直飞、左转弯、右转弯以及盘旋等指令;任务设备控制指令包括有效载荷和任务设备控制器等指令;发动机控制指令用于控制发动机的工作状态;航路操作指令主要是指从当前航路点切入某个航路点的航点切换指令。遥调指令用于对飞行高度、水平位置、俯仰角、滚转角、航向角等飞行参数进行调节。

2.多旋翼无人机飞行控制的基本原理

多旋翼无人机在空间的运动包括姿态运动和轨迹运动,其运动过程主要体现在姿态的变化和轨迹的变化,根据其运动性质,可以分为两类,即质心的运动和绕质心的转动。质心运动包括了前后平移、上下升降和左右侧移,转动运动则包括了俯仰、偏航和滚转运动。因此,多旋翼无人机控制的基本问题就是实现对多旋翼无人机6个自由度的平动和转动运动的自动控制。

如图6-8所示是一个闭环反馈控制系统框图,首先由传感器测量多旋翼无人机的飞行状态数据,包括飞行姿态、航向、高度和速度等,然后以预期飞行状态输入数值为基准,由控制器按照控制律解算出控制信号,并交给执行机构来驱动改变操纵旋翼转速(或总距),从而改变旋翼空气动力和力矩来控制多旋翼无人机的飞行状态。例如当多旋翼无人机水平飞行受到阵风干扰时,它会偏离原有状态,传感器感受到偏离方向和大小,输出相应信号给控制器,控制器按照负反馈控制原理计算出需要的控制量,经放大处理后通过执行机构控制旋翼转速或总距的大小。由于整个系统是按负反馈原理工作的,其结果是使多旋翼无人机趋向原始状态。当多旋翼无人机回到原始状态时,传感器输出信号为零,旋翼转速(或总距)也就回到原位,多旋翼无人机重新调整到原始飞行状态。

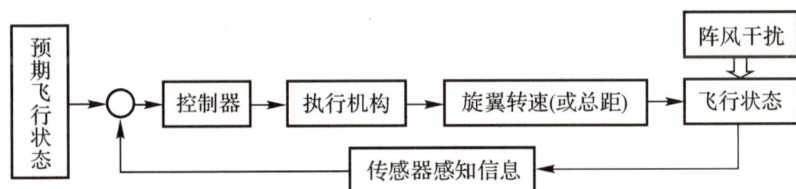

图6-8　自动飞行控制的闭环反馈控制原理框图

3.飞行控制系统的基本功能和设计要求

自动飞行控制系统是一个能够直接控制多旋翼无人机飞行姿态运动和轨迹运动,并能改善飞行品质的控制系统,即在无人直接参与条件下自动地控制多旋翼无人机飞行的一套自主控制系统。它对多旋翼无人机飞行实施全权限控制与管理,对多旋翼无人机的功能与性能起决定性作用。

(1)自动飞行控制系统的基本功能。

1)自动驾驶功能,保持姿态、航向、高度和航迹的稳定。

2)改善多旋翼无人机操纵性、稳定性功能。

3)自主导航飞行、航迹控制,起飞着陆控制,以及垂直升降、悬停、过渡飞行控制等。

(2)自动飞行控制系统的设计要求。

1)系统方案设计要求:结合通用规范的选择与剪裁,得出飞行控制系统设计的纲领性文件。

2)功能要求:自动飞行控制功能、地面遥控功能要求、状态检测与故障处理功能、飞行管理功能,任务设备管理功能。

3)性能指标要求:姿态航向稳定、控制精度和响应时间要求,高度保持精度要求,空速保持精度要求、模态切换要求、抗风能力要求、稳定余度要求等。

4）机载计算机、传感器选择与安装设计要求。

5）飞行控制软件设计要求。

6）接口交联关系要求：飞控系统与管理系统的机械、电气接口特性、通信帧结构等。

7）地面监测与控制要求：遥测数据种类、数量、显示布局、处理方法、指令设置，功能、按键等。

8）设备安装和设备供电要求。

4．多旋翼无人机飞行姿态的解算

姿态解算是指飞行控制系统的控制器读取自身传感器数据，实时计算多旋翼无人机的姿态角信息，控制器根据这些信息即可计算出各个旋翼升力的输出量，使多旋翼无人机保持平衡稳定或按控制指令调整飞行状态。姿态解算是多旋翼无人机稳定飞行的关键技术，解算速度和精度直接影响飞行器飞行的稳定性和可靠性。解算过程一般包括三步：数据滤波算法、姿态检测算法和姿态控制算法。现在有很多算法来解决这个问题，有兴趣的读者可参阅相关资料。

6.3.2 多旋翼无人机的 PID 控制

PID(Proportional Integral Derivative)控制是最早发展起来的控制策略之一，由于其算法简单、鲁棒性好和可靠性高，被广泛应用于工业过程控制，尤其适用于可建立精确数学模型的确定性控制系统。正因为它的简单易用性，所以成为最早实用化的控制器，应用近百年仍然处于无法取代的位置。

6.3.2.1 PID 控制的基本概念

1．PID 控制器的定义

PID 控制器是一个在工业控制应用中常见的反馈回路部件，它把收集到的数据和一个参考值进行比较，然后把两者差别用于计算新的输入值，这个新的输入值的目的是让系统的数据达到或者保持在设定的参考值。PID 控制器可以根据历史数据和差别的出现率来调整输入值，使系统更加准确且稳定。

PID 控制器的比例单元 P、积分单元 I 和微分单元 D 分别对应目前误差、过去累计误差及未来误差。若是不知道受控系统的特性，一般认为 PID 控制器是最适用的控制器。借由调整 PID 控制器的 3 个参数可以调整控制系统，设法满足设计需求。控制器的响应可以用控制器对误差的反应速度、控制器过冲的程度及系统振荡的程度来表示。典型的单级 PID 控制器框图如图 6-9 所示。

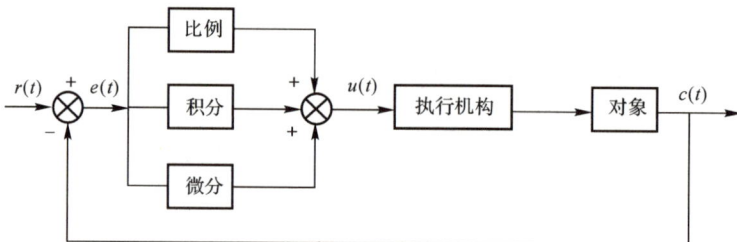

图 6-9　典型的单级 PID 控制器结构框图

有些应用只需要 PID 控制器的部分单元,将不需要单元的参数设为零即可。因此 PID 控制器可以变成 PI 控制器、PD 控制器、P 控制器或 I 控制器。其中又以 PI 控制器比较常用,因为 D 控制器对系统噪声十分敏感,但没有 I 控制器的话,系统一般不会回到参考值,而存在一个稳定的误差量。

2. PID 控制微分方程和传输函数

PID 控制本质上是一个函数,输入是期望的参考轨线,而输出控制信号,该控制信号再输入到被控系统中,使得被控系统的输出能够较好地达到期望轨线。

(1)PID 控制器的微分方程。

1)连续形式:

$$u(t) = k_\mathrm{P} e(t) + k_\mathrm{I} \int_0^t e(\tau)\mathrm{d}\tau + k_\mathrm{D}\frac{\mathrm{d}e(t)}{\mathrm{d}t} \tag{6-1}$$

2)离散形式:

$$u(t) = k_\mathrm{P} e(t) + k_\mathrm{I} \sum_{i=0}^{k} e(i) + k_\mathrm{D}\left[e(k) - e(k-1)\right] \tag{6-2}$$

式中:$u(t)$ 为控制输出;k_P 为比例增益;k_I 为积分增益;k_D 为微分增益;e 为误差 = 设定值（SP）－反馈值（PV）;t 为目前时间;τ 为积分变量,数值从 0 到目前时间 t。

(2)PID 控制器的传递函数为

$$H(s) = \frac{K_\mathrm{D}s^2 + K_\mathrm{P}s + K_\mathrm{I}}{s + C} \tag{6-3}$$

式中,C 是一个取决于系统带宽的常数。

3. PID 控制器功能

(1)比例控制器。比例控制器是最简单的一种控制器。不同比例增益 K_P,受控变量的阶跃响应(K_I 和 K_D 维持定值)如图 6-10 所示。

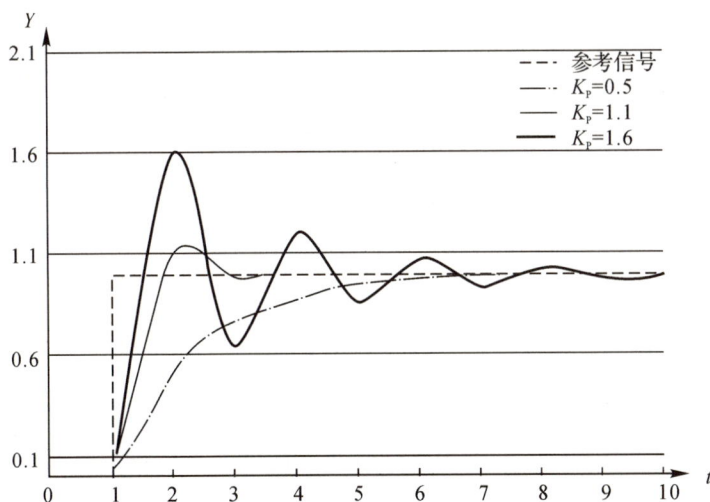

图 6-10　不同比例增益 K_P 系统对阶跃信号的响应

比例控制考虑当前误差,误差值和一个正值的常数 K_P（表示比例）相乘。K_P 只是在控制器的输出和系统的误差成比例的时候成立。比例控制的输出如下：

$$P_{out} = K_P e(t) \qquad (6-4)$$

若比例增益大，在相同误差量下会有较大的输出，但若比例增益太大，则会使系统不稳定。相反地，若比例增益小，则在相同误差量下，其输出较小，因此控制器会响应较慢。这会导致当有干扰出现时，其控制信号可能不够大，而无法修正干扰的影响。

比例控制在误差为 0 时，其输出也会为 0。若要让受控输出为非零的数值，就需其有一个稳态误差或偏移量。稳态误差和比例增益成正比，和受控系统本身的增益成反比。若加入一个偏置，或是加入积分控制，可以消除稳态误差。

（2）积分控制器。不同积分增益 K_I 下，受控变量对时间的变化（K_P 和 K_D 维持定值）如图 6-11 所示。

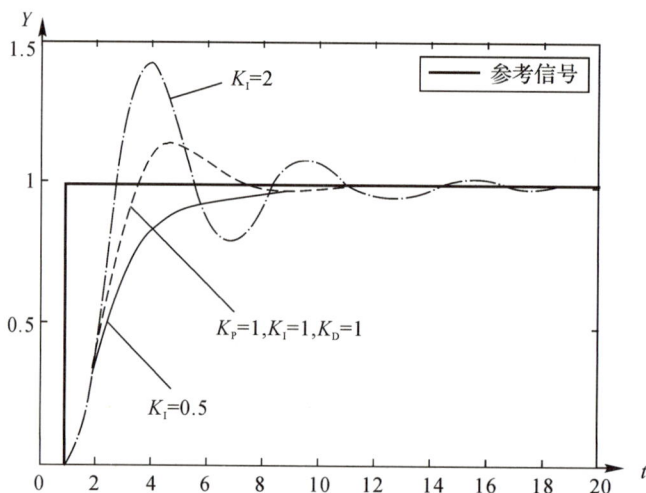

图 6-11　不同积分增益 K_I 下系统对阶跃信号的响应

积分控制考虑过去误差。将误差值在过去一段时间内的总和（误差和）乘以一个正值的常数 K_I。K_I 从过去的平均误差值来找到系统的输出结果和预定值的平均误差。一个简单的比例系统会振荡，会在预定值附近来回变化，因为系统无法消除多余的纠正。通过加上负的平均误差值，平均系统误差值就会渐渐减小。所以，最终这个 PID 回路系统会在设定值处稳定下来。

积分控制的输出如下：

$$I_{out} = K_I \int_0^t e(\tau) \mathrm{d}\tau \qquad (6-5)$$

积分控制会加速系统趋近设定值的过程，并且消除纯比例控制器出现的稳态误差。积分增益越大，趋近设定值的速度越快，不过因为积分控制会累计过去所有的误差，可能会使反馈值出现过冲情形。

（3）微分控制器。不同微分增益 K_D 下，受控变量对时间的变化（K_P 和 K_I 维持定值）如图 6-12 所示。

微分控制考虑将来误差，计算误差的变化率，并和一个正值的常数 K_D 相乘。这个变化率的控制会对系统的改变做出反应。导数的结果越大,那么控制系统就越能对输出结果做出更快速的反应。这个 K_D 参数也是 PID 被称为可预测的控制器的原因。K_D 参数有助于减少控制器短期的改变。实际中一些速度缓慢的系统可以不需要 K_D 参数。

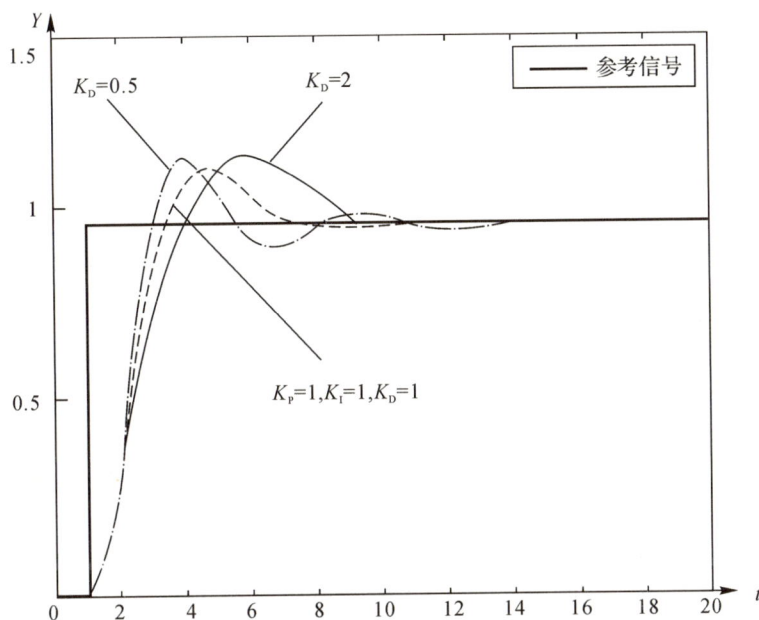

图 6-12　不同微分增益 K_D 下系统对阶跃信号的响应

微分控制的输出为

$$D_{out} = K_D \frac{de(t)}{dt} \tag{6-6}$$

微分控制可以提升整定时间及系统稳定性。不过因为纯微分器不是因果系统,因此在 PID 系统实现时,一般会为微分控制加上一个低通滤波器以限制高频增益和噪声。实际应用上较少用到微分控制,估计 PID 控制器中只有约 20% 用到了微分控制。

6.3.2.2　PID 参数调试

1. PID 参数调试的基本概念

PID 的参数调试是指通过调整控制参数(比例增益、积分增益/时间、微分增益/时间)让系统达到最佳的控制效果。稳定性(不会有发散性的振荡)是首要条件。此外,不同系统有不同的行为,不同的应用其需求也不同,而且这些需求还可能会互相冲突。PID 只有 3 个参数,在原理上容易说明,但 PID 参数调试是一项困难的工作,因为要符合一些特别的判据,而且 PID 控制有其限制存在。历史上有许多不同的 PID 参数调试方式,包括齐格勒尼科尔斯方法等,其中也有一些已申请专利。

PID 控制器的设计及调试在概念上很直接,但若有多个(且互相冲突)目标(例如高稳定性及快速的暂态时间)都要达到的话,在实际上很难完成。PID 控制器的参数若仔细调试会有很好的效果,相反地,若调试不当则效果会很差。一般初始设计常需要不断地进行环路模型仿真,并且修改参数,直到达到理想的性能或是可接受的偏差为止。有些系统有非线性的特性,若在无负载条件下调试的参数可能无法在满负载的情况下正常工作。对这样的系统可以利用增益规划的方式进行修正(在不同的条件下选用不同的数值)。

(1)稳定性。若 PID 控制器的参数未挑选妥当,则其控制器输出可能就是不稳定的,也就是其输出发散过程中可能有振荡,也可能没有振荡,且其输出只受饱和或是机械损坏等原因所限制。不稳定一般是因为过大增益造成,特别是针对环路延迟时间很长的系统。一般而言,PID 控制器会要求响应的稳定,不论程序条件及设定值如何组合,都不能出现大幅振荡的情形。不过有时可以接受临界稳定的情形。

(2)最佳性能。PID 控制器两个基本的需求是调整能力(抑制扰动,使系统维持在设定值)及命令追随(设定值变化下控制器输出追随设定值的反应速度)。有关命令追随的一些判据包括上升时间及整定时间。有些应用可能基于安全考虑,不允许输出超过设定值,也有些应用要求在到达设定值过程中的能量消耗可以最小化。

2.PID 参数调试的效果指标

(1)上升时间 t_r。上升时间是受控对象的输出从 0 到第一次增加到稳态输出值所消耗的时间(或输出量从 10% 增加到 90% 所消耗的时间)。

(2)超调量 σ。超调量是指在响应过程中,超出稳态值的最大偏离量与稳态值之比,即

$$\sigma = \frac{y_{\max} - y_{\infty}}{y_{\infty}} \times 100\% \qquad (6-7)$$

(3)调节时间 t_s。调节时间是输出曲线最终收敛于稳态值[5%(有的为 3%)以内]所用的时间。

(4)稳态误差 e_{ss}。稳态误差是指稳态值与参考信号输入值之差,即 $e_{ss} = r - y_{\infty}$。

3.PID 调试试的内容

P,I,D 3 个参数的内容为

(1)P:比例控制系统的响应快速性,快速作用于输出;

(2)I:积分控制系统的准确性,消除过去的累积误差,回到准确轨道;

(3)D:微分控制系统的稳定性,具有超前控制作用。

在参数调试的时候,所要做的任务就是在系统结构允许的情况下,在这 3 个参数之间权衡调整,达到最佳控制效果,实现稳快准的控制特点,PID 3 个参数增加的影响见表 6-2。

表 6-1　PID 3 个参数增加的影响

参数	上升时间	起调量	调节时间	稳态误差	系统稳定性
K_p 增加	减小	增加	小幅减小	减小	下降
K_I 增加	小幅减小	增加	增加	大幅减小	下降
K_D 增加	小幅减小	减小	减小	几乎不变	提高

4.PID 参数调试的步骤

(1)把 P,I 和 D 参数都归零或取固件默认值。

(2)逐步增大 P,一直到输出响应发生振荡,再稍微减小一点 P。

(3)稍微加入一点积分信号,用于修正存在的稳态误差。一般在偏航通道和定高模式时

会出现稳态误差。

（4）加入少量的 D 看看效果。注意：一些飞控板会尽量避免使用 D，因为微分项对测量噪声非常敏感，在传感器测量信号本身有较大噪声，且后期信号滤波处理并不好的情况下，应该尽量减小 D 的使用，否则反而会造成系统的不稳定。

（5）如果加入 D 后对输出响应有改善效果则可以适当增加 D，同时调整 P 使得上升时间较小且超调较小或无超调。

（6）反复调整 P，I 和 D 的值，直到输出响应达到最佳效果。

5. PID 的积分饱和

积分饱和是指如果执行机构已经到极限位置，仍然不能消除偏差时，由于积分作用，尽管 PID 差分方程式所得的运算结果继续增大或减小，但执行机构已无相应的动作，PID 算法积分饱和示意图如图 6－13 所示。积分饱和是理想 PID 算法实现时常见的问题。若设定值有大的变动，其积分量会有大幅的变化，大到输出值被上下限限制而饱和，因此系统会有过冲，而且即使误差量符号改变，积分量变小，但输出值仍被上下限限制，维持在上限（或下限），因此输出看似没有变化，系统仍会持续地过冲，一直到输出值落在上下限的范围内，系统的反馈值才会开始下降。此问题可以用以下方式处理：

（1）在控制变量离开可控制范围时，暂停积分；

（2）让积分值限制在一个较小的上下限范围内；

（3）重新计算积分项，使控制器输出维持在上下限之间的范围内。

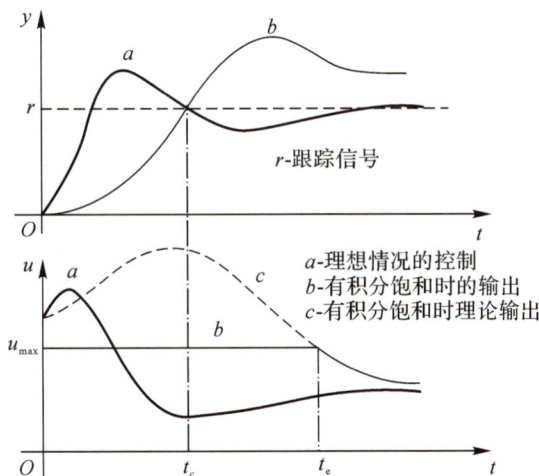

图 6－13　PID 算法积分饱和示意图

6. 串级 PID 控制器

两个 PID 控制器可以组合在一起得到更佳的效果，这方法称为串级 PID 控制。两个 PID 控制器中的一个 PID 控制器负责外回路，控制多旋翼无人机的飞行高度和水平位置等主要物理量，另一个 PID 控制器负责内回路，以外回路 PID 控制器的输出作为其目标值，控制快速变化的飞行姿态角参数等。

实际工作中，串级 PID 控制器内外回路控制器的参数可能会差很多，外回路的 PID 控制器有较大的时间常数，对应所有的飞行高度和水平位置控制需要的时间，内回路的 PID 控制器反应会比较快。每个控制器可以调整到符合其真正控制期望的系统，从而提高多旋翼无人机的自主飞行控制系统的工作效率，即采用串级 PID 控制器的主要优点是可以增加控制器的工作频率，减小其控制响应时间常数。

由于各传感器的测量数据往往会包含各种噪声，如果不加处理，会严重影响到 PID 控制器的工作，所以在实际中需要首先对信号进行滤波处理。常用的滤波方法是采用卡尔曼滤波。基于卡尔曼滤波的 PID 控制系统是通过卡尔曼滤波器对系统的一些噪声进行滤波处理之后，对系统的随机误差进行了比普通 PID 更进一步的补偿，获得了更为精确的系统模型，从而使系统的稳定性和精度以及响应时间都得到了有效的提高。但卡尔曼滤波知识比较复杂，设计的知识比较苦涩难懂，在此就不再叙述。有兴趣的读者可参考关于卡尔曼滤波的相关资料和书籍。

6.3.3 多旋翼无人机的自动飞行控制

自动飞行控制系统是多旋翼无人机的核心，多旋翼无人机要完成自主飞行，需要控制系统对内回路（姿态回路）和外回路（高度和水平位置回路）都具有良好的控制特性。实现自动飞行的核心与固定翼飞机完全相同。从有人驾驶向无人驾驶的发展，实际上是飞行自动化向飞行自主化的发展，飞控系统要扮演决策与控制的双重角色。

6.3.3.1 飞行控制系统的总体结构和分层结构

1. 多旋翼无人机飞行控制系统总体结构

多旋翼无人机飞行控制系统总体结构由机上及地面两部分组成，机上和地面系统通过数据通信系统直接耦合。地面驾驶员将操纵信号和飞控指令输入地面飞控系统计算机，经过计算机处理后，通过数据通信系统传输到机上自动驾驶仪系统计算机，经处理后去控制多旋翼无人机的飞行运动，多旋翼无人机飞行控制系统原理框图如图 6-14 所示。

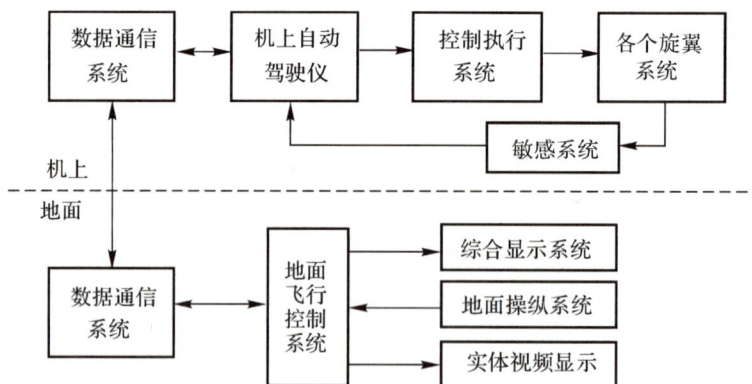

图 6-14 多旋翼无人机飞行控制系统原理框图

多旋翼无人机飞行控制方式有指令控制和自主控制两种，不论采取何种控制方式，机上系统的飞行参数和系统状态参数都要由机上自动驾驶仪通过数据通信系统传输到地面飞控系统，并在综合显示屏上显示出来。此外，地面显示系统还要显示多旋翼无人机实体及相对运动的视景,这些信息显示不但可使地面驾驶员了解多旋翼无人机系统飞行状态及发出操纵信号或控制指令,而且地面飞控系统也可根据这些信息自动发出控制指令。多旋翼无人机的飞行控制是很复杂的,其关键是实现自动化。由于飞行系统动力学不稳定,响应特性又快,操纵频繁,人力难以胜任,尤其在恶劣的飞行环境中和远距离飞行时,必须采用自主控制方式。

2.多旋翼无人机自驾仪控制的分层结构

多旋翼无人机飞行是一个典型的非线性、强耦合、多输入多输出的复杂系统,其飞行控制问题一直是研究的热点。经典的多旋翼无人机飞行控制系统(自驾仪)采用 PID 控制方法,由于其结构上的简单性,并且较少依赖精确的动态模型,PID 控制方法成为最常见的选择方式。目前,除了 PID 控制方法,随着计算机技术的发展,出现了以最优控制、自适应控制等为代表的多变量现代控制方法,如线形二次型最小二乘法,反馈线性化方法,非线性 H_∞ 优化方法,鲁棒、低阶补偿器设计方法,神经网络方法,模糊逻辑方法,学习控制技术,智能控制方法等。

自主飞行是无人机系统区别于有人驾驶飞行器最重要的技术特征,实现多旋翼无人机系统的自主控制,提高自驾仪智能程度是多旋翼无人机飞行控制系统的重要发展趋势。为了实现全自主飞行控制,多旋翼无人机的飞行控制(自驾仪)在内外环分层基础上,可以进一步细分为 4 个层次,分别为位置控制、姿态控制、控制分配和动力控制,多旋翼无人机自主控制闭环框图如图 6-15 所示。

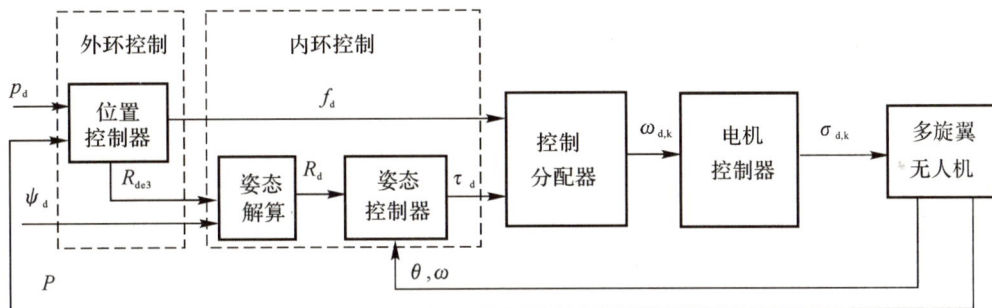

图 6-15　多旋翼无人机自主控制闭环框图

(1)位置控制。期望的三维位置 p_d(下标 d 表示期望值),以解算期望姿态角 Θ_d(滚转、俯仰和偏航 Φ_d,θ_d,Ψ_d),以及期望总升力 f_d。

(2)姿态控制。期望姿态角 Θ_d,以解算期望力矩 τ_d。

(3)控制分配。期望力矩和升力 τ_d,f_d,以解算电机转速 $\bar{\omega}_{d,k}$,或发动机油门 $\sigma_{d,k},k=1,2,\cdots,n$。

(4)动力控制。期望电机转速 $\bar{\omega}_{d,k}$,或发动机油门 $\sigma_{d,k},k=1,2,\cdots,n$。

6.3.3.2　多旋翼无人机飞行高度和位置调参方法

多旋翼无人机飞行高度调参在定高模式下进行,位置调参在悬停模式下进行,调整原则大同小异,从而分别理解 PID 各个参数的作用,分析飞行现象与响应曲线,做有针对性的调整,如图 6-16 和图 6-17 所示。

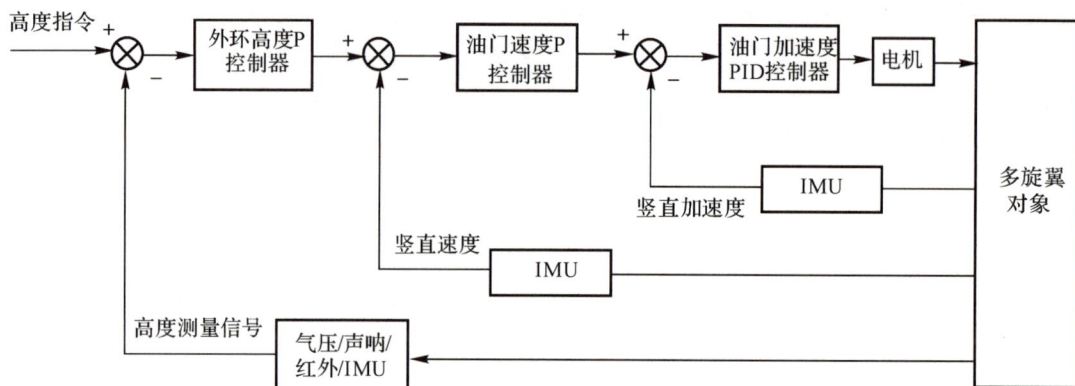

图 6-16　飞行高度 PID 调参方法框图

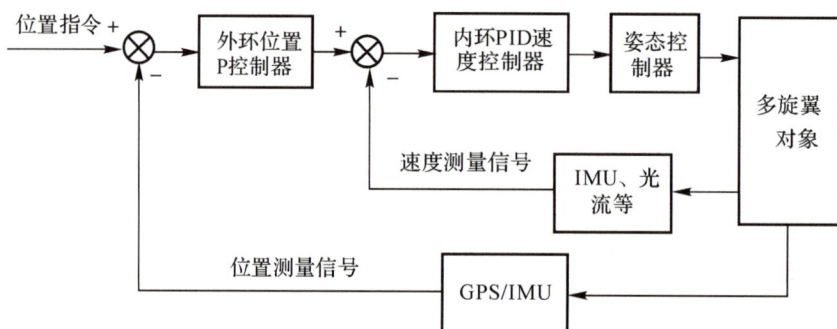

图 6-17　飞行水平位置 PID 调参方法框图

6.3.3.3　多旋翼无人机姿态控制

1.姿态控制的基本概念

多旋翼无人机采用分层控制,外层控制器为内层控制器提供指令,即把外环控制器得到的值当作理想值,这里就是将 θ 或者 R_d 作为姿态控制的期望。后续的姿态控制的目标就是使最终输出等于理想值。

不仅如此,一般要求收敛速度比水平通道动态快 4～5 倍。因此,目标像击鼓传花一样,传给姿态控制了。只要姿态控制被很好地实现,水平位置跟踪的问题也被完全解决了。多旋翼无人机姿态控制是其位置控制的基础。

2.多旋翼无人机飞行姿态 PID 调参方法

(1)用多旋翼无人机飞控自带的参数进行简单试飞(做好安全防护措施),记录飞行操作现象,分析飞控 log 文件,获取姿态响应曲线,如图 6-18 所示。

(2)调整内环角速度 P 增益,使得响应快速、无振荡、无超调。

(3)略微调整内环角速度 I 和 D 增益,进一步优化响应,适当返回去调整速度 P 增益。

(4)同理调整偏航内环角速度 P 增益,接着调整内环 I 和 D 增益,最后调整外环 P 增益。

(5)根据飞行效果,针对性地微调各个系数。

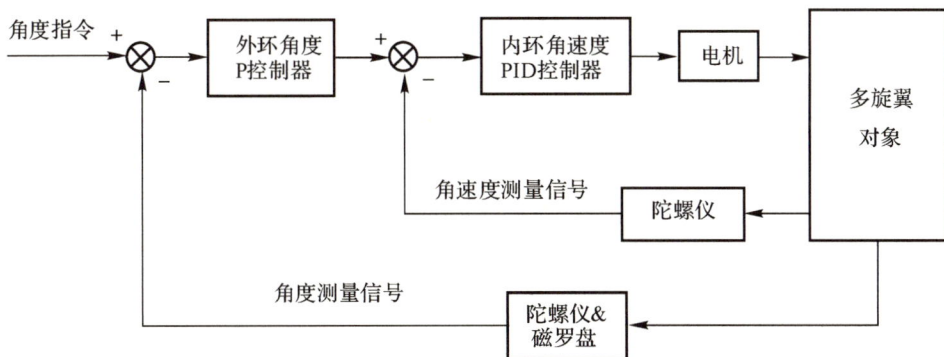

图 6-18　飞行姿态 PID 调参方法框图

6.3.4　多旋翼无人机动力控制

1.电动机控制

（1）开环控制。在开源自驾仪中，电机为开环控制，在得到 f_d,τ_d 之后，期望每个旋翼的转速为 $\tilde{\omega}_k,k=1,2,\cdots,n$，可通过控制分配直接得到，其与期望油门值成正比。开环控制器可以设计为

$$\sigma_{d,k}=a\tilde{\omega}_{d,k}+b \qquad (6-8)$$

式中，参数 a,b 可以通过位置和姿态控制器中的 PID 参数来补偿（见图 6-19）。

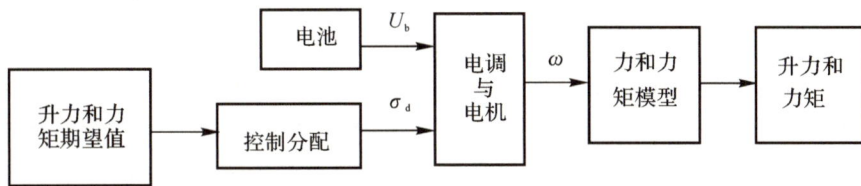

图 6-19　多旋翼无人机电机系统的开环控制及工作框图

（2）闭环控制。假设多旋翼无人机的每个旋翼的转速为 $\tilde{\omega}_k,k=1,2,\cdots,n$，大多数多旋翼都配置无刷直流电机，其利用反电势力来感知转子的整流，利用高频脉宽调制模块（PWM）来控制电机的电压。下面给出利用电机油门来实现电机控制的控制器设计。控制目标为：设计每个电机的输入油门 $\sigma_{d,k}$ 使 $\lim|\tilde{\omega}_k-\tilde{\omega}_{d,k}|=0$。以油门作为输入的电机模型，对应到多旋翼上每个电机的动态模型为

$$\tilde{\omega}_k=\frac{1}{T_m s+1}C_R\sigma_k+\tilde{\omega}_b \qquad (6-9)$$

式中：油门 σ_k 为输入，转子转速 $\tilde{\omega}_k$ 为输出。电机控制的目标是使控制误差最小化。

$$\sigma_{d,k}=k_{\tilde{\omega}}\tilde{\omega}_{ke} \qquad (6-10)$$

式中：$\tilde{\omega}_{ke}=\tilde{\omega}_k-\tilde{\omega}_{d,k}$ 为误差；$k_{\tilde{\omega}}$ 为实数，$\tilde{\omega}_k$ 为实际转速，可以通过嵌入在速度控制器中的电子整流器测得。

2.燃油发动机控制

多旋翼无人机上的燃油发动机控制一般可以分为开环控制和闭环控制。开环控制仅适

用于剩余功率大、转速稳定的微型多旋翼无人机,其优点是控制简单方便,但是控制品质差,对于飞行中可能遇到的干扰扰动抑制效果差。目前,多旋翼无人机燃油发动机控制大都采用闭环控制,如图 6-20 所示。

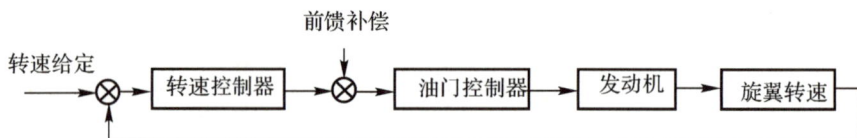

图 6-20　多旋翼无人机燃油发动机控制的闭环控制及工作框图

思政小课堂

2007 年,何涛大学毕业后来到四川甘孜藏族自治州电力有限责任公司,任发展部综合计划专员。

甘孜藏族自治州地处四川西部、康藏高原东南,境内地形复杂、山高林密。何涛很快在线路巡检、变电站规划选址等方面感受到当地地形给工作带来的不便。也正是在那段时间里,何涛萌生了运用技术手段提升线路巡检效率的想法。

2008 年,何涛开始接触遥控航空模型。2010 年,何涛又接触了无人机。为了进一步了解无人机,何涛每天在工作之余上网逛无人机论坛、看视频,还加入各种无人机微信群,和群友交流无人机技术相关的话题。渐渐地,何涛愈发痴迷于无人机的研发。为了自制无人机,何涛自掏腰包先后花费了近 20 万元,购买了车床、铣床、雕刻机、3D 打印机、飞行控制器及遥控器等无人机零部件。何涛回忆,那时候,自己设计制作的无人机经常坠机,所以他一直在反复修改图纸,优化无人机的结构。有次试验时,无人机的螺旋桨伤到他左手腕的主静脉和右手腕的肌腱。虽然受了伤,但他仍沉浸在无人机研发带来的乐趣中,也坚定了继续钻研无人机巡检技术的想法。

2012 年,由于工作调动,何涛从甘孜藏族自治州电力有限责任公司调到了永川供电公司发展策划部。2015 年 7 月,永川供电公司购置了第一台四旋翼无人机,为开展无人机巡检工作做准备。这项工作由该公司输电检修班负责。得知这一消息后,何涛主动申请加入,希望在岗位上圆梦。

永川供电公司输电检修班成员从未接触过无人机技术。当时,该班组只配备了两名兼职无人机操控员。何涛加入后成为该班组的一名专职无人机操控员。

2016 年 8 月的一天,兼职无人机操控员晏新和何涛聊天,说一条 110 千伏的输电线路被空飘物缠绕,处理难度较大,当时检修人员不得不采取停电方式处理。这件事让何涛好几天都没睡好觉。

"有一天,我看到一部战争片中出现了一个火焰喷射器。我就想能不能把火焰喷射器安装在无人机上面,对线路异物进行带电清除。"何涛说。被这个难题困扰好几天后,他终于有了一点启发,便着手开始设计图纸。

要在无人机上安装喷火装置,清除高空线路上的异物,这在行业内并无先例可以借鉴。

这对何涛来说既是机遇也是挑战。

2016 年 9 月,经过一个多月的研究和试验,何涛和两名兼职飞手自主研发出喷火清障无人机,名为"四旋翼喷火清障无人机"。面对普通的塑料袋、马蜂窝等附着在线路上的物体时,喷火清障无人机只需 10 余秒就能清理完毕。

喷火清障无人机的成功应用,让何涛获得了强烈的成就感。他在这款无人机的基础上不断改进,很快就研发出第二代六旋翼喷火清障无人机,并试飞成功。第二代无人机的机体搭载能力比第一代提升了 1 倍,续航时间增加 25%。2019 年,何涛研发出搭载矢量喷嘴的第四代六旋翼喷火无人机,并投入应用。到 2020 年年底,第四代六旋翼喷火无人机的喷火吊仓任务模块已改版 3 次。现在,喷火吊仓任务模块内载有燃料箱、油泵、自动点火和夜间照明装置。

4 年时间,4 代产品,何涛始终保持着精益求精的态度,钻研无人机巡检线路的智能化应用。

在为无人机巡检做前期准备工作的 1 年时间里,何涛好像随时都有灵感。他不断攻克无人机大数据和人工智能领域的新技术,把这些技术应用在无人机上。在一次次的登山巡线过程中,何涛总结、研究重庆地形特点,打算设计一款应用更广泛的无人机,并希望把无人机智能巡检技术推广到全行业。

最终,何涛及团队研发出了适用于山地地形的无人机自控软件和分析系统,让永川供电公司的线路巡检业务效率比过去提升了 5 倍。

习　　题

1. 旋翼飞行器包括哪几种飞行器?
2. 简述多旋翼无人机的飞行原理。
3. 以四旋翼无人机为例,简述多旋翼无人机的控制原理。
4. 多旋翼无人机平衡的物理意义是什么?
5. 画出多旋翼无人机自动飞行的原理框图。
6. 多旋翼无人机有几种飞行控制方式?
7. 说明 PID 控制的物理意义。
8. 画出典型的单级 PID 控制器的原理框图。
9. 所谓多旋翼无人机调参的目的是什么?

第七单元　无人机动力装置

　　无人机动力装置是保证发动机正常工作所必需的系统和附件的总称。无人机动力装置能够把其他形式的能转化为机械能,进而产生拉力或推力从而使无人机运动。其核心发动机被视为无人机的"心脏"。

教 学 要 求

　　(1)熟知无人机动力装置的基本概念;
　　(2)掌握电动机的工作原理;
　　(3)熟悉活塞发动机的结构组成;
　　(4)熟悉涡轮发动机的类型;
　　(5)培养学生具备严谨、细心、全面、追求高效、精益求精的职业素质;
　　(6)培养学生具备良好的道德品质、沟通协调能力和团队合作精神及极强的敬业精神。

内 容 框 架

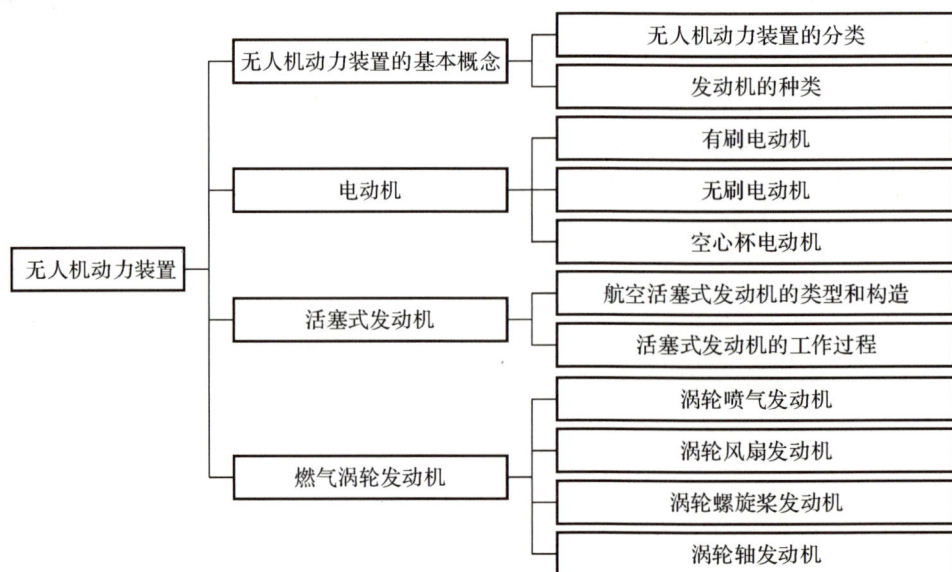

7.1 无人机动力装置的基本概念

7.1.1 无人机动力装置的分类

无人机动力装置根据其采用的动力类型不同可分为电动动力装置和油动动力装置。

1. 电动动力装置

电动无人机是以电动机带动螺旋桨产生前进动力的无人机。随着无人机的发展,环境污染和噪音等问题越来越受到业界的关注,对于电动动力装置来说,其对应的无人机相对较小,电力推进使无人机接近于零排放,深受用户认可。

电动动力装置主要由动力电源(电池)、调速控制系统(电子调速器)、动力电机(电动机)三部分组成,如图7-1所示。

图7-1 电动动力装置的组成

动力电源(电池)的作用主要是为电动机的运转提供电能。电动无人机通常采用化学电池作为动力电源,常见的化学电池主要有镍氢电池、镍镉电池、锂离子电池和锂离子聚合物电池等。

无人机调速控制系统称为电子调速器,简称电调。电调是根据控制信号的大小来调解电动机的转速。

动力电机(电动机)也称为发动机,主要由有刷直流电机、无刷直流电机以及空心杯电机等。

2. 油动动力装置

油动动力装置是由燃油发动机及其子系统组成。子系统主要包括燃油系统、滑油系统、传动系统等。

燃油发动机的主要作用是将燃料的化学能转化为机械能,主要有活塞发动机(见图7-2)和涡轮发动机(见图7-3)两大类。

燃油系统为燃油发动机的顺利工作提供了可靠的保障。其主要作用是储存、供油、调整和冷却,主要由燃油箱、输油管路、增压泵、防火开关、放油开关和燃油控制系统组成。

滑油系统主要由滑油箱、滑油泵、滑油滤、磁屑探测器、滑油散热器、油气分离器等组成,起到了一定的润滑、冷却、清洁和防腐作用。

传动系统将发动机的动力按一定的功率和转速传递到旋翼,驱动旋翼正常旋转。其主要包括主减速器、中间减速器、传动轴、联轴器、离合器和旋翼制动等。

图 7-2　活塞发动机

图 7-3　涡轮发动机

7.1.2　发动机的种类

发动机是一种将其他形式的能转化为机械能的装置,为无人机提供拉力或推力,是无人机动力装置的核心,被视为无人机的"心脏"。发动机性能的优劣对无人机的飞行速度、高度、续航里程等有很大的影响。在设计无人机的过程中,首先要解决的问题就是选择合适的发动机,以满足其技术要求。

无人机发动机按照动力来源可分为电动机和燃油发动机,如图 7-4 所示。

电动机按照换向方式可分为有刷电机和无刷电机。

燃油发动机按照性质可分为活塞发动机和涡轮发动机。涡轮发动机又可分为涡轮桨发动机、涡轮风扇发动机、涡轮喷气发动机和涡轮轴发动机。

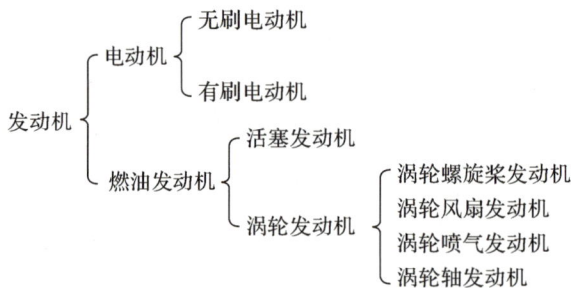

图 7-4　发动机的分类

7.2　电　动　机

动力电机(电动机)的主要作用是将电能转化为机械能,利用电能产生驱动转矩作为电器或各种机械装置的动力源。电动机按使用电源不同可分为直流电动机和交流电动机,无人机上采用的电动机主要是直流电动机,直流电动机按换向方式可分为有刷电动机和无刷电动机。

7.2.1 有刷电动机

1. 有刷电动机的结构组成

有刷电动机主要由定子和转子(电枢)两大部分组成(见图7-5),定子、转子之间存在的间隙称为气隙。

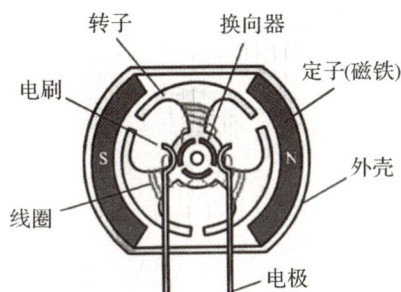

图7-5 有刷电动机的组成

定子是电动机的静止部分,主要用来产生磁场和机械支撑,主要包括主磁极、电刷装置、换向极、机座和端盖等,有刷直流电动机的结构组成如图7-6所示。

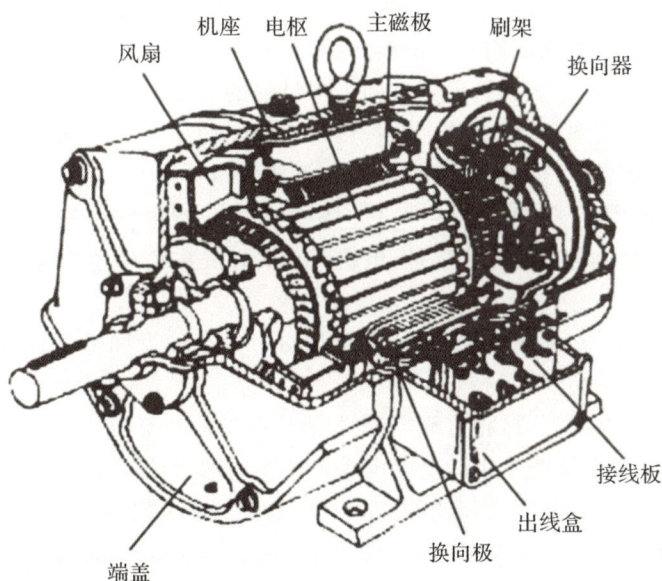

图7-6 有刷直流电动机的结构组成

主磁极包括铁芯和励磁绕组两部分,如图7-7所示。当励磁绕组中通入直流电流后,铁芯中即产生励磁磁通,并在气隙中建立励磁磁场。主磁极总是N、S两极成对出现,各主磁极的励磁绕组通常相互串联连接,连接时要能保证相邻磁极的极性按N、S交替排列。

电刷一般用石墨粉压制而成,由电刷、刷握、刷杆、刷杆座等组成,电刷装置结构图如图

7-8所示。其作用是通过电刷与换向器表面的滑动接触,将直流电压、直流电流引入或引出电枢绕组,与换向片配合,完成直流与交流的互换。

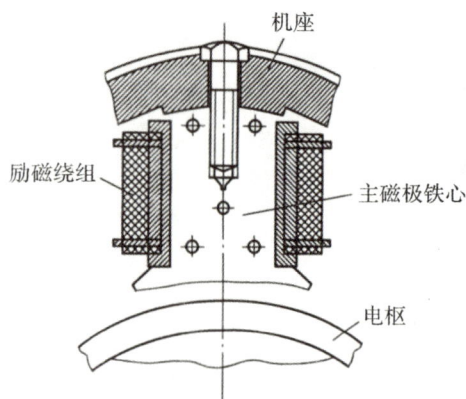

图 7-7 主磁极

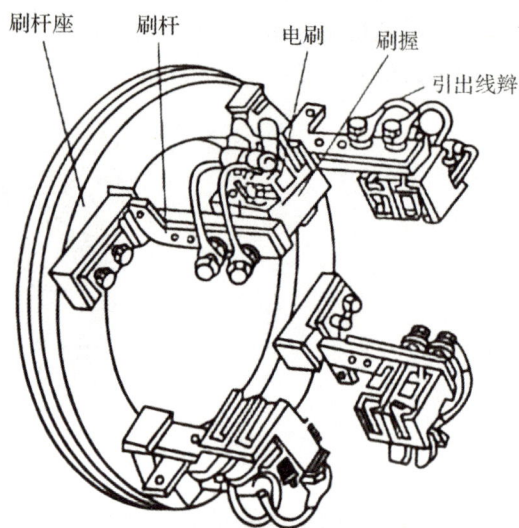

图 7-8 电刷装置结构图

换向极是位于两个主磁极之间的小磁极,又称附加极,用于产生换向磁场,以减小电流换向时产生的电火花,防止电刷和换向器之间出现过强的火花。

转子是电动机的转动部分,转子的主要作用是感应电动势,产生电磁转矩。它是能量转化的枢纽,主要包括电枢绕组、电枢铁芯和换向器等部分。

电枢绕组是用绝缘铜线绕制成的线圈,按一定规律嵌放到电枢铁芯槽中,并与换向器作相应的连接。电枢绕组是电机的核心部件,电机工作时在其中产生感应电动势和电磁转矩,实现能量的转换。

电枢铁芯固定在转子支架或转轴上,其表面有均匀分布的齿和槽,槽中嵌放电枢绕组,是电动机磁路的一部分。

换向器的作用是与电刷配合,将直流电动机输入的直流电流转换成电枢绕组内的交变电流,或是将直流发电机电枢绕组中的交变电动势转换成输出的直流电压。

气隙是电动机主磁极与电枢之间的间隙,小型电动机的气隙为 1~3 mm,大型电动机的气隙为 10~12 mm。因空气磁阻较大,气隙虽小,但却为电动机磁路的主要组成部分,在电动机磁路系统中有重要作用,其大小、形状对电动机性能有很大影响。

2.有刷电动机的工作原理

直流电动机的一个重要特点是电枢供电电源是直流电,而在电枢绕组中流过的电流却是交流的。图 7-9 所示为直流电动机的结构示意图,电刷 A 是正电位、B 是负电位,在 N 极磁场范围内的导体 ab 中的电流从 a 流向 b,在 S 极磁场范围内的导体 cd 中的电流从 c 流向 d。

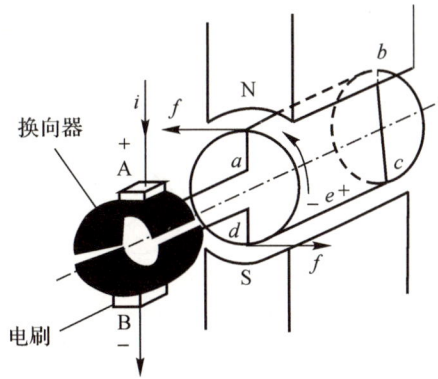

图 7 - 9　有刷电动机的工作原理

　　根据磁场方向和导体中的电流方向,利用左手定则分析,ab 边的受力方向向下,而 cd 边的受力方向则向上。由于磁场是均匀的,导体中流过的又是大小相等的电流,因此,ab 和 cd 两边将分别受到大小相等、方向相反的电磁力 F 的作用,从而使线圈产生电磁力矩并按逆时针方向转动。当线圈转到磁极的中性面时,线圈中的电流等于零,此时电磁力矩也等于零,但由于转子的惯性作用线圈将继续转动。

　　线圈转过一周后,ab 和 cd 调换位置,ab 转到 S 极范围内,cd 边转到 N 极范围内,但由于换向片和电刷的作用,转到 N 极的 cd 边中的电流也改变了方向,即从 d 流向 c,相反在 S 极下的 ab 边中的电流则是从 b 流向 a,因此,两边电磁力 F 的方向仍然不变,线圈将继续在电磁力矩的作用下按逆时针方向转动。这样周而复始,线圈就可以通过齿轮或皮带等传动机构,持续不断地带动其他机械部件(如螺旋桨)做功。

　　无人机使用的动力电机可以分为两类:有刷直流电动机和无刷直流电动机。其中,有刷直流电动机由于效率较低,在无人机领域已逐渐被淘汰。

　　与其他直流电动机相比,永磁无刷直流电动机体积小、效率高、结构简单,是小功率直流电动机的主要类型。永磁无刷直流电动机是由一块或多块永磁体建立磁场的直流电动机,其特点是取消了一般传统电动机上必不可少的电刷,是一种由电动机主体和驱动器组成的典型的机电一体化产品,可以通过改变电枢电压方便地进行调速。

7.2.2　无刷电动机

　　无刷直流电动机是一种不使用机械结构换向电刷而直接使用电子换向器的新型电动机。它是一种最具发展前途的机电一体化电机系统。

　　1. 无刷直流电动机的结构组成

　　无刷直流电动机属于三相永磁同步电动机的范畴,其磁场来自电动机转子上的永久磁铁,其结构由电子开关线路、永磁同步电动机主体和位置检测装置三部分组成,是一种典型的机电一体化产品,如图 7 - 10 所示。无刷直流电动机的基本结构与有刷直流电动机相似,也有转子和定子,但与有刷直流电动机的结构相反。有刷直流电动机的转子是线圈绕组和动力输出轴相连,定子是永磁磁钢。与有刷直流电动机相反,无刷直流电动机的转子是永磁磁钢,连同外壳一起和输出轴相连,定子是绕组线圈,去掉了有刷直流电动机用来交替变换电磁场的换向电刷,故称之为无刷直流电动机。

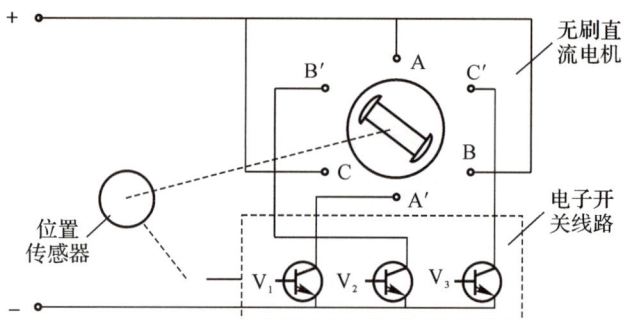

图 7-10　无刷直流电动机的基本组成

电子开关线路根据位置检测装置反馈的信号,触发开关线路中的功率开关器件使之导通或截止,从而控制电动机的转动。

永磁同步电动机结构如下。

1)转子的类型有凸极式和内嵌式两种,均由永磁体、导磁体和支承零部件三部分组成。永磁体和导磁体是产生磁场的核心,由永磁材料和导磁材料组成。常用的永磁材料有铁氧体、铝镍钴、钕铁硼和高磁能积的稀土永磁材料等。支承零部件主要是指转轴、压圈和轴套等。

2)定子。定子主要由电枢绕组和定子铁心组成。定子绕组是电动机本体的重要组成部分。当电动机通电后,电枢绕组因通入电流产生磁动势,与转子永磁体产生的磁动势相互作用进而产生转矩。绕组一般分为集中绕组和分布绕组。集中绕组制造简单,相对于分布绕组来说空间利用率差,发热集中,对散热不利。定子铁心通常由硅钢片叠压而成,其优点是可减少定子的铁损。

位置检测装置安装在转子轴上,用来检测转子磁场相对于定子绕组的位置关系。常用的位置检测装置分为直接检测式和间接检测式。直接检测式位置检测装置按原理不同可分为磁敏式、光电式和电磁感应式。现在应用比较广泛的是基于霍尔效应原理的磁敏式元件,其次是基于光电效应的发光二极管和光敏晶体管的光电转换器件。电磁感应式位置检测装置早期应用广泛,现已很少用。

间接检测式位置检测装置是指无位置传感器控制技术,主要通过电动机内容易获取的电压或者电流信号,经过一定的算法处理得到转子的位置信号。其常用的检测方法有反电动势法、三次谐波检测法、磁链法、电感检测法等。目前较成熟的检测方法是反电动势法。

所谓无刷直流电动机,就其基本结构而言,可以认为是一台由电子开关线路、永磁式同步机以及位置检测装置三者组成的"电动机系统"。其原理框图如图 7-11 所示。

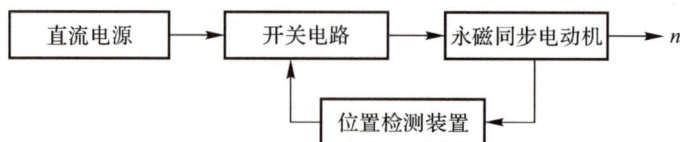

图 7-11　无刷直流电动机的原理框图

2．无刷直流电动机的工作原理

与普通结构的永磁直流电动机不同,在直流无刷电动机中,电枢绕组放置在定子上,永磁体则放置在转子上。定子各相电枢绕组相对于转子永磁体的位置,由转子位置传感器通过电子方式或电磁方式感知,并利用其输出信号,通过电子开关线路,按照一定的逻辑程序去驱动与电枢绕组相连接的电力电子开关器件,把电流导通到相应的电枢绕组中。

三相无刷直流电动机半控桥型电路原理图如图7-12所示,采用光电器件作为位置传感器,以3只功率晶体管V1,V2和V3构成功率逻辑单元,它们的安装位置各相差120°,均匀分布在电动机一端。借助安装在电动机轴上的旋转遮光板,使得从光源射来的光线依次照在各个光电器件上,并依照某一光电器件是否被照射到光线来判断转子的磁极位置。开关顺序及定子磁场旋转示意图如图7-13所示。如图7-12所示的转子位置和如图7-13(a)所示的位置相对应。

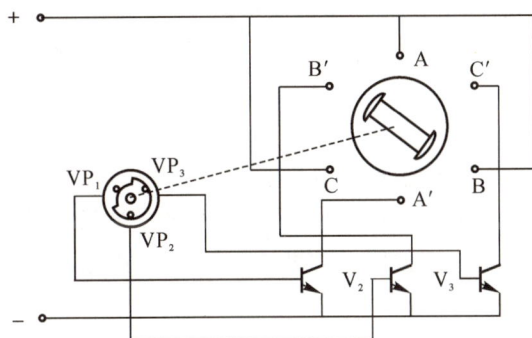

图7-12　三相无刷直流电动机半控桥型电路原理图

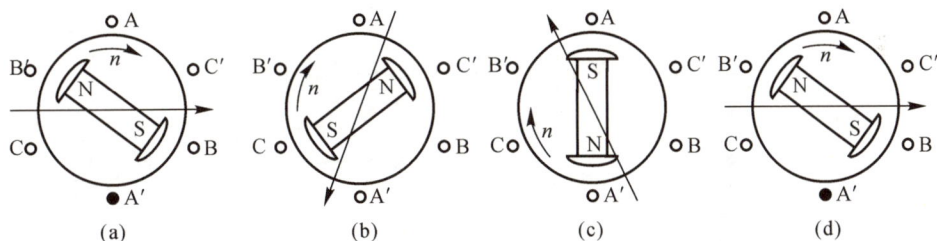

图7-13　开关顺序及定子磁场旋转示意图

由于此时光电器件V被光照射,使得功率晶体管V1呈导通状态,电流流入绕组A—A′,该绕组电流同转子磁极作用后所产生的转矩使转子磁极按如图7-13(a)所示的顺时针方向运动。当转子磁极转到如图7-13(b)所示的位置时,直接装在转子旋转轴上的旋转遮光板亦跟着同步旋转,并遮住VP1而使VP2受光照射,使得晶体管V1截止,V2导通,电流从绕组A—A′断开而流入绕组B—B′,使得转子磁极继续朝箭头的方向转动,并带动遮光板同时朝顺时针方向旋转;当转子磁极转到如图7-13(c)所示的位置时,旋转遮光板已经遮住VP2,使VP3被光照射,导致晶体管V2截止、V3导通,电流流入绕组C—C′,于是驱动转子磁极继续朝顺时针方向旋转,并重新回到如图7-13(a)所示的位置,如图7-13(d)所示。

随着转子的连续旋转,位置传感器不断地发送转子位置信号,使电枢绕组不断地依次通电,不断地改变通电状态,从而使得转子各磁极下电枢导体中流过的电流的方向始终不变。这就是无刷直流电动机电子换向的实质。

7.2.3 空心杯电动机

1.空心杯电动机的基本结构

空心杯电动机属于直流、永磁、伺服微特电机,与普通电机的主要区别是采用无铁芯转子,也叫空心杯型转子。空心杯电动机具有突出的节能特性、灵敏方便地控制特性和稳定的运行特性,作为高效率的能量转换装置,代表了电动机的发展方向之一。微特电机,全称微型特种电机,简称微电机,是指直径小于 160 mm 或额定功率小于 750 W 或具有特殊性能、特殊用途的微型特种电机。微电机常用于控制系统中,实现机电信号或能量的检测、计算、放大、执行或转换等功能,或用于传动机械负载,也可作为设备的交、直流电源。空心杯电机的应用,从军事、高科技领域进入大工业和民用领域后,十多年来得到迅速的发展,已经涉及大部分行业和许多产品,尤其是在民用航空无人机领域,深受广大专业技术人员的青睐。

空心杯电动机在结构上突破了传统电机的转子结构形式,采用无铁芯转子,彻底消除了由于铁芯形成涡流而造成的电能损耗,同时其重量和转动惯量大幅降低,从而减少了转子自身的机械能损耗。转子的结构变化使电动机的运转特性得到了极大改善,不但具有突出的节能特点,更为重要的是具备了铁心电动机所无法达到的控制和拖动特性。

空心杯电机分为有刷和无刷两种,有刷空心杯电机转子无铁芯,无刷空心杯电机定子无铁芯。空心杯电机三角形连接的三相挤式主电路如图 7-14 所示。

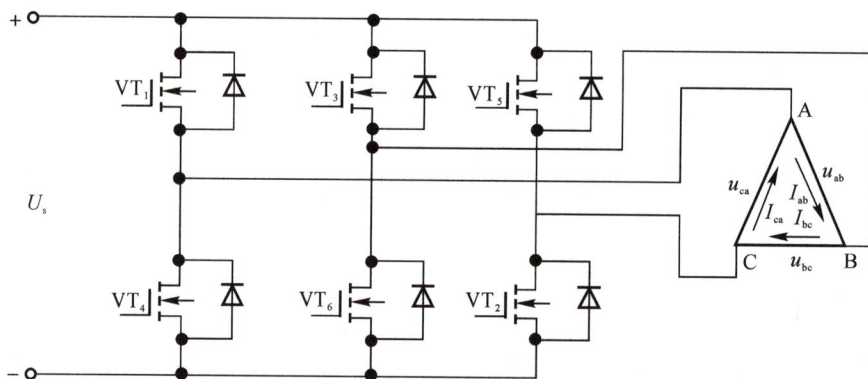

图 7-14 空心杯电机三角形连接的三相挤式主电路

2.空心杯电机的主要特性

空心杯电动机具有十分突出的节能、控制和拖动特性,主要包括以下几个方面。

(1)节能特性。能量转换效率很高,其最大效率一般在 70% 以上,部分产品可达到 90% 以上(有铁芯电动机一般在 20%~50%)。

(2)控制特性。启动、制动迅速,响应极快,机械时间常数小于 28 ms,部分产品可以达到 ms 以内(有铁芯电动机一般在 100 ms 以上);在推荐运行区高速运转状态下,可对转速进进行灵敏的调节。

(3)拖动特性。运行稳定性十分可靠,转速的波动很小,作为微电机,其转速波动能够控制在2%以内。

(4)能量密度特性。空心杯电机的能量密度大幅度提高,与同等功率的有铁心电动机相比,其重量、体积减轻了1/3~1/2。

3.空心杯电机在微型多旋翼无人机上的应用

由于空心杯电动机克服了有铁芯电动机不可逾越的技术障碍,而且其突出的特点集中在电动机的主要性能方面,使其具备了广阔的应用领域。尤其是随着工业技术的飞速发展,对电动机的伺服特性不断提出更高的期望和要求,使空心杯电动机在很多应用场合拥有不可替代的地位。

空心杯电动机的应用,从军事、高科技领域进入大工业和民用领域后,十多年来得到迅速的发展。微型多旋翼无人机利用空心杯电动机重量轻、体积小、能耗低的优点,可以最大限度地减轻本身的重量,具体说来是采用有刷直流空心杯电机结合MOS管驱动电路作为动力。由于空心杯电机需要的电流较大,因此常常将空心杯电机的一端接到V_{cc}上面(微型多旋翼无人机的V_{cc}电压通常是3.7 V),另一端用MOS管控制通断,并接到GND(公共端)上面。当信号输入端为高电平时,MOS管接通,则原本接到电机一端的MOS管D极与GND连通,加上原本接到V_{cc}的电机的另一条线,电机开始旋转;当信号输入端为低电平时,MOS管截止,电机停止。因此,通过调节信号输入端的脉冲宽度调制(PWM波占空比)),就可以控制空心杯电机的转速快慢。在使用的时候,电机的两根电源线调换位置会导致旋转方向反向,注意电机的旋转方向与上面螺旋桨的配合。

7.3　活塞式发动机

7.3.1　航空活塞式发动机的类型和构造

活塞式发动机是最早的航空发动机,也是多旋翼无人机目前使用最广泛的动力装置之一,其技术已经非常成熟。航空活塞式发动机分为往复活塞式和旋转活塞式两大类,它们都是依靠活塞在汽缸中的往复或旋转运动使气体工质完成热力循环,将燃料的化学能转化为机械能的热力机械。其中往复活塞式发动机是发展历史最长,技术最为成熟,使用最多,应用最广泛的航空活塞式发动机。因此,一般谈到航空活塞式发动机时,如果没有特别提示或声明,通常指的都是往复活塞式发动机。

1.航空活塞式发动机的分类

航空活塞式发动机是依靠活塞在汽缸中的往复运动使气体工质完成热力循环,将燃料的化学能转化为机械能的热力机械。其类型可按照以下方式划分。

(1)按混合气形成的方式划分,可分为汽化器式发动机和直接喷射式发动机。

1)汽化器式发动机:装有汽化器,燃料和空气预先在汽化器内混合好再进入发动机汽缸内燃烧。

2)直接喷射式发动机:装有直接喷射装置,燃料由直接喷射装置直接喷入汽缸,然后同空气在汽缸内混合形成混合气。

（2）按发动机的冷却方式划分，可分为气冷式发动机和液冷式发动机。

1）气冷式发动机：直接利用迎面气流来冷却汽缸。

2）液冷式发动机：利用循环流动的冷却液来冷却汽缸，由冷却液把吸收的热量耗散到周围的大气中。

（3）按空气进入汽缸前是否增压划分，可分为增压式发动机和吸气式发动机。

1）增压式发动机：发动机上装有增压器，外界空气先经过增压器提高压力后，然后再进入汽缸。

2）吸气式发动机：发动机上没装增压器，工作时外界空气被直接吸入汽缸。

（4）航空活塞式发动机的汽缸通常排列在发动机的壳体（机匣）上，按照汽缸的排列方式又可分为直列型和星型，如图 7-15 所示。

1）直列型活塞式发动机：直列型活塞式发动机的汽缸沿机匣前后成行排列，分为对缸、V 形、W 形等排列方式。

2）星型活塞式发动机：星型活塞式发动机的汽缸以曲轴为中心沿机匣向外呈辐射状均匀排列。

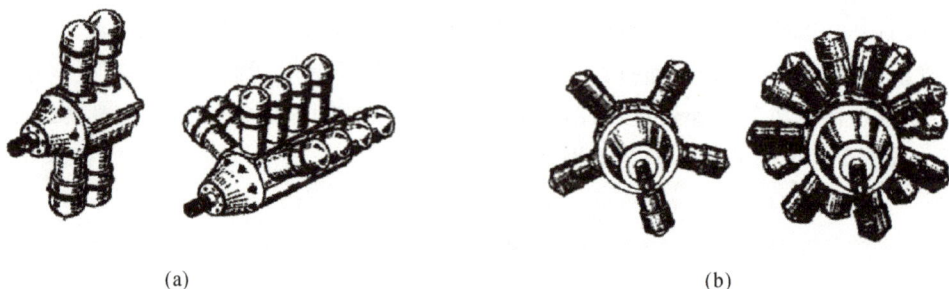

(a)   (b)

图 7-15 航空活塞式发动机汽缸排列方式示意图
(a)直列型活塞式航空发动机； (b)星型活塞式航空发动机

2. 航空活塞式发动机的基本结构

航空活塞式发动机是一种利用一个或多个活塞将压力转换成旋转动能的发动机，是一种 4 冲程、电点火的汽油发动机，主要由汽缸、活塞、连杆、曲轴、气门机构、螺旋桨减速器和机匣等组成（见图 7-16）。

（1）汽缸。汽缸呈圆筒形固定在机匣上，是混合气进行燃烧并将燃烧释放出来的热能转变为机械能的地方。汽缸由汽缸头和汽缸筒两部分组成。

1）汽缸头：汽缸头提供了混合气燃烧的空间。在汽缸头上安装有进气门、排气门、两个电嘴以及进、排气操纵机构及散热片。

2）汽缸筒：汽缸筒由筒体和钢衬套组成。汽缸筒的外表面镶制有散热片，便于散热冷却。

（2）活塞。活塞装在汽缸里面，并在汽缸内做往复非匀速的直线运动，将燃气所做的功传递出去。

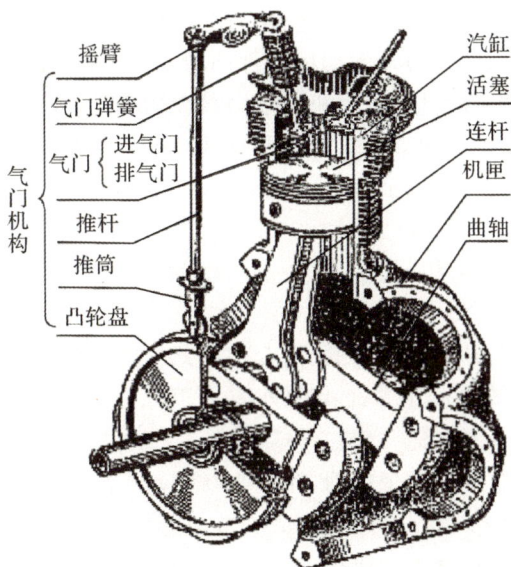

图 7-16　航空活塞式发动机主要结构示意图

活塞由活塞柱、活塞销和活塞涨圈三部分组成。

1)活塞柱:活塞柱的形状具有一定的椭圆度,所起的作用是在工作温度下能与汽缸配合得更好。活塞的顶面可以是平面、凸面或凹面。在活塞的头部可以加工出两个凹槽,以防止与气门相碰撞。

2)活塞销:活塞销的功用是连接活塞和连杆。用于现代航空活塞发动机的活塞销大多是全浮动式的,这样的活塞销可以在活塞和连杆活塞销轴承中间自由转动。

3)活塞涨圈:活塞涨圈安装在活塞涨圈槽内,借助本身的弹力和燃气从内面作用的侧压力而紧压在汽缸壁上,可防止燃气从燃烧室中泄漏出去及阻挡滑油流向燃烧室,使渗到燃烧室中的滑油量降到最小。

(3)连杆。连杆一端连接活塞,另一端与曲轴相连,起着传递力的作用,并与曲柄一起将活塞的直线运动转变为旋转运动。连杆必须具有足够的强度和刚度,以保证传力可靠。此外,重量还要小,以便在连杆和活塞停止运动、改变方向和从每个死点再次运动时能减小惯性力。连杆有以下三种类型。

1)普通型连杆:普通型连杆用在直立式和对立式发动机上。连杆装曲拐销的杆端用一个盖板和一个分体轴承通过夹紧螺栓装在一起。

2)叉片型连杆:叉片型连杆用在 V 形发动机上。连杆由叉杆和片杆组成,叉杆在曲轴端分叉,为片杆活动提供空间。叉杆和片杆在曲轴端用夹紧端盖和同一个分体轴承连接。

3)主副连杆:星形发动机上通常用主副连杆机构。每一排中有一个汽缸的活塞通过主连杆与曲轴连接,其他汽缸的活塞通过副连杆连接到主连杆上。主连杆是活塞销与曲柄销的连接杆件,曲柄销端称为大端,容纳曲柄销或主连杆轴承的端周围的凸缘供副连杆安装用。副连杆通过副连杆销连接到主连杆上,活塞销端称为活塞端,又叫小端,与 1 号汽缸中的活塞相连。

（4）曲轴。曲轴的主要功用是将活塞和连杆的往复运动转变为旋转运动,把发动机产生的功率传给螺旋桨。此外,曲轴还带动发动机附件凸轮盘、增压器等运转,并保证在非做功行程时连杆和活塞也能运动。曲轴是发动机上承力最大的构件,要求具有足够高的强度,通常由高强度合金钢锻造而成。在曲轴上安装有平衡块（配重）和阻尼器（减振器）,平衡块用来保证曲轴的静平衡,阻尼器用来保证曲轴的动平衡,以减小发动机的振动。曲轴的类型有以下四种。

1)单曲拐曲轴:单曲拐曲轴是最简单的,由前后轴颈、两个曲拐颊、曲拐销和配重组成。此类曲轴应用于单排星型发动机中。

2)双曲拐曲轴:双曲拐曲轴由前后轴颈、两个曲拐颊、两个曲拐销和中间部件组成。两个曲拐互成 180°,曲拐颊一端带配重。此类曲轴应用于双排星型发动机和 4 缸 V 型发电机中。

3)三曲拐曲轴:三曲拐曲轴有三个曲拐,互成 120°,应用于 3 缸直立式发动机和 6 缸 V 型发动机。

4)四曲拐曲轴:四曲拐曲轴有 4 个曲拐,成 180°排列,应用于在缸直立式发动机、4 缸对立式发动机和 4 排星型发动机。

（5）气门机构。发动机工作时汽缸内不断地进行着气体的新陈代谢,气门机构的作用是控制气门开启和关闭,保证新鲜混合气在适当的时机进入汽缸,以及保证燃烧做功后的废气适时地从汽缸中排出。气门机构由凸轮盘、滚轮、挺杆、推杆、推筒、调整螺丝、摇臂、转轮、气门弹簧等组成。气门机构的工作流程是凸轮盘上有许多凸起的部分,凸起部分顶着一个凸轮滚轮或随动轮工作,凸轮滚轮依次推动挺杆和推杆,推杆叉作用于摇臂而打开气门;当凸轮滚轮和挺杆沿着凸轮盘较低的部分滚动时,气门弹簧在气门杆上滑动,通过气门弹簧座锁扣和气门杆环形槽将气门压在气门座上,这时气门就关闭,并将气门机构推向相反的方向。

（6）机匣。机匣作为发动机的壳体,外部装有汽缸、附件和辅助零件,内部装有发动机主要机构的轴承和支座。依靠装在机匣上的结合支座,可将发动机固定在飞机的发动机安装架上。由机匣壁组成的内腔,可使飞溅的滑油去润滑发动机的一系列零件,并汇集工作过的滑油。

1)直列型活塞式发动机机匣:直列型活塞式发动机机匣通常包括主机匣、增压机匣和后盖。

2)星型活塞式发动机机匣:星型活塞式发动机机匣通常包括前机匣、中机匣、增压机匣和附件机匣（后盖）。各部分机匣是用螺栓连接起来的,为避免连接处漏油,通常使用胶圈、橡胶条等进行封严。

7.3.2 活塞式发动机的工作过程

活塞式发动机的工作过程可以在 2 个或 4 个行程内完成,分别称为二冲程活塞式发动机或四冲程活塞式发动机。对于四冲程发动机,完成一个工作循环需要 4 个冲程,曲轴要转两 2 圈;而二冲程发动机,完成一个工作循环仅需要 2 个冲程,曲轴转 1 圈。大多数往复式活塞发动机都安装有增压器,空气进入气缸之前先经过增压器增压,增加进入气缸的空气量。

1. 四冲程活塞式发动机的工作过程

航空活塞式发动机工作时,混合气从进入汽缸起,经过压缩、燃烧、膨胀,直到废气排出。在整个过程中,活塞从上死点到下死点之间往返了2次,即连续地移动了4个行程。

在这4个行程中,分别完成了进气、压缩、膨胀和排气的工作,故这4个行程相应地叫做进气行程、压缩行程、膨胀行程和排气行程。从进气行程开始,到排气行程结束,4个行程组成一个工作循环,如图7-17所示。

1)进气行程。在进气行程中,排气门始终关闭。活塞在上死点时进气门打开。因此,当活塞从上死点向下死点移动时,汽缸内容积扩大,压力减小,在汽缸内外压力差的作用下,混合气经过进气门进入汽缸。活塞到达下死点时,进气门关闭,不再进气,于是进气行程结束,如图7-17(a)所示。

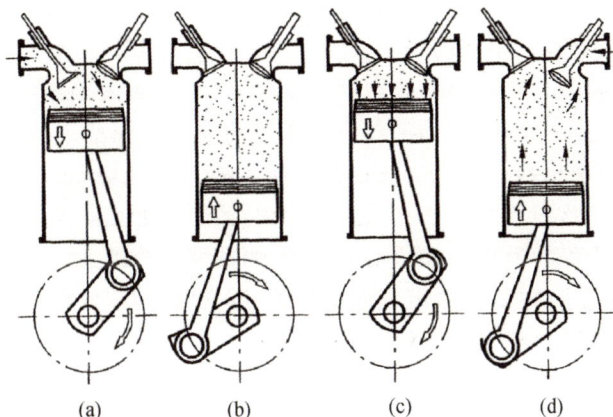

图7-17　航空活塞式发动机工作4行程示意图
(a)进气行程；　(b)压缩行程；　(c)膨胀行程；　(d)排气行程

2)压缩行程:在进气行程之后,活塞从下死点往上死点移动,此时由于进气门和排气门都关闭着,使汽缸内的容积不断缩小,混合气经过压缩后压力和温度升高,成为压缩行程。活塞到达上死点时,压缩行程也就结束[见图7-17(b)]。

3)膨胀行程:在压缩行程结束时,电嘴产生电火花,将压缩后的混合气点燃。膨胀行程就是混合气燃烧膨胀做功的一个行程,也就是发动机赖以产生动力的一个行程,即工作行程。在膨胀行程中,进气门和排气门仍然关闭着,混合气在电嘴点火后的瞬间全部烧完,放出大量的热能,燃气的温度和压力急剧升高。燃气在膨胀的同时,以很大的压力推动活塞,使活塞从上死点向下死点移动,这样燃气便做了功。燃气在膨胀做功的过程中,所占的容积逐渐扩大,压力和温度不断下降,直到活塞到达下死点时膨胀行程就结束[见图7-17(c)]。

4)排气行程:燃气膨胀做功以后就变为废气。为了再次把新鲜混合气送入汽缸,以便连续工作,必须把废气排出汽缸。排出废气的工作便是靠排气行程来完成的。在排气行程中,进气门仍然关闭着。当膨胀行程结束、活塞到达下死点时排气门打开,废气便在汽缸内外气体的压力差及活塞从下死点向上死点移动的推压作用下排出汽缸。活塞到达上死点时排气门关闭,排气行程结束[见图7-17(d)]。

排气行程结束后,活塞又重复进行进气行程、压缩行程、膨胀行程、排气行程。从进气行程开始到排气行程结束,活塞运动了 4 个行程,完成了一个工作循环。一个循环结束后又接着下一个循环,航空活塞式发动机连续不断地工作,热能就不断地转变为机械能。在一次工作循环中,曲轴共转了两圈,进、排气门各开、关一次,点火一次,气体膨胀做功一次。活塞在 4 个行程中,只有膨胀行程获得机械功,其余 3 个行程都要消耗一部分功,消耗的这部分功比膨胀得到的功小得多。因此从获得的功中扣除消耗的那部分功,所剩下的功仍然很大,用于驱动附件和旋翼旋转。

2. 二冲程活塞式发动机的工作过程

二冲程活塞式发动机与四冲程活塞发动机的工作原理没有本质区别,同样需要完成进气、压缩、膨胀、排气 4 个过程。二冲程循环与四冲程循环的区别只是冲程数量不同,二冲程活塞式发动机以两个冲程完成上面一个工作循环。

图 7-18 是一个典型的二冲程汽油活塞式发动机的工作原理图。第一行程中,活塞从下止点向上止点运动,行程开始前的一小段时间内,进气门和排气门均已开启,利用从扫气泵流出的空气使汽缸换气。当活塞继续向上运动时,进气孔被关闭,排气门也随后关闭,空气受到压缩,当活塞接近上止点时,喷油器将高压燃油喷入燃烧室进行雾化,燃油和空气混合后燃烧,二冲程的汽油机则在扫气换气过程中换入油气混合物,通过火花塞点燃,使汽缸内压力增大,至此,第一次行程结束。在第二行程中,活塞从上止点向下止点运动,开始时气体膨胀,推动活塞向下运动,其中发动机对外做功,当活塞下行到大约一半行程时,排气门开启,排出废气,汽缸内压力降低,活塞继续向下运动,进气门打开,新鲜空气进入汽缸,换气一直延续到活塞向上运动直到进气孔关闭结束。

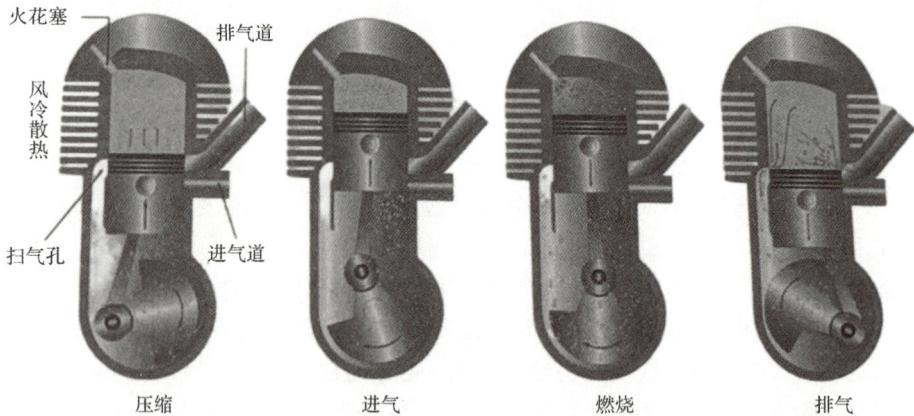

图 7-18 二冲程汽油活塞式发动机的工作原理图

7.4 燃气涡轮发动机

由于绝大多数活塞式发动机只适用于低速低空的无人机,对于更大使用范围的无人机而言,燃气涡轮发动机是首选的动力装置。

7.4.1　涡轮喷气发动机

涡轮喷气发动机通常由进气道、压气机、燃烧室、涡轮和尾喷管组成,如图 7-19 所示。

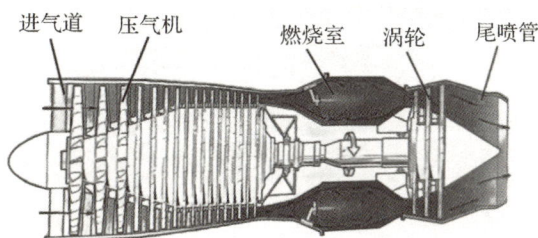

图 7-19　涡轮喷气发动机的组成

涡轮喷气发动机的工作过程是:空气首先由进气道进入发动机,空气流速降低、压力升高。当气流经过压气机后,空气压力可提高几倍甚至数十倍。具有较高压力的空气进入燃烧室,与从喷嘴喷出的燃料充分混合,经点火后燃烧,此时燃料的化学能转换为内能。此后,燃烧产生的高温高压气体驱动涡轮工作,高速旋转的涡轮产生机械能,带动压气机和其他附件工作。流经涡轮的混合气体最后从尾喷管高速喷出产生推力。

目前,小型涡轮喷气发动机已在一些高速无人靶机及突防无人机中得到广泛应用。图7-20 所示为采用小型涡轮喷气发动机推进的我国"无侦-5"高空多用途无人驾驶侦察机。

图 7-20　"无侦-5"高空多用途无人驾驶侦察机

7.4.2　涡轮风扇发动机

涡轮风扇发动机的结构和涡轮喷气发动机的结构很相似,所不同的是涡轮风扇发动机在涡轮喷气发动机的基础上增加了风扇和驱动风扇的低压涡轮。涡轮分为高压涡轮和低压涡轮,高压涡轮带动压气机转动,低压涡轮带动风扇转动。

涡轮风扇发动机由风扇、低压压气机(高涵比涡扇特有)、高压压气机、燃烧室、驱动压气机的高压涡轮、驱动风扇的低压涡轮和排气系统组成,如图 7-21 所示。其中高压玉气机、燃烧室和高压涡轮三部分统称为核心机。

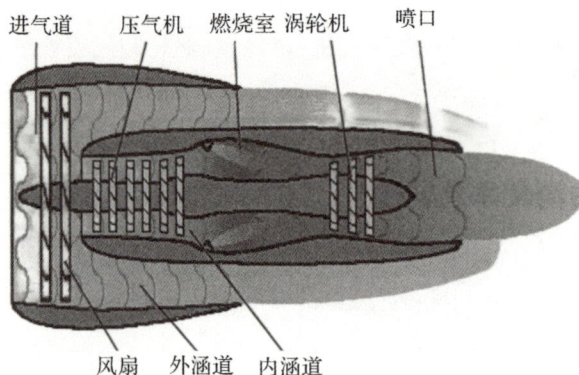

图 7-21 涡轮风扇发动机的结构

当发动机启动后,风扇转动吸入大量空气,并将空气进行压缩。压缩的气流分成两部分,一部分气流像普通涡轮喷气发动机一样,进入压气机、燃烧室和涡轮,最后经尾喷管加速排出产生推力,这股气流通过的通道称为内涵道;另一部分气流通过风扇对气流压缩后,从外边的通道不经燃烧直接加速喷出产生推力,这股气流所经过的通道称为外涵道,所以这类发动机又叫做内外涵发动机。

7.4.3 涡轮螺旋桨发动机

涡轮螺桨发动机和涡轮喷气发动机相比,也包括进气道、压气机、燃烧室、满轮和尾咳管五部分,所不同的是涡轮螺旋桨发动机进气道前面加了一个直径很大的螺旋桨,涡轮螺旋桨发动机的结构如图 7-22 所示。

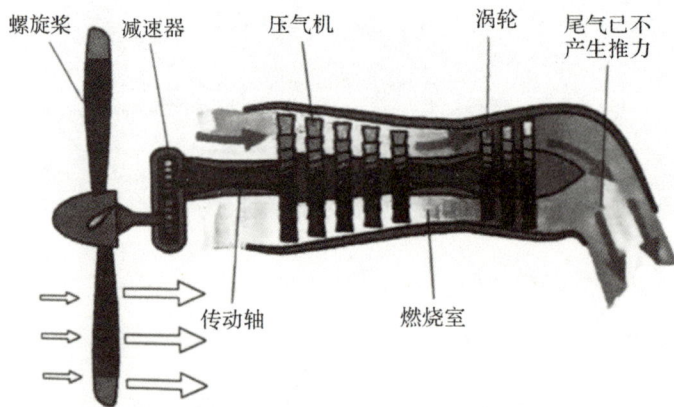

图 7-22 涡轮螺旋桨发动机的结构

涡轮螺旋桨发动机的工作过程基本与涡轮喷气发动机一致,但稍有不同。空气通过进气道进入发动机,压气机将空气压缩,高压空气进入燃烧室和燃油混合燃烧,将化学能转变为热能,形成高温高压燃气,高温高压燃气在涡轮内膨胀,推动涡轮旋转,带动压力机和螺旋桨转动,同时大量空气流过螺旋桨,使其转速增加,使螺旋桨产生很大的升力。

7.4.4　涡轮轴发动机

涡轮轴发动机由进气装置、压气机、燃烧室、燃气发生器涡轮、动力涡轮(自由涡轮)、排气装置和体内减速器、附件传动装置等构成。如图 7 - 23 所示。

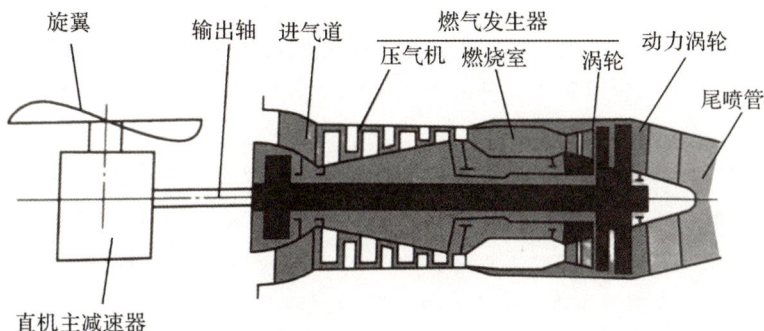

图 7 - 23　涡轮轴发动机的结构

涡轮轴发动机的工作原理与涡轮螺旋桨发动机相同,只是核心机出口后,燃气的可用能量几乎全部转变成动力涡轮的轴功率,用以通过减速器带动直升机的旋翼和尾桨,因而燃气不提供推力。动力涡轮的输出轴可以由发动机前部伸出,也可以由后部伸出。

受直升机的旋翼和尾桨转速不能太大的限制,动力涡轮必须通过减速器才能带动旋翼和尾桨。涡轮轴发动机不能用于其他航空器。涡轮轴发动机与活塞发动机相比较,具有功率大、功率重量比大、体积较小的优点,因此涡轮轴直升机装载量、航程、升限、速度都比活塞直升机大,经济性也更好。此外,由于涡轮轴发动机的运动部件较少,工作又是连续进行的,所以振动也比活塞式发动机小。其缺点是构造较复杂,而且制造困难,成本也高,减速器系统又大大增加了重量。

思政小课堂

2018 年 12 月 23 日,在我国西部某机场,来自航空工业成都飞机设计研究院的科研人员,正在对他们研发的最新一型高端出口型军用无人机"翼龙 1—D"作首飞前的检查和调试。总设计师李屹东两天前就来到这里,以便能在第一时间对现场的突发情况作出判断。

"翼龙 1—D"是"翼龙"家族的新成员,采用了全新的材料布局和发动机,这些创新,提升了飞机的性能,但也为首飞带来了许多的未知风险。

过去两天,由于飞机状态和天气的原因,首飞时间就曾一再推迟,此刻天空又下起了小雨,能否在今天顺利完成首飞,依旧不得而知。

当年"翼龙"无人机项目的启动没有外部资金的注入,只有自己内部其他项目省下来的物资和少量的资金及人员。两年的时间,研发团队硬是靠着七拼八凑和三代机的技术基础,组装出来第一架"翼龙"无人机。但不够规范的研发流程却为"翼龙"随后的发展埋下了隐患,不久之后,"翼龙"首飞成功。短暂的喜悦过后,研发团队又迎来一个更加现实的问题,这架无人机,究竟怎么用?

国内研制成功后不久,"翼龙"取得了来自国外的第一笔量身定制的订单,客户要求研发团队在一年内交付第一批产品。从技术过关到型号产业化,对于研发团队来说,这是一段异常艰难的路程,此前科研样机的攻关,还远远达不到让"翼龙"标准化生产的条件。

这时李屹东总设计师挺身而出,接下了这副重担。第一批"翼龙"的生产受到阻碍的时候,接任总师的李屹东,做出了在今天看来极具挑战和魄力的决定,那就是推倒重来,这是一个庞大复杂的工程,让他和团队更为头疼的是,如果按照新的流程生产,就注定无法在规定的时间内完成第一批交付。

为了满足时间要求,在流程修改完成之前,他们只能硬着头皮交付了第一批"翼龙"无人机系统。这批无人机在国内都没有试飞过,就这样直接交出去了,到了用户国,大家都不敢直接放飞,待在国内把问题试验好了,才开始试飞。好在,由于技术基础过硬,这批无人机在用户国处的试飞相对顺利,"翼龙"获得了用户的初步认可。

但很快,用户国就向李屹东团队提出了一个近乎苛刻的要求,就是要可以进行移动攻击。无人机攻击地面移动靶标,这个在今天看来很轻松的问题,在当时可并不容易。

无人机起飞、瞄准、发射,这辆曾经在各种演习训练中幸存的移动靶车,被"翼龙"发射出的导弹一发命中。这样的结果并非侥幸,随后几年,"翼龙"系列无人机在战场上一共发射了3 000多枚实弹,命中率始终保持在90%以上。

中午天气好转,"翼龙1—D"被拖出机库,进行首飞前的滑行测试,地面数据站却显示飞机的一些参数存在偏差。为了确保首飞安全,李屹东决定重新对飞机进行检查,飞机放飞的时间不得不再次推迟。等待过程中,"翼龙"无人机试飞员雷强一直在机场附近来回踱步,作为传奇试飞员之一的雷强,驾驶过国内外22种不同型号的战斗机,其中包括"歼—10"的首飞。然而,就是如此经验丰富的飞行员在操纵"翼龙"无人机的时候也并不轻松,起初认为应该很简单的无人机,但当真正介入之后,才发现并不好飞。雷强操控无人机滑行起飞,30分钟后,地面站的天线转向了跑道尽头,大家知道飞机就要回来了,2018年12月23日下午5时,飞机平稳降落在跑道上,各项系统一切正常,"翼龙1—D"首飞成功。

首飞成功让现场充满了欢声笑语,李屹东再次露出了那标志性的笑容,这是大家很长时间以来最为期盼的一刻,因为他们深知"翼龙"一路走来的不易和艰辛。距离"翼龙1—D"首飞成功两天后,新一批"翼龙"无人机完成交付,至此,"翼龙"无人机的国外销量早已突破100架。

从艰难起步到奋力追赶,再到如今成为世界无人机市场的一面旗帜,"翼龙"的成长正是中国航空事业发展的缩影。如今"翼龙"系列已经发展迭代至"翼龙3"了,一架又一架"翼龙"冲上云霄,这是李屹东和他的团队在用行动和成果践行航空报国的壮严承诺。

向中国航空人致敬!

习　　题

1. 无刷电机主要由那几部分组成？
2. 空心杯电机主要特性有哪些？
3. 活塞发动机主要由那几部分组成？
4. 简述活塞式发动机 4 行程的概念。
5. 涡轮喷气发动机主要由那几部分组成？

第八单元　无人机导航系统

导航系统是各类运动器(包括飞机、舰船、航天器,甚至汽车)必不可缺少的子系统。导航系统的主要作用是定位、目的地选择、路径计算和路径指导,有的还具有授时功能。对无人机而言,导航系统更是无人机能否完成任务的关键系统之一。本章主要介绍无人机常用的导航系统的原理和结构。

教 学 要 求

(1)熟悉惯性导航系统的概念;
(2)了解卫星导航系统的导航原理和结构;
(3) 了解组合导航技术的基本概念;
(4)培养学生具有典型的创新创业意识和坚忍不拔的精神;
(5)培养学生具有高超的创新、实践、实施和拓展能力。

内 容 框 架

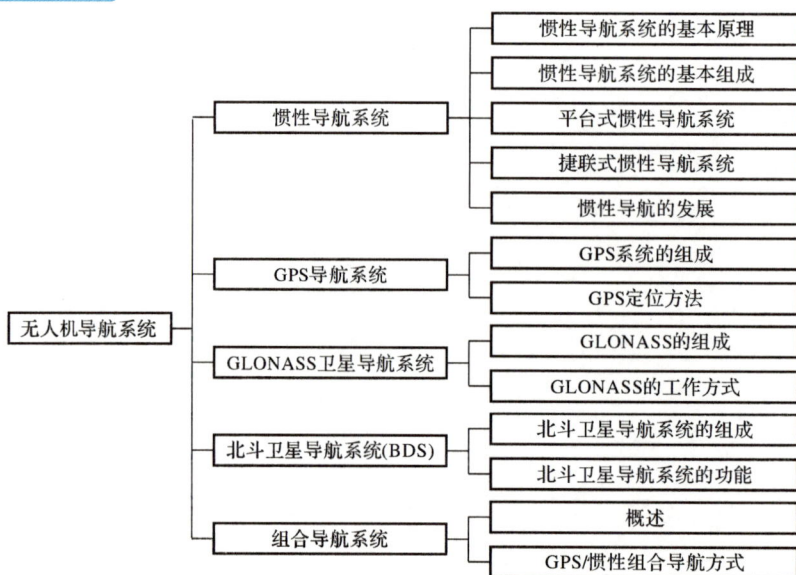

无人机导航系统
- 惯性导航系统
  - 惯性导航系统的基本原理
  - 惯性导航系统的基本组成
  - 平台式惯性导航系统
  - 捷联式惯性导航系统
  - 惯性导航的发展
- GPS导航系统
  - GPS系统的组成
  - GPS定位方法
- GLONASS卫星导航系统
  - GLONASS的组成
  - GLONASS的工作方式
- 北斗卫星导航系统(BDS)
  - 北斗卫星导航系统的组成
  - 北斗卫星导航系统的功能
- 组合导航系统
  - 概述
  - GPS/惯性组合导航方式

8.1　惯性导航系统

8.1.1　惯性导航系统的基本原理

惯性导航系统(Inertial Navigation System,INS)利用惯性测量元件测量载体相对于惯性空间的运动参数,并经过计算后实施导航任务。

通常对于靠近地球表面航行的飞机来说,最主要的导航信息是相对地球的即时位置和即时速度。研究三维导航时,表述空间位置的参数是经度(λ)、纬度(φ)和离地高度(H),正好对应地理坐标系沿东向(E)、北向(N)和天向(U)三个方向上的距离。而测量这些参数的最基本信息源是飞机的加速度矢量。

加速度可以由加速度计测量。由加速度计测量载体的加速度,并在给定运动初始条件下,由导航计算机算出载体的速度、距离和位置(经度、纬度和高度);由陀螺仪测量载体的角运动,并经转换、处理,输出载体的姿态角和航向。位置信息可由以下公式来计算:

$$V = V_0 + \int_0^t a \mathrm{d}t \tag{8-1}$$

$$S = S_0 + \int_0^t V \mathrm{d}t \tag{8-2}$$

式中,加速度 a 由加速度计测量提供,速度 V 和距离 S 可分解为飞机的东、北、天三个方向的分量。

惯性导航的基本工作原理是以牛顿力学定律为基础的,通过测量载体在惯性参考系的加速度,将它对时间进行积分,且把它变换到导航坐标系中,就能够得到在导航坐标系中的速度、偏航角和位置信息等。因此,惯性导航系统是一种不依赖于任何外部信息、也不向外部辐射能量的自主式导航系统,具有很好的隐蔽性。其工作环境不仅包括空中、地球表面,还可以是水下。惯性导航的主要特点是自主性强,它可以不依靠任何其他信息而独立地完成导航功能,并且可以提供包括速度、加速度,以及姿态角、转动角速度甚至角加速度在内的全部导航和制导信息。但是,对惯导系统的关键元件——陀螺和加速度计要求比较高,其价格也比较贵。当元件存在误差时,导航精度要随时间的增长而逐渐降低。

8.1.2　惯性导航系统的基本组成

通过对惯性导航系统的描述可知,一个完整的惯性导航系统应包括以下几个主要部分。

(1)加速度计。用于测量飞机运动的加速度,一般应由三个加速度计完成东、北、天三个方向的测量。

(2)稳定平台。为加速度计提供一个准确的安装基准和测量基准,以保证无论飞机作什么样的机动飞行,三个加速度计的空间指向是不变的。即这个稳定平台在方位上要对正北向,在平面上要和当地水平面平行,使平台的三个轴正好指向东、北、天三个方向。能够实现这一要求的,只有陀螺仪,因此也叫陀螺仪稳定平台,陀螺也就成为稳定平台和惯性导航系统的核心部件。正因为有了这样一个基准平台,飞机相对该平台在方位上的偏角反映了飞机的航向,飞机相对该平台在水平两个轴向上的偏角反映了飞机的俯仰和倾斜(横滚),所以稳定平台代替了地平仪、罗盘或航向姿态系统的功能。

(3)导航计算机。用于进行积分、相加、乘除和三角函数等数学计算。同时,为保证平台始终水平和指北,要随飞机运动和地球自转,不断计算出修正平台位置的指令信号,还要计算并补偿有害加速度等。

(4)控制显示器。一个功用是向计算机输入飞机的初始运动参数和位置参数;另一个功用是显示飞行过程中的导航参数;还可以进行必要的控制操作,以实现惯性导航的更多功能。

8.1.3 平台式惯性导航系统

平台式惯性导航系统(简称平台式惯导)基本原理图如图 8-1 所示,其核心部分是有一个实际的陀螺稳定平台,平台上的三个实体轴,重现了所要求的东、北、天地理坐标系三个轴向,它为加速度计提供了精确的安装基准,保证了三个加速度计测得的值正好是导航计算时所需的三个加速度分量。这个平台完全隔离了飞机机动运动,保证了加速度计的良好工作环境。平台上的陀螺仪作为平台轴相对基准面偏转的角度(角速度)信号传感器,将其检测信号送至伺服放大器,经电机带动平台轴重新返回基准面。

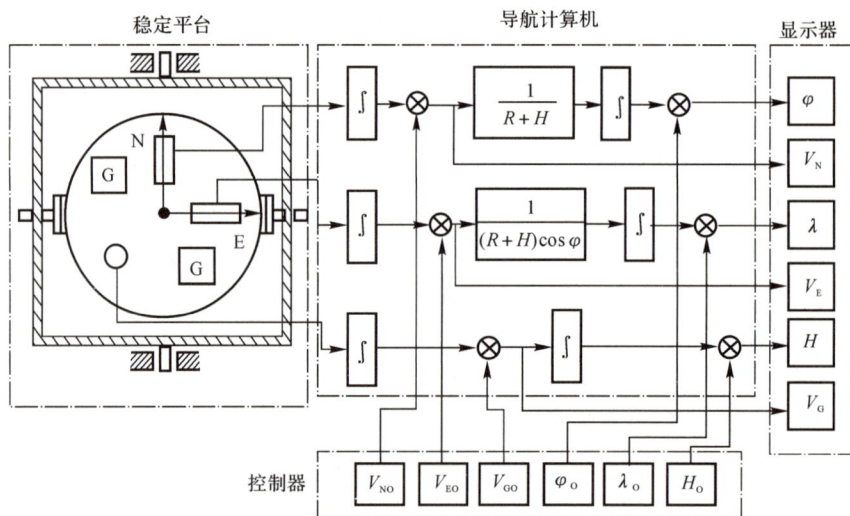

图 8-1 平台式惯性导航系统基本原理图

8.1.4 捷联式惯性导航系统

捷联式惯性导航系统(简称捷联式惯导),与平台式惯导的主要区别就是不再有实体的陀螺稳定平台,加速度计和陀螺仪直接安装在载体上。"平台"这个概念和功能还是有的,只是由导航计算机来实现,这时,关键问题是要将陀螺测量的绕机体的三个角速度,通过计算机实时计算,形成由机体坐标系向类似实际平台的平台坐标系转换,即解出姿态矩阵表示式。以这个数学上的平台为基础,再将机体坐标系各轴上的加速度信号变换成沿"平台"坐标系各轴上的加速度信号,这样才能进行导航参数计算。同时,利用这个姿态矩阵,还可求得载体的姿态和航向信号,使实体平台功能完美还原。

捷联式惯性导航系统的基本原理框图如图8-2所示,从图中可以看出,加速度计和陀螺直接安装在飞机上,用陀螺测量的角速度信号减去导航计算机计算的导航坐标系相对惯性空间的角速度,得到机体坐标系相对导航坐标系的角速度,并利用该信号进行姿态矩阵变换成沿导航坐标系轴向的加速度信号,然后由导航计算机进行导航计算,得到导航位置和速度信息。同时,利用姿态矩阵中的元素,还可以提取姿态和航向信息。因此,姿态矩阵的计算、加速度信号的坐标系的变换以及姿态航向角的计算,这三项功能实际上就代替了机械平台的功能,通常称为“虚拟平台”或“数学平台”。

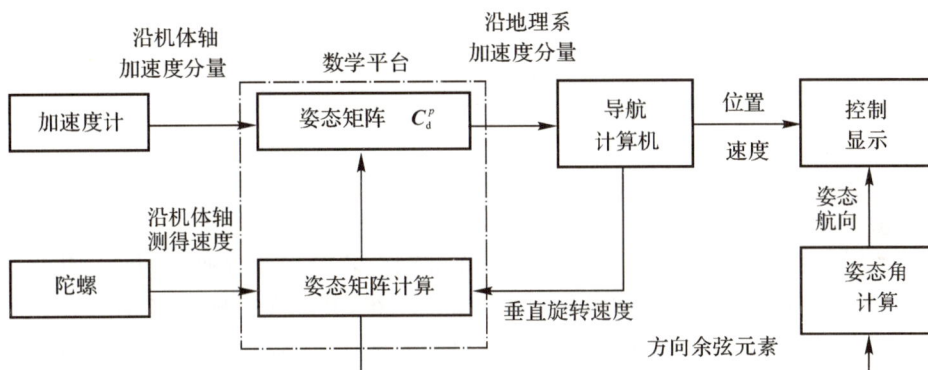

图 8-2　捷联式惯性导航系统的基本原理框图

捷联式惯性导航系统有如下特点。

(1)惯性元件直接安装在机体上,便于安装维护和更换。

(2)惯性元件可直接给出机体线加速度和角速度信息,而这些信息是飞控系统所必需的。

(3)取消了机械平台,减少了惯导系统中的机械零件,便于采用更多的惯性元件来实现余度技术,从而大大提高系统的可靠性。

(4)惯性元件的工作环境比平台式惯导中的惯性元件要差,惯性元件误差对系统误差的影响要比平台式惯导大。捷联式惯导对惯性元件要求比平台式惯导要高。

(5)用数学平台取代机械平台,增加了导航计算机的计算量,因机体姿态角的变化很快,可能达到400°/s,因此姿态计算必须有高速度的计算机。

8.1.5　惯性导航的发展

1942年,德国V-2火箭上,用两个三自由度位置陀螺仪控制箭体的姿态和航向。尽管此时还没有完善的三轴稳定平台,导航精度也比较低,但这代表了世界上第一个惯性制导系统,引起了各国的重视。

20世纪50年代,液浮陀螺构成的平台式惯导开始在飞机、舰船上广泛使用。1958年,装备液浮陀螺惯导系统的核潜艇,从珍珠港潜入深海远航,穿越北极到达欧洲波斯兰港,历时21天,潜航96个小时,露出水面时,实际误差与计算误差仅差几海里。

20 世纪 60 年代,动力谐调式挠性陀螺研制成功。1966 年美国吉尔福特公司研制出挠性陀螺惯导系统,并用于飞机和导弹。这为后来挠性陀螺惯导系统在航空中的广泛应用类定了基础。

20 世纪 70 年代,静电陀螺研制成功,采用高压静电场支撑取代机械支撑,并先后在核潜艇和远程飞机上装备静电陀螺平台式惯导系统。共中 B-52 远程轰炸机上的 GEANS 惯导系统导航精度可达 0.01 n mile。

20 世纪 80 年代以后,以激光陀螺仪、光纤陀螺仪为代表的捷联式惯导得到了极其飞速的发展和广泛的应用。这一时期航空惯导导航的典型代表为利登公司的环形激光陀捷联联惯导系统 LN-93 和霍尼韦尔公司环形激光陀螺仪捷联惯导系统 H-423,并成功应用在波音 747 上。

8.2 GPS 卫星导航系统

8.2.1 概述

GPS 全球定位系统是由美国海、陆、空三军和国防测绘局联合研究、开发、建立的利用卫星进行定位、导航和时间传递的卫星无线电导航系统,其英文全称为 Navigation Satellite Timing and Ranging Glob Position System (导航卫星计时和测距全球定位系统),缩写为 NAVSTAR GPS,简称 GPS(全球定位系统)。它是美国第二代卫星导航系统,具有全天候、全方位统一坐标定位,任意地点、任何时间内精确定位,快速移动物体瞬时定位等优点,自 20 世纪 80 年代以来,以美国为代表的发达国家在开发 GPS 技术方面已做了大量工作。随着卫星技术、通信技术,特别是半导体大规模集成电路和高频集成电路的发展,GPS 系统的造价已大大降低。因此,这一技术正在被很快地推广到民用的各个领域。自 1993 年底,美国正式完成发射和布置了 24 颗专用卫星组成的 GPS 卫星系统,并宣布对全世界开放服务。

8.2.2 GPS 系统的组成

全球定位系统由空间卫星(导航卫星)、地面监控系统和用户接收机三个部分组成。

星座由均匀分布在 6 个近圆形轨道上的 24 颗工作卫星和 3 颗在轨备份卫星组成,如图 8-3 所示,轨道高为 20 183 km,运行周期为 11 h 58 min。卫星用两个 L 波段频率(L1=1 575.42 MHz,L2=1 227.6 MHz)发射信号。载波信号上调制供卫星识别和距离测量用的伪随机噪声码以及由卫星星历、卫星钟差改正参数、电离层传播时延修正参数、卫星工作状态等供导航计算用的导航电文数据流。调制在载波上的伪随机噪声码有两种:供精密定位服务(军用)的 P 码(精密码)和供标准服务(民用)的 C/A 码(粗码)。

地面监控系统包括 5 个监测站、3 个注入站和一个主控站。监测站连续对每颗卫星进行跟踪观测,并将测得的数据进行预处理后传送给主控站。主控站根据各监测站的观测数据计算卫星的星历、钟差修正参数,并将计算结果传送给注入站,每天当每颗卫星运行到注入站上空时,再将这些数据注入卫星的存储器,然后按预定程序进行发播。

用户设备用来接收卫星发播的信号,根据导航电文提供的卫星位置和钟差修正信息计算出接收机的位置。

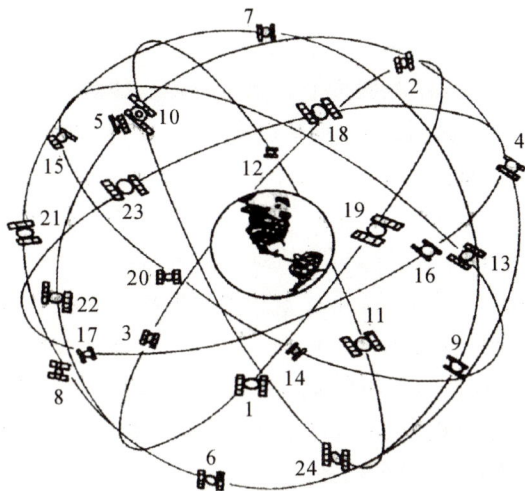

图 8 - 3　GPS 卫星组成

8.2.3　GPS 定位方法

1. 伪距法定位

全球定位系统采用多星高轨测距体制，以距离作为基本观测量，通过对 4 颗卫星同时进行的伪距测量，即可归算出按收机的位置，由于测距可在极短的时间内完成（即定位是在极短的时间内完成的），故可用于动态用户。

伪距法测距是 GPS 接收机接收卫星发播的伪随机码在所测距离上的延迟时间来推算出单程距离的，因此要求卫星与接收机的时钟严格同步。如果两个时钟不同步，那么所测量的传播延迟时间中除了因卫星至接收机之间的距离所引起的传播延迟之外，还包含了两个时钟间的钟差。这一要求在实际中很难做到，但可通过以下方法予以解决。

全球定位系统采用统一的原子时钟系统，以 t 表示。所观测的第 j 颗卫星时钟的钟面时以 t_j 表示，接收机时钟的钟面时以 t_R 表示，由于卫星钟与接收机钟与 GPS 原子时不同步，其钟差分别为

$$\left.\begin{aligned}\Delta t_j &= t_j - t \\ \Delta t_R &= t_R - t\end{aligned}\right\} \tag{8-3}$$

设自 j 卫星发播的时刻为 t^s，接收机所接收的时刻为 t^r。显然信号传播延迟的时间为 $\tau = t^r - t^s$，故得卫星至接收机的距离为

$$\rho = c(t^r - t^s) \tag{8-4}$$

式中，c 为光速。

实际上我们只能得到该信号发播时卫星钟的钟面时 t_j^s 和接收时接收机的钟面时 t_R^r，所得信号延迟时间为 $\tau' = t_R^r - t_j^s$，代入式（7-3）得

$$\tau' + \Delta t_j = t^r - t^s + \Delta t_R \tag{8-5}$$

式(8-5)两边同乘以 c,并根据(7-4)式得

$$c\tau' + c\Delta t_j = \rho + c\Delta t_R \tag{8-6}$$

这里:Δt_j 为卫星钟钟差,可由地面监控系统测定并通过卫星发播的导航电文提供给用户,可以认为是已知值;$c\tau' + c\Delta t_j$ 是我们实际上可以得到的观测量(已加入卫星钟差修正),它等于卫星至接收机的距离与接收机钟差修正之和,通常称为伪距离或伪距。

接收机的钟差用户一般很难测定,但可把它作为一个特定参数与接收机的位置一并解出。故(7-6)式也可写为

$$c\tau' + c\Delta t_j = \sqrt{(x-x_j)^2 + (y-y_j)^2 + (z-z_j)^2} + c\Delta t_R \tag{8-7}$$

式中:x,y,z 为接收机在所采用的地球坐标系中的三维坐标值;x_j,y_j,z_j 为卫星在同一坐标系中的坐标,它们可自卫星发播导航电文中卫星位置信息经计算得到。

这样式(8-7)中 τ' 为测量值,卫星钟差 Δt_j 和卫星位置(x_j,y_j,z_j)为已知值,尚需确定的只是接收机钟差 Δt_R 和接收机位置(x,y,z)4个参数,因此只要对4颗卫星同时进行观测,即可解出上述4个参数,这就是 GPS 伪距法定位。

2. 载波相位法定位

伪距法定位虽然能提供较高精度(误差 10 m 左右)的实时定位(使用精码),但由于军事的需要,美国并不公开精码,因此非美国军方用户不能使用精度较高的伪距测量来定位,为了摆脱美国军方的控制,提高大地定位精度,于是出现了利用相位测量法进行大地相对定位,即观测 GPS 卫星发射的载波相位,测量接收机所接收的卫星载波信号与本地参考信号的相位差。由于卫星发播的信号上有调制信号,故应先去掉调制而得到纯净的载波,相位测量示意图如图8-4所示。

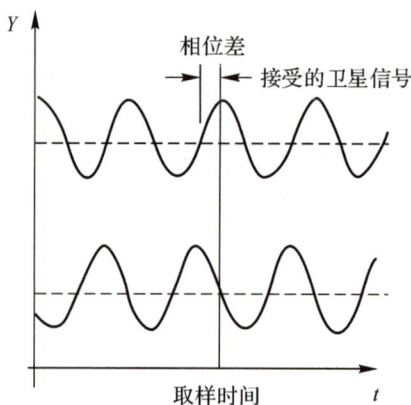

图 8-4 相位测量示意图

本地参考信号的频率接近于卫星发播的载波标称频率,但由于多普勒效应,所接收到的载波频率与本地参考信号频率是有差别的。我们所说的相位观测量就是这两个信号的相位差值。

设 k 接收机在接收机钟面时为 T_k 时,本地参考信号的相位值为 $\Phi_k(T_k)$ 所接收的 j 卫星载波信号的相位为 $\Phi_k^j(T_k)$,则其相位观测量为

$$\Delta\Phi_k^j(T_k) = \Phi_k^j(T_k) - \Phi_k(T_k) \tag{8-8}$$

根据需要,经解算便可得到待测点的坐标。

3. 差分 GPS 定位

GPS 用 C/A 码进行定位时,原设计预定的定位精度大致是 400 m,而实际的实验结果是 20～400 m,速度测量精度优于 0.1 m/s。美国政府出于自身利益的考虑,采取了一个所谓的"选择可用性(Selective Availability)"措施,在新发射的 BLOCK-Ⅱ 卫星上已施行了这种人为降低用 C/A 码接收机定位精度的措施,这种措施(SA 措施)把水平定位精度降低到 100 m(2 dRMS)。

为提高定位精度,可采用两台 GPS 作差分法定位,具体方法如下。

设有 A,B 两点,且 A 点选在一控制点,其坐标(x_A, y_A)为一已知精确值,B 点为待测点,其精确坐标(x_B, y_B)需通过测量来确定。

现分别在 A,B 两点各放一台 GPS 接收机,同时接收处于最佳态的 4 颗卫星发射的信号进行定位,设 A,B 两点的坐标测量值分别为 $x_{A测}$,$y_{A测}$ 和 $x_{B测}$,$y_{b测}$。由于地面 A,B 两点间的距离仅为几至几十千米,而卫星至地球的距离为 2 万多千米,因此在同一时刻 4 颗卫星对地面两测点的系统随机误差应基本一致,故 A 点坐标的测量值与精确值之差

$$x_{A测} - x_A = \Delta x_A \qquad y_{A测} - y_A = \Delta y_A$$

Δx_A 与 Δy_A 即为系统在某一时刻的随机误差。B 点的精确坐标应为

$$x_B = x_{B测} - \Delta x_A \qquad y_B = y_{B测} - \Delta y_A$$

根据这一原理,我们在多地分别选取两已知坐标点,并放置 GPS 接收机进行实际测量,获取了大量基础数据,经过处理得知,运用差分法定位所得待测点的纵坐标中间误差为 550 m,横坐标中中间误差为 624 m。若采用 4 次测量值的平均值进行差分计算,横纵坐标的精度还会提高一倍。由此可以看出,GPS 差分法定位精度较高,可在对精度要求较高的场合使用。

8.3　GLONASS 卫星导航系统

8.3.1　概述

俄罗斯全球导航卫星系统简称 GLONASS,可使数量不限的用户在地球表面和近地空间的任何一点确定自己的坐标、速度和精确标定时间。

GLONASS 是为国防部和国内民用用户研制的,但从 1991 年已开始提供给国际民用用户联合组织使用。俄罗斯航天部队负责管理该系统。

GLONASS 的卫星播放标准精度和高精度的两种导航信号,所有民用用户可以不间断的在全球范围内享用标准精度导航信号提供的信息,这一信息可保证确定水平坐标的精度为 50～70 m(概率为 99.7%),垂直坐标的精度为 75 m(概率为 99.7%),速度矢量分量的精度为 15 cm/s(概率为 99.7%),时间精度为 1 μs。在应用差分法和特殊测量方法(载波相位测量等)的情况下,精度还可进一步提高。

目前,俄罗斯全球导航卫星系统的轨道分系统是由 24 颗工作星和 3 颗备用星组成的。在这种情况下,经常有 5～8 颗 GLONASS 的卫星位于用户的可视范围内。GLONASS 的

卫星在北纬地区（＞50°）的可视性优于美国全球定位系统 GPS 卫星的可视性。

8.3.2　GLONASS 的组成

GLONASS 包括空间、地面和用户三个部分组成。

1. 空间部分

GLONASS 轨道群体由设置在三个圆形轨道平面上的 24 个卫星组成。各轨道平面按 120°的间隔分布，且相邻轨道面上的卫星之间的相位差 15°，每个轨道平面内由 8 颗卫星，每颗星的升交角距相差 45°，卫星轨道倾角为 64.8°，运行周期大约为 11 h 15 min，这种轨道群体的结构配置可保证至少有 5 颗卫星以可接收的星座几何形状进入位于地球和近地空间任何点的用户的可视范围。

星上设备由导航设备、控制设备和姿态控制、稳定、修正系统等组成。目前 GLONASS 系统的地面站网都由军方管理。

2. 地面部分

GLONASS 系统的地面部分由一个地面控制中心、四个指令测量站、四个激光测量站和一个监测网组成。

地面控制中心包括一个轨道计算中心、一个计划管理中心和一个坐标时间保障中心，主要任务是接收处理来自各指令测量站和激光测量站的数据，完成精密轨道计算，产生导航电文，提供坐标时间保障，并发送对卫星的上行数据注入和遥控指令，实现对整个导航系统的管理和控制。

指令测量站均布设在俄罗斯境内，每站设有 C 波段无线电测量设备，跟踪测量视野内的 GLONASS 卫星，接收卫星遥测数据，并将所测得的数据送往地面控制中心进行处理。同时指令测量站将来自地面控制中心的导航电文和遥控指令发射至卫星，四个激光测量站中有两个与指令测量站地址，另两个分别设在乌兹别克斯坦和乌克兰境内。激光测量站跟踪观测视野内的 GLONASS 卫星，并将所测得的数据送往地面控制中心进行处理，主要用于校正轨道计算模型和提供坐标时间保障。

系统还建有 GPS/GLONASS 监测网，该监测网独立工作，主要用于监测 CPS/GLONASS 系统的工作状态和完好性。

3. 用户部分

同 GPS 一样，GLONASS 是一个具有双重功能的军用/民用系统。所有军用和民用 GLONASS 用户构成用户部分。该系统的潜在民用前景巨大，而且与 GPS 互为补充。

俄罗斯联邦政府宣布 GLONASS 的 C/A（也称之为标准精度通道）码为世界范围内的民间用户提供水平方向至少 60 m（97.7％的概率）、垂直方向至少 75 m（97.7％的概率）的实时点定位（独立）精度。

俄罗斯航天部队监控 GLONASS 的性能，并向 GLONASS 用户发布咨询通报，通告因异常或预定的维护而停止工作的卫星。

8.3.3　GLONASS 的工作方式

用户可利用 GLONASS 的卫星不断播放的导航信号来确定坐标、速度和时间。

GLONASS 每颗卫星都播放两种无线电导航信号,利用信道的频率划分原则以 L1,L2 波段播放标准精度导航信号和高精度导航信号,其频率为

$$f_{L1} = 1\ 602\ \text{MHz} + n \times 0.562\ 5\ \text{MHz}$$

$$\frac{f_{L1}}{f_{L2}} = \frac{9}{7}$$

式中,$n=0,1,2,\cdots,23$。

用户的导航接收机可自动接收不少于 4 颗卫星播放的信号,并对接收机至卫星的伪距及其变化的速度进行测量。在对卫星播放的信号进行测量的同时,将导航信息分离出来,并进行加工处理。通过接收机的处理器对测量值和导航信息同时进行处理,计算出用户的三个坐标、三个速度分量及精确的时间。

8.4 北斗卫星导航系统(BDS)

8.4.1 概述

中国北斗卫星导航系统(BeiDou Navigation Satellite System,BDS)是中国自行研制的全球卫星导航系统。是继美国全球定位系统(GPS)、俄罗斯全球卫星导航系统 GLONASS 之后第三个成熟的卫星导航系统。北斗卫星导航系统(BDS)、美国 GPS、俄罗斯 GLONASS 和欧盟 GALILEO,是联合国卫星导航委员会已认定的供应商。

北斗卫星导航系统由空间段、地面段和用户段三部分组成,可在全球范围内全天候、全天时为各类用户提供高精度、高可靠定位、导航、授时服务,并具有短报文通信能力,已经初步具备区域导航、定位和授时能力,定位精度 10 m,测速精度 0.2 m/s,授时精度 10 μm。

2012 年 12 月 27 日,北斗系统空间信号接口控制文件正式版 1.0 正式公布,北斗导航业务正式对亚太地区提供无源定位、导航、授时服务。

2013 年 12 月 27 日,北斗卫星导航系统正式提供区域服务一周年新闻发布会在国务院新闻办公室新闻发布厅召开,正式发布了《北斗系统公开服务性能规范(1.0 版)》和《北斗系统空间信号接口控制文件(2.0 版)》两个系统文件。

2014 年 11 月 23 日,国际海事组织海上安全委员会审议通过了对北斗卫星导航系统认可的航行安全通函,这标志着北斗卫星导航系统正式成为全球无线电导航系统的组成部分,取得面向海事应用的国际合法地位。

中国的卫星导航系统已获得国际海事组织的认可。

8.4.2 北斗卫星导航系统组成

北斗卫星导航系统空间段由 35 颗卫星组成,包括 5 颗静止轨道卫星、27 颗中地球轨道卫星、3 颗倾斜同步轨道卫星。5 颗静止轨道卫星定点位置为东经 58.75°,80°,110.5°,140°,160°,中地球轨道卫星运行在 3 个轨道面上,轨道面之间为相隔 120°均匀分布。至 2012 年底北斗亚太区域导航正式开通时,已为正式系统在西昌卫星发射中心发射了 16 颗卫星,其中 14 颗组网并提供服务,分别为 5 颗静止轨道卫星、5 颗倾斜地球同步轨道卫星

（均在倾角 55°的轨道面上）、4 颗中地球轨道卫星（均在倾角 55°的轨道面上）。

8.4.3　北斗卫星导航系统功能

BDS 设计具备以下四大功能。

（1）短报文通信。北斗系统用户终端具有双向报文通信功能，用户可以一次传送 40～60 个汉字的短报文信息。可以达到一次传送达 120 个汉字的信息。在远洋航行中有重要的应用价值。

（2）精密授时。北斗系统具有精密授时功能，可向用户提供 20～100 ns 时间同步精度。

（3）定位精度。北斗系统的水平精度为 100 m（1σ），设立标校站之后为 20 m（类似差分状态）。工作频率为 2 491.75 MHz。系统容纳的最大用户数为 540 000 户/h。

（4）军用功能。北斗系统的军事功能与 GPS 类似，如：运动目标的定位导航；为缩短反应时间的武器载具发射位置的快速定位；人员搜救、水上排雷的定位需求等。

8.5　组合导航系统

8.5.1　概述

每一种导航系统都具有各自的优缺点，在实际应用中，总会出现满足不了或达不到导航要求的情况。因此现在导航系统的发展趋势是利用两种或两种以上的导航系统组成组合导航系统，最常见的是惯性导航系统与卫星导航系统的组合，现在应用比较成熟的是 GPS/惯性组合导航系统。

惯性导航系统（INS）是一种既不依赖于外部信息又不发射能量的自主式导航系统，隐蔽性好，不怕干扰。惯导所提供的导航数据十分完全，它除能提供载体的位置和速度外，还能给出航向和姿态角，而且它又具有数据更新率高、短期精度和稳定性好的优点。但其主要缺点是导航定位误差随时间增长，因此难以进行长时间的独立工作。每次使用之前初始对准时间较长，这对要求有快速反应能力的应用来说，无疑是致命的弱点。

GPS 全球定位系统是一种高精度的全球三维实时导航的卫星导航系统，其导航定位的全球性和高精度，使之成为一种先进的导航设备，但是 GPS 接收机的工作受使用环境和飞行的机动的影响，当飞行器的机动超过 GPS 接收机的动态范围时，接收机会失锁，从而不能工作，或者动态误差太大，超过允许值，不能使用。当用在无人驾驶的飞行器上时，由于 GPS 接收机数据更新频率低，难以满足实时控制的要求。另外，GPS 的缺点是信号易被遮挡、易受电子干扰的影响。

GPS/惯性组合克服了各自缺点，取长补短，使组合后的导航精度高于两个系统单独工作的精度，综合的优点表现为对惯性导航系统可以实现惯性传感器的校准、惯性导航系统的空中对准、惯导系统高度通道的稳定等，从而可以有效地提高惯导系统的性能和精度。而对 GPS 全球定位系统，惯导系统的辅助可以提高其跟踪卫星的能力，提高接收机的动态特性和抗干扰性，GPS/惯性组合还可以一体化，把 GPS 接收机放入惯导部件中，这样使系统的体积、重量和成本都可以减小，且易于实现惯导和 GPS 同步，减小非同步误差。总之，GPS/

惯性组合可以构成一种比较理想的导航系统,是目前导航技术发展的主要方向。

8.5.2 GPS/惯性组合导航方式

GPS 接收机和惯性导航系统的组合,根据不同的应用要求,可以有不同水平的组合,即组合的深度不同,按照组合深度,可以把组合系统大体分为两类,一类为松散组合(Loose Coupling)或称简易组合(Easy Integration),另一类为紧密组合(Tight Coupling)。

1.松散组合

松散组合是一种低水平的组合,其主要特点是 GPS 和惯导仍独立工作,组合作用仅表现在用 GPS 辅助惯导,属于这类组合的有两种。

(1)用 GPS 重调惯导。这是一种最简单的组合方式,可以有两种工作方式。

1)用 GPS 给出的位置、速度信息直接重调惯导系统的输出,实际上就是在 GPS 工作期间,惯导显示的是 GPS 的位置和速度;GPS 停止工作时,惯导在原显示的基础上变化,即 GPS 停止工作瞬时的位置和速度作为惯导系统的初值。

2)把惯导和 GPS 输出的位置和速度信息进行加权平均,其原理框图如图 8-5 所示。

在短时间工作的情况下,第二种方式精度较高。而在长时间工作时,由于惯导误差随时间增长,惯导输出的加权随工作时间增长而减小,性能和第一种工作方式基本相同。

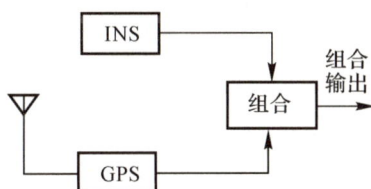

图 8-5 位置和速度信息加权平均原理框图

(2)用位置、速度信息组合。这是采用组合卡尔曼滤波器的一种组合模式,其原理框图如图8-6所示。用 GPS 和惯导输出的位置和速度信息的差值作为量测值,经组合卡尔曼滤波,估计惯导系统的误差,然后对惯导系统进行校正。

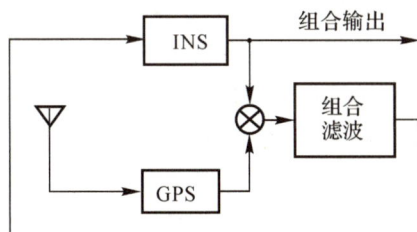

图 8-6 位置、速度信息组合原理框图

松散组合模式的优点是组合工作比较简单,便于工程实现;而且两个系统仍独立工作,使导航信息有一定余度。缺点是 GPS 的位置和速度误差通常是和时间相关的,特别是 GPS 接收机应用卡尔曼滤波器时更是如此。

2.紧密组合

紧密组合是指高水平的组合或深组合,其主要特点是 GPS 接收机和惯导系统相互辅助。为了更好地实现相互辅助的作用,最好是把 GPS 和惯导系统按组合的要求进行一体化设计。属于紧密组合的基本模式是伪距、伪距率的组合,用在高动态飞行器上的 GPS/惯性组合导航系统通常都采用这种组合方式,其原理框图如图 8-7 所示。

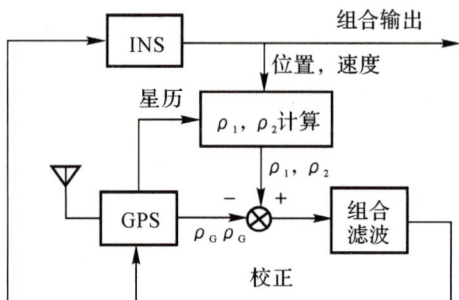

图 8-7 伪距、伪距率组合原理框图

用 GPS 给出的星历数据和 INS 给出的位置和速度计算相当于惯导位置和速度的伪距 ρ_1 和伪距率 $\dot{\rho}_1$。把 ρ_1 和 $\dot{\rho}_1$ 与 GPS 测量的 ρ_G 和 $\dot{\rho}_G$ 相比较作为测量值,通过组合卡尔曼滤波器估计惯性系统和 GPS 的误差量,然后对两个系统进行开环或反馈校正。在这种组合模式中,GPS 接收机只提供星历数据和伪距、伪距率即可,GPS 接收机可以省去导航计算处理部分。当然,如果仍保留导航计算部分,作为备用导航信息,使导航信息具有余度,也是可取的一种方案。

在实际应用中,无人机主要采用的就是 GPS/惯导组合导航系统。在其他应用中,根据不同的导航对象,还有其他各种组合方式的组合导航系统,在此不再一一赘述。

思政小课堂

发射架上,一架无人机准备完毕,等待发射指令。

透过观察窗,中士苏峥在无人机车内注视着这一切。那一刻,他清晰听到了自己心跳加速的声音。"点火!"指挥员一声令下,无人机腾空而起,拖着尾焰向天空呼啸而去。看着无人机飞上云层,这位第74集团军某旅无人机侦察排班长,心情格外激动。

这不是一个人的战斗,而是全排的协同。苏峥操控无人机飞行,中士曾凡圳负责寻找目标,二级上士吴帅将战场画面汇编成侦察情报上传……一次飞行,每个人都像上紧了发条。

屏幕上,无人机实时回传的画面清晰可见。步兵冲锋,工兵破障,火炮怒吼……这些场景,让苏峥想起了多年前的自己——那个扛着重机枪在演习场上冲锋的新兵。

5 年前,新一轮深化国防和军队改革向"脖子以下"深入推进。苏峥怀揣着"成为无人机飞行员"的梦想转岗而来,开启了逐梦之旅。

视线再次回到电脑屏幕,红色的飞行航线十分显眼:从起点连向目标区,曲折蜿蜒,正如苏峥和战友们的一路成长,有转岗的艰辛、实飞的喜悦……

这条航线，见证了一群官兵的青春梦想，记录了一个新型作战单元的成长跨越。

苏峥和人机侦察排的战友们都是转岗而来，大家的共同之处是心怀梦想。第一次排务会上，大家畅谈无人机排的发展。虽然都没有相关专业经历，不少人连无人机都没有见过，但这群年轻官兵很快达成了共识：一定让无人机从他们手中飞起来。

最初的日子里，一切都是空白。无人机排不具备开展相关课目训练的条件，只能暂时跟训武装侦察专业。攀登、滑降、格斗……那段时间，他们一边跟着侦察营战友训练，一边为新专业的"起飞"蓄力。没有专家技术指导，学习过程格外吃力。书本上的专业理论和各种公式，一度让苏峥觉得"像在啃硬骨头"。

在坚持中，他们迎来了一个又一个好消息：某型无人机列装，上级组织无人机专业集训……苏峥形容"就像长途跋涉遇到了补给站"。

集训开始，智能、技能、体能等考验扑面而来。理论课堂上，空气动力学、机械结构等十多门课程需要掌握；实操环节，机体上每个螺丝都有紧固标准；启动无人机车，需要协力搬运近150公斤的发动机……

面对挑战，苏峥和战友们适应得并不轻松。机体安装，他们耗时比其他单位长；飞行航线规划，他们打错指令挨了批评……

集训队第一次考试，他们的成绩倒数第二。成绩出来当天，每个人都感到脸上火辣辣的，失落的情绪迅速蔓延。这时，三级军士长张柳华主动站出来和大家谈心。"这是我们必须迈过去的坎。"这位有着16年军龄的老兵，说了一句意味深长的话，"蛋从外面破开会被吃掉，从里面啄开才可能是只鹰，我们的无人机是鹰。"

他们踏上了和自己较劲的路。早上5点半起床，夜里12点前不上床。学理论，拿着笔记本追着教员问；上实操，别人休息他们还在训练。集训结业考核，轮到他们作业时已是正午。顶着烈日，他们占领展开阵地，进行目标侦察。组装无人机时，下士黄志鹏躺在地上紧固螺丝，汗水湿透了一片……最终，他们分组协作、密切配合，取得了集训队第二名成绩。

从倒数第二名到正数第二名，成绩的逆袭让这群年轻人兴奋，也让他们更加相信：最美的风景，永远在不断攀登的路上。

习　　题

1. 简述惯性导航的基本原理。
2. 常见的惯性导航系统有哪两种？
3. 惯导系统一般由哪几部分组成？每部分的功能是什么？
4. 平台式惯导系统与捷联式惯导系统的主要区别是什么？
5. 使用卫星导航系统时，为什么需要至少搜到四颗卫星？
6. 实际应用中，为何多用组合导航系统？常用的组合导航系统有哪几种？

第九单元　无人机测控系统

无人机测控系统主要由指挥控制站组成,是无人机的重要组成部分。本单元主要介绍指挥测控系统的功用、组成、性能等。

教学要求

(1)掌握任务规划和航迹规划的流程;
(2)熟知无人机测控系统的组成、功用和基本工作原理;
(3)培养学生的家国情怀,坚守职业道德和匠心精神;
(4)践行社会主义核心价值观,以增强学生的爱国情怀。

内容框架

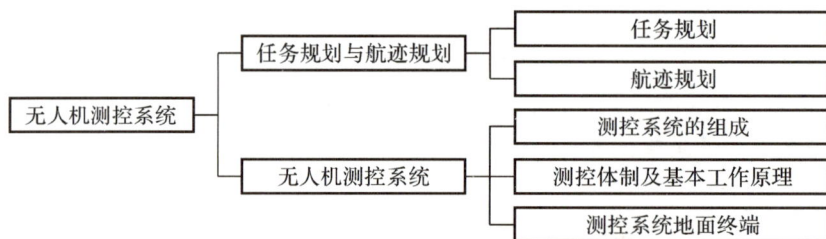

9.1　概　　述

无人机系统的控制是一种"人在回路"的控制。无人机虽然没有驾驶员在机上操纵,却需要地面人员进行远程操控。由于是无人驾驶的飞行,所以需要事先规划和设定无人机的飞行任务和航迹。在飞行过程中,地面人员还要随时了解无人机的飞行情况,根据需要来操控飞机,调整无人机姿态和航迹,及时处理飞行中遇到的特殊状况,以保证飞行安全和飞行任务的完成。此外,地面操控人员还要通过数据链路操控机上任务载荷的工作状态,以确保侦察监视等任务的圆满完成。地面人员要完成这些指挥控制与操作功能,除了需要数据链路的支持用以传输数据和指令外,还需要能够为任务规划与指挥控制方面的相应功能提供支持的设备或系统,这就是无人机的任务规划与指挥控制站,简称地面站(Ground Control Station,GCS)。地面站是对空中或太空的无人机实施人为控制的陆基或海基控制中心,图9-1所示为MQ-1"捕食者"无人机地面站。

图9-1 MQ-1"捕食者"无人机地面站

地面站的大小程度不一,小的如我们平时所见的航模遥控器(或称为手持式发射机)(见图9-2),大的则是包含多个席位、配套齐全的设备。规模较大的军用无人机系统需要有由多人独立操控飞机系统的地面控制站,如"复仇者"无人机先进座舱式地面站(见图9-3)。实现由单个机组成员从一个地面站操控多架无人机是未来无人机操控的终极目标之一。

地面站的主要功能是进行无人机的任务规划与指挥控制,包括指挥调度、任务规划、操作控制、显示记录和情报分发等。指挥调度功能包括上级指令接收、系统联络和调度;任务规划功能包括飞行航迹的规划与实时重规划,以及任务载荷的工作规划与重规划;操作控制功能包括起飞着陆控制、飞行器操控、任务载荷操控和数据链路控制;显示记录功能包括飞行状态参数的显示记录、航迹的显示记录、载荷状态的显示记录和情报的处理与分发。图9-4表示了无人机地面站与其他相关系统的控制关系示意图。

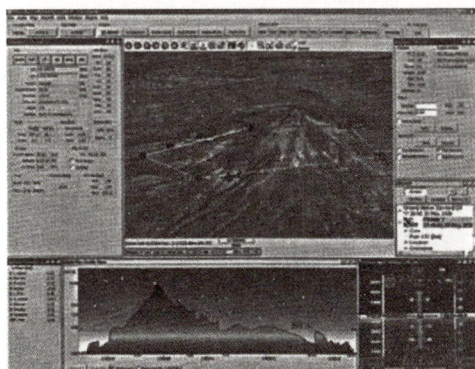

(a)

(b)

图9-2 手持式地面站

(a)操纵界面; (b)地面控制站

图 9-3 "复仇者"(捕食者 C)无人机先进座舱式地面站

无人机地面指挥控制站有多种形式,如便携式、车载式、舰载式等,在大型无人机系统中,地面指挥站通常包括若干个功能不同的控制站,这些控制站通过通信设备连接起来,构成了无人机的指挥控制系统,一般包括指控中心站、无人机控制站、载荷控制站和单收站。一架无人机可由一个控制站完成所有的指挥控制工作,也可由几个控制站协同完成全部的指挥控制任务。指控中心站主要负责无人机飞行任务的制定、任务载荷数据的处理和分发,并通过无人机控制站对无人机进行控制和数据接收。无人机控制站主要包括飞行操纵载荷控制、链路控制和通信指挥等。载荷控制站用于对无人机机载任务载荷的控制与管理,单收站用于接收无人机的信息数据。

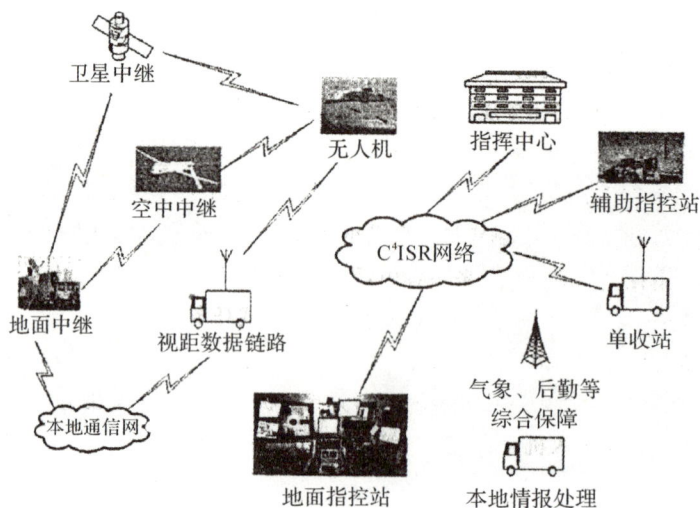

图 9-4 无人机地面指挥控制站作用关系示意图

9.2　任务规划与航迹规划

9.2.1　任务规划

无人机的任务规划是指在地面对无人机完成指定任务所要经历的航线、目标区域、任务内容等方面进行设定与统筹管理,通常包括设定无人机出动位置、确定任务目标、选择飞行航迹、制定任务载荷的工作规划、配置任务载荷(军机包括武器弹药)。实时的任务重规划是指在飞行或完成任务过程中,无人机根据实际环境、态势或任务的变化,有针对性地改变预先设定好的航线或任务属性的过程。任务规划要求在已知的条件下,以完成任务为目的,考虑各种约束条件,在确保无人机安全的前提下,为无人机规划出一条最优的飞行航线和控制无人机完成任务。

早期的无人机任务规划是基于程序控制的计算机辅助规划,也称手动规划或任务装订。这是种简单的任务规划方法,任务规划人根据情报信息和任务要求,以计算机程序为辅助分析手段,确定出无人机应飞的航线、航迹点的属性、目标属性、载荷配置等要素,并通过地面检测设备或数据链路将这些规划要素输入飞控计算机,无人机根据这些预定的规划要素进行飞行并完成任务。

自动任务规划是无人机任务规划的高级形式及发展趋势,目前尚未见到可实用的自动任务规划系统。自动任务规划需要由两部分共同完成,即机载部分和地面部分。机载部分用于执行接收到的地面指挥站制定的规划任务,并根据需要进行实时的任务重规划。地面部分则根据更广泛的信息完成无人机的自动任务规划。

无人机任务规划系统的原理结构框图如图 9-5 所示。负责完成无人机任务规划的地面设备称为无人机任务规划控制站(MPCS)。

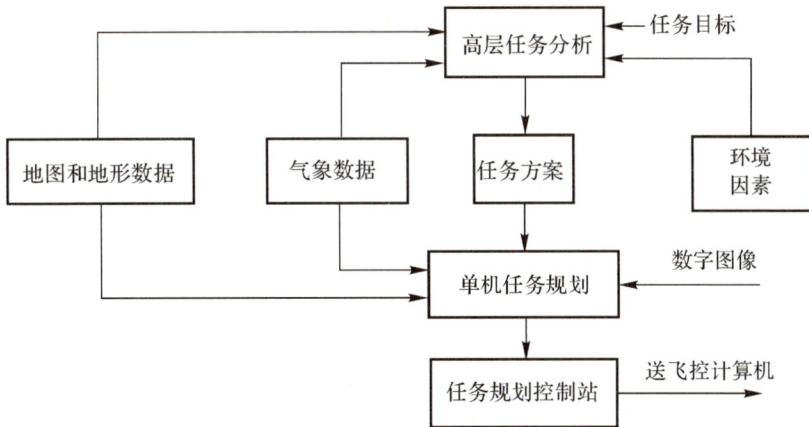

图 9-5　无人机任务规划系统的原理结构框图

在日趋复杂的任务环境下,无人机的任务具有多重性与复杂性,单架无人机完成任务效能是有限的。为增强无人机的任务成功率,实现无人机的优势互补,采用多架无人机协同完成任务已成为必然选择。在这种情况下,多无人机协同完成任务规划将成为任务规划的一个新的发展方向。它是在无人机任务规划与方案生成过程中集规划、仿真、评估为一体的多功能系统,通过系统运筹合理规划使得多批次、多种类的无人机协调配合,充分发挥自身功用,科学利用资源,完成任务,从而获得整体最佳的效能。图9-6给出了一种多无人机任务规划系统的模块构成图。

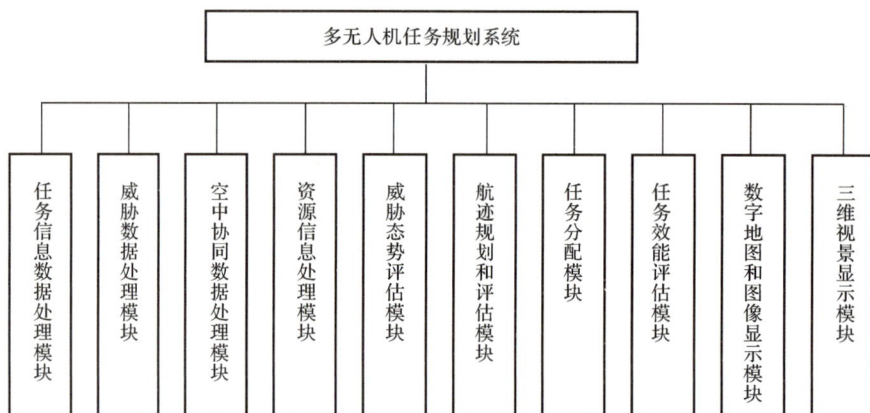

图9-6　多无人机任务规划系统的模块构成图

9.2.2　航迹规划

航迹规划是无人机任务规划系统的重要组成部分。其具体内容是指依据地形信息和目标信息,综合考虑无人机性能、到达时间、油耗、威胁及飞行区域等约束条件,为无人机规划出一条或多条从起始点到目标点的最优或满意的航线,保证无人机圆满完成飞行任务并安全返回基地。对军用无人机而言,航迹规划是提高无人机作战效能,实施远程精确打击的有效手段,在作战环境下,要求无人机在无人控制的条件下能够避开各种威胁,顺利到达目的地并完成指定任务,这就对航迹规划技术提出了很高的要求。

航迹规划包括飞行前航迹规划和航迹实时重规划两个方面。飞行前航迹规划是在无人机起飞前,考虑所有已知的威胁及约束,借助计算机辅助手段寻找一条最优航迹作为预定航迹。飞行前航迹规划,对实时性没有太多的要求,故也称离线航迹规划。航迹实时重规划是在飞行过程中,一些事先未知的威胁或环境变化被飞机上的传感器探测到或通过通信链被无人机感知到,由机上重规划系统进行的更改预定航迹,也称在线航迹规划。在线规划是在飞行中进行的,对实时性有很高的要求。这种可以根据在线探测到的态势变化,实时或近实时地重新规划任务目标的能力,是无人机飞行控制系统所期望具有的。

一个完整的航迹规划系统通常由以下几个部分组成:地形数据处理模块、环境信息处理模块、路径生成模块以及路径优化处理模块。其中,地形数据处理模块和环境信息处理模块将对规划区域内的各种地形信息以及各种约束信息进行综合处理,为航迹规划提供必要的模型。路径生成模块通过一定的规划算法,生成从起点到终点的一系列航迹。路径优化模块将生成的航迹进行优化处理,使路径平滑可飞,航迹规划涉及的主要内容是地形信息和环境目标获取及处理、威胁模型的建立、约束条件、规划算法的选取。在航迹规划过程中,对地形、环境的处理是进行规划的前提,它直接决定了规划路径的质量,在规划前需要对航拍等方式获取的地形信息进行处理,并通过这些数据构造数字地图,以确定其方差、均值、粗糙度、相关程度等,在无人机进行地形跟随飞行时,针对孤立的山峰和障碍物,考虑无人机纵向机动性的限制,对这类地形进行平滑处理;针对环境,要求分析出环境的性质,对飞行威胁等级进行评估。

在有些任务中,为了更有效地完成任务,需要多个无人机之间相互配合,这就涉及多机协同航迹规划技术。多机协同航迹规划是为了确立每一个无人机的飞行路线,防止空中碰撞事故,并在尽可能少的时间内以最少整体代价完成任务。在无人机协同航迹规划中,到达目标的时间是一个非常重要的评估指标。

为了使无人机能够同时到达目标,一般采用以下两种方式:一种是通过协调无人机的飞行速度使到达目标较短路径的无人机采取小的速度,使较长路径的无人机速度加大;另一种是对航迹做一些修正,通过附加一些路径使每架无人机到达目标点的距离大致相等。在多机协同航迹规划问题中,求解无人机整体最优航迹是一个大系统的非线性最优化问题,计算复杂,对信息快速处理要求苛刻。目前,该项技术还处于理论研究阶段,离实用还有较长的一段距离。

9.3 测 控 系 统

9.3.1 测控系统的组成

测控系统是无人机的主要组成部分,它由地面设备和机载设备两部分组成。地面设备由主测控链路、副测控链路和通信设备组成。主测控链路设备包括测控天线(定向)、天线座及伺服、双工器、高频头、跟踪接收机、遥测接收机、测控终端、遥控发射机及功放、航迹处理、显示及记录、图像(工业摄像机)显示等。副测控链路(备份测控链路)设备包括测控天线(全向)、接收机高频头、遥测接收机、遥控发射机及功放、测控终端、航迹处理、显示及记录、电源等。如图9-7、图9-8所示。

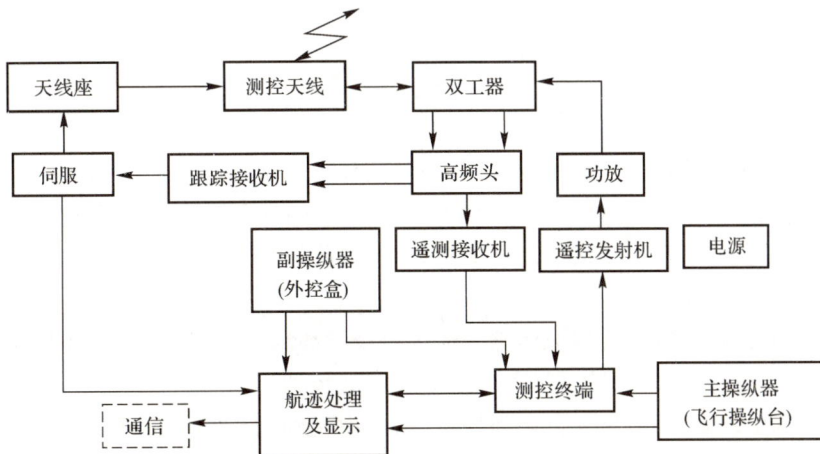

图9-7 主测控链路设备组成框图

　无人机飞行控制技术

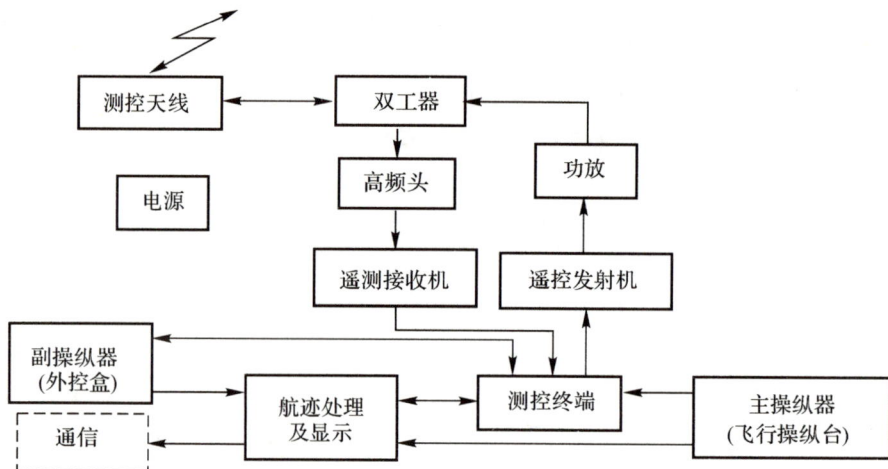

图 9-8　副测控链路设备组成框图

机载设备包括遥测发射天线、遥控接收天线、遥控接收机、测控终端、遥测发射机等设备,如图 9-9 所示。

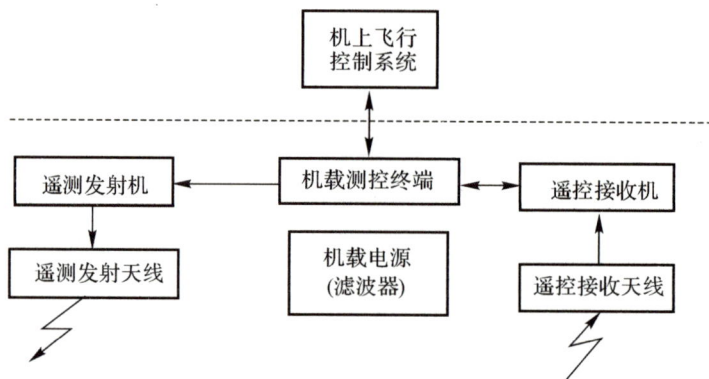

图 9-9　机载设备组成框图

9.3.2　测控体制及基本工作原理

1.测控体制

测控体制实际上就是信号传输的规则,为了使任务顺利完成,无人机都具有特殊设定的信号传输方式规则。测控链路体制一般为上行遥控信号扩频传输,下行遥测信号调频传输,综合利用上行遥控和下行遥测信息进行测距,直接接收下行宽带信号。

2.遥控工作原理

根据设计遥控采用特定的传输体制。遥控指令脉冲编码,开关指令分时发送,比例指令实时发送。测控终端接收主操纵器(飞行操纵台或遥控器)发出的控制指令,按传输体制进行编码,形成串行数据流,指令复合序列加密,由发射机经发射天线向机载设备上传。工作原理框图如图 9-10 所示。

— 192 —

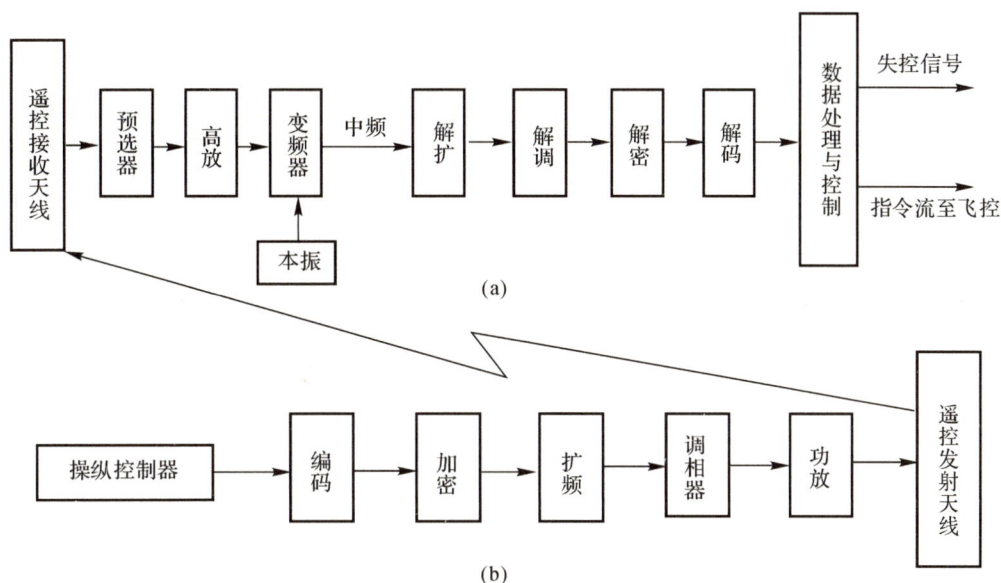

图 9 - 10　遥控工作原理框图
(a)接收端；(b)发送端

3.遥测工作原理

根据设计的信号传输规则,系统通过下行通道,向地面控制中心传输获得的遥测信号。将无人机测控设备及无人机实时状态信号经过传输系统实时或按要求传输到地面控制中心。其原理框图如图 9 - 11 所示。

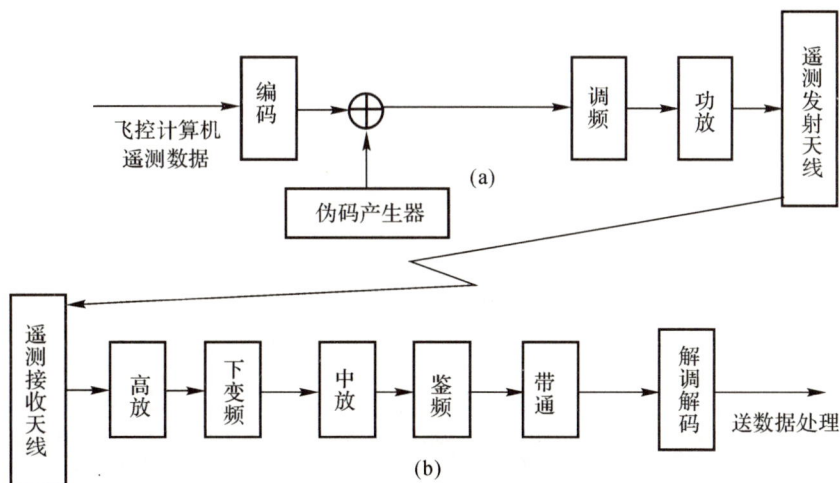

图 9 - 11　遥测工作原理框图
(a)发送端；(b)接收端

4.数据处理与航迹显示

地面控制中心获得的无人机下传数据需要显示记录和存储,以备分析、应用,并跟踪无人机的工作状态。所以在地面控制中心需要相应的数据处理和显示设备。

显示设备需要显示的内容有①航迹显示(实时航迹、预定航线、地图);②飞机姿态、坐标、航向、高度等图形显示,设备开关状态、遥控开关指令显示;③数字显示包括遥测参数、装订航线航点参数、导航数据、飞机位置参数(方位距离、高度);④时间与任务时间,如图9-12所示。

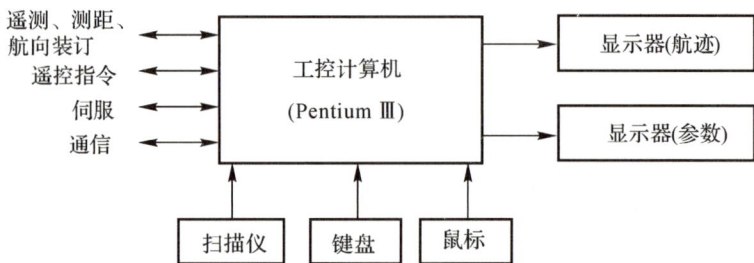

图 9-12　显示设备原理框图

9.3.3　测控系统地面终端

1.地面测控终端

地面测控终端主要由指令主操纵器、编解码单元组成。其原理框图如图9-13所示,地面测控终端是指挥控制系统的重要组成部分,它包括遥控编码(含加密和扩频)、遥测解码、测距、数据处理和接口转换等功能单元,测控终端与系统的其他部分协同工作,完成测控任务。

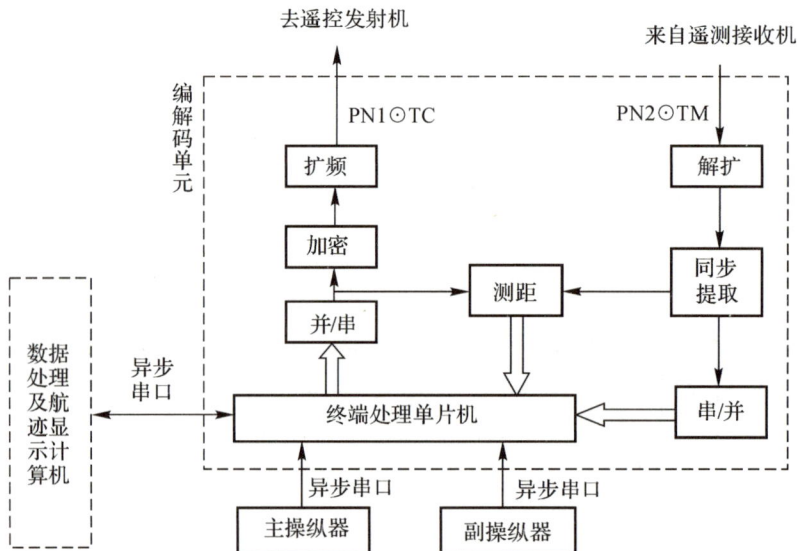

图 9-13　地面测控终端设备组成框图

2.主操纵器

飞行操纵台是舱内的操作器,它是完成上行实时遥控的基础。其性能指标的优劣对整个系统有直接的影响,主要功能是向测控终端和航迹计算机发送指令,操控无人机,完成飞行任务。其原理框图见图9-14。

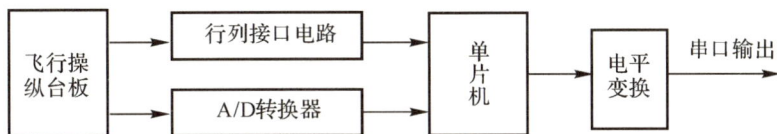

图9-14　飞行操纵台原理框图

思政小课堂

2022年11月28日,中国载人航天工程办公室发布消息,神舟十五号载人飞船计划在29日23时发射,费俊龙、邓清明、张陆3名航天员将执行神舟十五号载人飞行任务,费俊龙担任指令长。

邓清明出生于1966年,现今已56岁。他的宇航员生涯是从1998年开始,那时他是32岁,这个年纪并不算大,因为宇航员对经验和身体素质要求非常高,当时和他一批的共有十四人,年龄和他也差不多。

这也是我国第一批宇航员,他们都是从我国飞行员中层层筛选,代表着最顶尖的那一批,像是杨利伟、聂海胜、翟志刚等我们耳熟能详的老一辈宇航员都在其中。单从年龄和经验来说,邓清明无疑是资质最老的一批。

但就是这样一个老宇航员,却在24年内都没有飞过天。和他同一批的宇航员,能够坚持到现在还在役,并且没有飞过天的,仅剩他一个。而在2014年的时候,和他同一批的宇航员中,有5名没有飞过天的宇航员选择了退役。

但邓清明没有放弃,依然以"备份"的身份坚守着自己的航天梦。在参加停训仪式后,其中一名退役的宇航员陈全劝他不要放弃,并告诉他:"不管主份备份,都是航天员的本分。"这句话深深地烙印在邓清明的心底,让他更加认清了自己的职责所在。身为宇航员,无论能不能上天,都要时刻准备着。

说来易,做起来却难。虽然邓清明一直坚定着信念,但当看着一起训练的朋友们接二连三地飞天,心里难道会没有一点波澜吗?在邓清明的职业生涯里,我们不知道他有多少次会陷入自我怀疑中,唯一可以肯定的是,低落与失意总是常伴。

从神舟九号开始,邓清明飞天的机会就非常大。神舟九号开始,他作为备份宇航员,和主的训练,考核标准都是一致,但最后飞天任务却没有花落他家。神舟十号,他再次落选,这一次他开始有所动摇,因为神舟十一不知是何时,他的年纪却越来越大。

时光荏苒,神舟十一号任务终于来临,邓清明觉得这是他最有希望的一次。错过这次,可能就没有后续了。为了能够飞天,他坚持备战三年,完成了和主份同强度,同标准的训练。要知道,那时候他年纪已经有些大,需要更多的努力才能不掉队。人生在世,除了努力之外,有时候还需要一点幸运,这样才能过得更顺畅一些。显然邓清明有时候就缺少这点幸运,最终他还是落选了。

无论怎么努力,无论怎么坚持,似乎都无法飞天,还要继续坚持吗?邓清明选择了继续,既然已经走了这么远的路,就没有理由停下来。距离神舟十一发射已经过去六年,邓清明这一次终于等来了结果。经过25载不懈努力,56岁的江西籍航天员邓清明成功入选神舟十五号载人航天飞行任务飞行乘组,首次登上太空。在这个"知天命"的年纪,邓清明用飞天路上的坚定信念、执着坚守成为新时代"最励志的人",展现了中国航天人的初心使命。

习　　题

1. 地面站的主要功能有哪些?
2. 无人机测控系统由哪几部分组成?各部分的功能是什么?
3. 无人机任务规划的作用是什么?
4. 什么是航迹规划?航迹规划的目的是什么?
5. 测控系统中,地面设备由哪几部分组成?

参 考 文 献

［1］ 吴森堂.飞行控制系统［M］.2 版.北京:北京航空航天大学出版社,2013.

［2］ RICHARD K B.无人机系统导论［M］.沈成林,等译.北京:国防工业出版社,2014.

［3］ 吕厚谊.无人机发展与无人机技术［J］.世界科技研究与发展,1998(6):113－116.

［4］ 韩冰,张秋菊,徐世录.无人战斗机的现状与发展趋势［J］.飞航导弹,2005(10):45－49.

［5］ 高金源,焦宗夏,张平.飞机电传操纵系统与主动控制技术［M］.北京:北京航空航天大学出版社,2005.

［6］ 符长青,曹兵.多旋翼无人机技术基础［M］.北京:清华大学出版社,2017.

［7］ 方昌德,马春燕.航空发动机的发展历程［M］.北京:航空工业出版社,2007.

［8］ 全权.多旋翼飞行器的设计与控制［M］.北京:北京航空航天大学出版社,2014.

［9］ 曾庆华,郭振云.无人机飞行控制技术与工程［M］.北京:国防工业出版社,2011.

［10］ 张宗麟.惯性导航与组合导航［M］.北京:航空工业出版社,2000.

［11］ 袁信.导航系统［M］.北京:航空工业出版社,1993.

［12］ 郭秀中.惯性导航陀螺仪理论［M］.北京:国防工业出版社,1996.

［13］ 申安玉.自动飞行控制系统［M］.北京:国防工业出版社,2003.

［14］ 刘建业.导航系统理论与应用［M］.西安:西北工业大学出版社,2010.